이론과 문제 중심

알기 쉬운 전기자기학

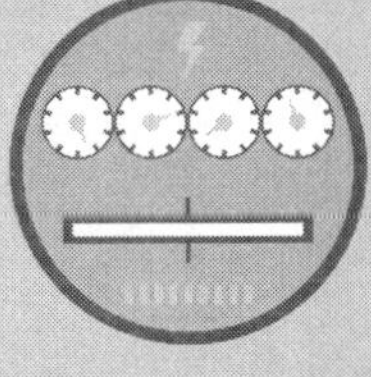

ELECTROMAGNETICS

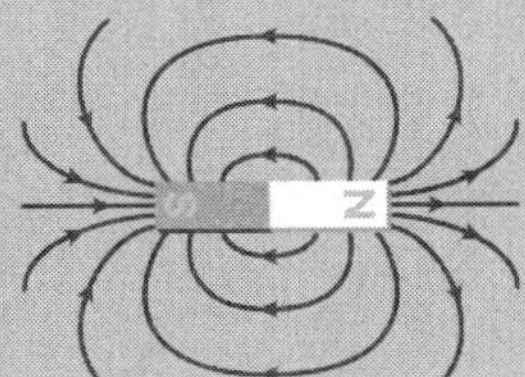

김 수 용 저

화수목

PREFACE

전기자기학을 공부하는 데는 수식처리의 수학적 개념보다는 그 수식이 가지는 물리적 의미를 파악하는 것이 무엇보다도 중요하다. 이를 토대로 전자파 기술 등을 이해하고 실무기술에 적용하기 위해서는 전자기 현상의 기초 지식과 관련 법칙들을 반드시 이해해 두어야 한다. 이 책은 이런 점을 감안하여 대학의 기초과정과 학생의 눈높이에서 학생들이 혼자 공부할 수 있도록 각 장의 내용을 간편하고 이해하기 쉽게 단계별로 구성하려고 노력하였다.

(1) 전기자기학에 대한 vector의 해석 등 전반에 대하여 알아본다.
(2) 수식 등은 기본적인 것으로 한정하고, 가급적 알기 쉽게 표현한다.
(3) 기초에서 응용까지 두를 수 있도록 구성을 하였다.
(4) 연습문제에 대한 내용을 풀이하여 학습정리를 할 수 있도록 하였다.

본문의 기본적인 내용의 파악은 물론 전자기학의 실전문제의 해결 감각을 위해 산업기사, 기사 시험 준비에도 도움이 되도록 노력하였다. 또한 수식이 가지는 전자기 현상에 대한 물리적 의미를 강조하였으며, 좀 더 깊은 이해와 수식 유도과정이 필요한 내용을 정리하였다.

전기자기학은 산업체, 2년제 대학 및 4년제 대학교에서 전기공학, 전자공학 및 통신공학 등을 전공하려는 공학도들에게는 가장 기초가 되는 필수과목이다.
이 과목에 대한 국내외에서 여러 가지의 많은 명서들이 출판되고 있는 것은 사실이나, 대부분이 너무나 이론적이다. 또한 단위계와 체계가 혼잡한 것도 있고, 어려운 수학 및 물리학 등을 복잡한 수식을 도입하여서 분량도 많아 공부하는 공학도들에게 무리하게 힘이 드는 것을 느낄 수 있다. 저자는 그동안 여러 해 교단경험을 살려서 이상의 난점을 최대한으로 염두에 두고 보다 쉽게 이해시키기 위하여 본서를 집필한 것이다.

전기, 자기현상이 매우 다양하기 때문에 이를 쉽게 이해하기 위하여, MKS 유리단위계를 채용하였다. 그리고 가급적으로 최소한 수학을 도입하여 물리적인 의미를 명확히 이해하게 하고, 유사성이 있는 현상을 통합하여 간결한 개념을 정리 . 파악하게 함으로써 자유자재로 전기, 전자 및 통신 분야에 응용 . 발휘하도록 하였다.

그러나 기대에 어긋남이 없도록 시종 노력하였으나 부족한 점이 적지 않을 것으로 사료되므로 동학 선후배님의 지도와 편달이 있길 바란다. 끝으로 본서의 출판을 허락하여 주신 구미서관 출판사 사장님께 감사드리며, 아울러 편집부 여러 분들께 사의를 표하는 바이다.

교육학/공학박사/기술자(특급) 김수용

CONTENTS

01

Vector의 해석

01 Vector의 해석

1 Vector의 정의

물리량 → Vector 량
→ Scalar 량

[1] Scalar 량 : 크기만으로 그 상태를 표시할 수 있는 양, 즉 그 값이 하나의 실수만으로 완전하게 표시된다.

ex 길이, 질량, 일, 전위, 자위

[2] Vector 량 : 공간 내에서 크기와 방향을 동시에 갖는 양

ex 힘, 속도, 전장의 세기, 자장의 세기

2 단위 Vector와 기본 Vector

[1] 단위 Vector(Unit vector) : 크기가 1인 방향만을 갖는 벡터

ex $a_0 = \frac{\dot{A}}{|A|} or \ \frac{\dot{A}}{A}$

a_0 : Unit vector

A : 벡터 $\dot{A}$ 의 a_0 방향 성분 (Scalar 량)

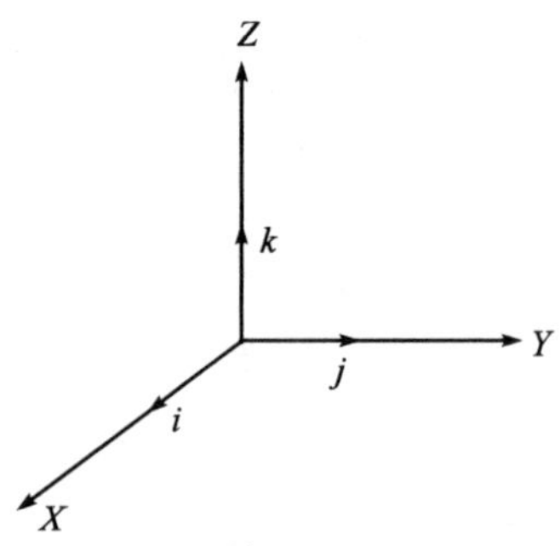

<Fig 1-1>

[2] 기본 Vector(Basic vector) : 직각 좌표계에서 χ, y, z 축 방향의 단위 벡터, 즉〈Fig 1-1〉의 i, j, k

③ 좌표계

[1] 직각 좌표계

① 성분 Vector : 〈Fig 1-2〉에서 $A_\chi i, A_y j, A_z k$ 는 Vector A의 성분 Vector이고, χ, y, z성분의 크기는 각각 A_χ, A_y, A_z 이다.

따라서,

$$\dot{A} = A_\chi i + A_y j + A_z k$$

$$A = |\dot{A}| = \sqrt{A_\chi^2 + A_y^2 + A_z^2}$$

② 방향여현 : Vector $\dot{A}$ 의 각축에 대한 각을 a, β, γ라 할 때, 방향 여현 l, m, n은

$$\cos a = \frac{A_\chi}{A} = l$$

$$\cos\beta = \frac{A_y}{A} = m$$

$$\cos\gamma = \frac{A_y}{A} = n$$

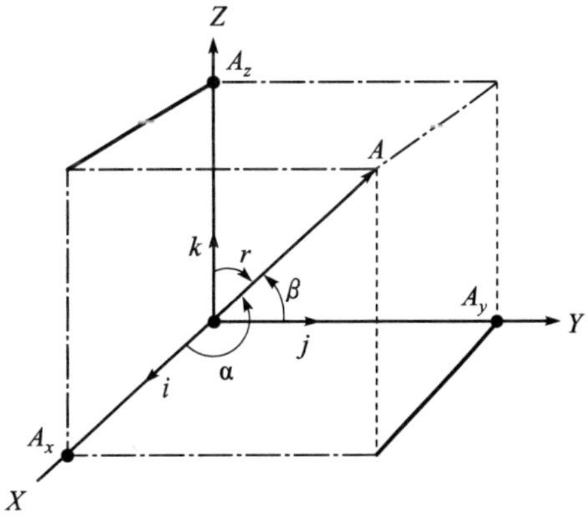

<Fig 1-2>

예 제

<Fig 1-2> 벡터 $\dot{A}$ 방향의 단위 벡터는?

Sol $a_0 = \dfrac{\dot{A}}{A} = \dfrac{A_\chi}{A} i + \dfrac{A_y}{A} j + \dfrac{A_z}{A} k = li + mj + nk$

[2] 원통 좌표계

① 좌표점 : $p(r,\ \psi,\ z)$

② 기본 Vector : $a_r,\ a_\psi, a_z$

③ 벡터 $\dot{A} = A_r a_r + A_\psi a_\psi + A_z a_z$

④ 직각 좌표와의 변환관계 〈Fig 1−3〉에서

$\chi = r\cos\psi,\quad y = r\sin\psi,\quad z = z$

$r = \sqrt{\chi^2 + y^2},\ y = \tan^{-1}\dfrac{y}{\chi}, z = z$

따라서, 미소체적 dV는

$dV = r\,dr\,d\psi\,dz\ [\mathrm{m}^3]$

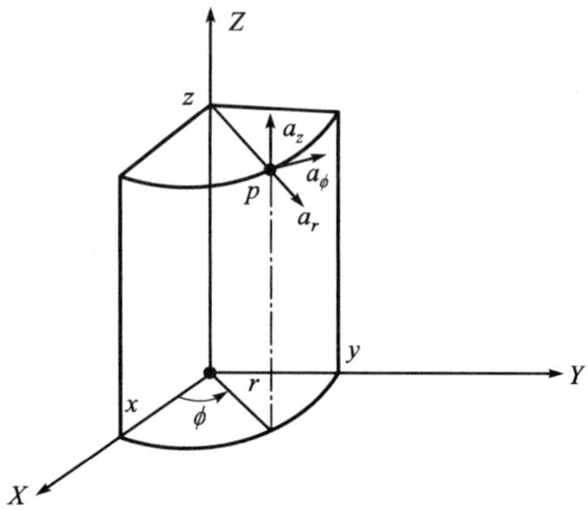

〈Fig 1-3〉

[3] 구좌표계

① 좌표점 : $\mathrm{P}(r, \theta,\ \psi\ )$

② 기본 Vector : $a_r,\ a_\theta,\ a_\psi$

③ 벡터 $\dot{A} = A_r a_r + A_\theta a_\theta + A_\psi a_\psi$

④ 직각 좌표와의 변환관계 〈Fig 1−4〉에서

$\chi = r\sin\theta\cos\psi$

$y = r\sin\theta\sin\psi$

$z = r\cos\theta$

$r = \sqrt{\chi^2 + y^2 + z^2}$

$\theta = \cos^{-1}\dfrac{z}{r}$

$\psi = \tan^{-1}\dfrac{y}{\chi}$

따라서, 미소체적 dV는

$dV = r^2\sin\theta\ dr\ d\theta\ d\psi\ [\mathrm{m}^3]$

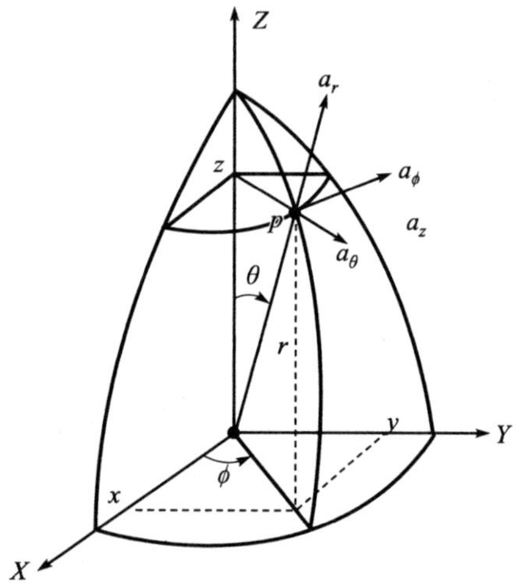

〈Fig 1-4〉

④ Vector의 대수학

[1] Vector의 가감 : 같은 성분끼리 가감

$$\dot{A} \pm \dot{B} = (A_\chi \pm B_\chi)i + (A_y \pm B_y)j + (A_z \pm B_z)k$$

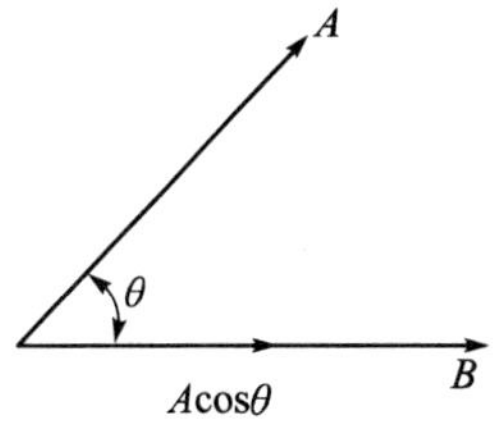

<Fig 1-5>

[2] 두 Vector의 곱(적)

① Scalar 적(곱) or 내적

i) 정의

$\dot{A} \cdot \dot{B} = |\dot{A}||\dot{B}|\cos\theta = AB\cos\theta$ (교환법칙 성립)

ii) 기본 Vector의 내적

$i \cdot i = |i||i|\cos 0^\circ = 1$이므로

$i \cdot i = j \cdot j = k \cdot k = 1$이다.

그리고

$i \cdot j = |i||j|\cos 90^\circ = 0$ 이므로

$i \cdot j = j \cdot k = k \cdot i = 0$

> **예 제**
>
> $\dot{A} = A_\chi i + A_y j + A_z k$, $\dot{B} = B_\chi i + B_y j + B_z k$일 때 $\dot{A} \cdot \dot{B}$는?
>
> **Sol** $\dot{A} \cdot \dot{B} = (A_\chi i + A_y j + A_z k) \cdot (B_\chi i + B_y j + B_z k) = A_\chi B_\chi + A_y B_y + A_z B_z$

② Vector의 적 or 외적

i) 정의

$\dot{C} = \dot{A} \times \dot{B} = |\dot{A} \times \dot{B}|n = AB\sin\theta n$

n : $\dot{A}$ 에서 $\dot{B}$로 오른 나사를 회전하였을 때 나사 진행 방향의 단위 Vector

즉, $|\dot{A} \times \dot{B}|$의 법선 단위 Vector

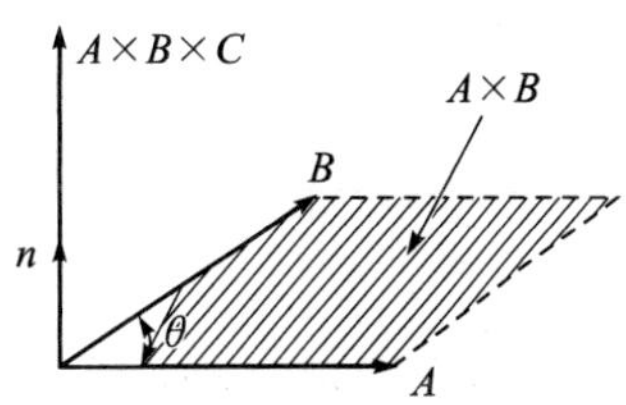

<Fig 1-6>

ii) 기본 Vector의 외적

〈Fig 1-7〉에서와 같이

$i \times j = k,\ j \times k = i, k \times i = j$ 이고

$i \times i = j \times j = k \times k = 0$이다.

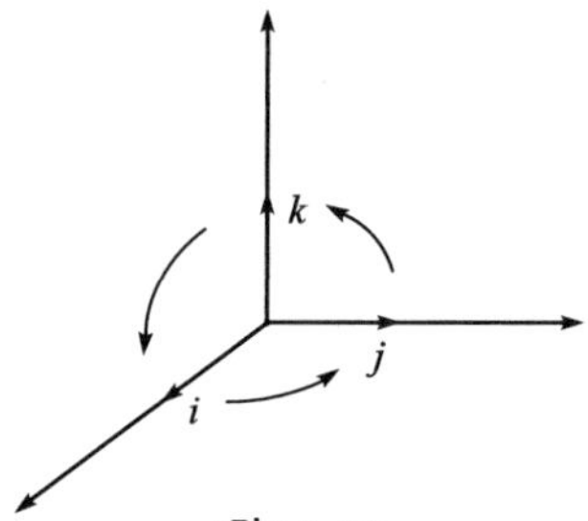

<Fig 1-7>

예 제

$\dot{A}$, $\dot{B}$ en Vector의 외적은?

Sol $A \times B = \begin{vmatrix} i & j & k \\ A_\chi & A_y & A_z \\ B_\chi & B_y & B_z \end{vmatrix}$

$= (A_y B_z - A_z B_y)i + (A_z B_\chi - A_\chi B_z)j + (A_\chi B_y - A_y B_\chi)k$

5 Vector의 미분 연산

[1] 기울기(Gradient)

$$\nabla \equiv grad = \frac{\partial}{\partial \chi}i + \frac{\partial}{\partial y}j + \frac{\partial}{\partial z}k$$

∇ : Hamilton 연산자. “del" or "nabla"라고 읽는다.

예 제

임의의 Scalar 함수 V(x, y, z)의 ∇V?

Sol $\nabla V = \frac{\partial V}{\partial \chi}i + \frac{\partial V}{\partial y}j + \frac{\partial V}{\partial z}k$

[2] 발산(Divergence)

i) 정의

임의의 Vector A에 대하여 $\nabla \cdot A$를 발산이라 한다.

즉, 단위 체적당 밖으로 방출하는 선속이다.

ex $div\, A = \nabla \cdot A$

$$= \left(\frac{\partial}{\partial \chi}i + \frac{\partial}{\partial y}j + \frac{\partial}{\partial z}k\right) \cdot (A_\chi i + A_y j + A_z k)$$

$$= \frac{\partial A_\chi}{\partial \chi} + \frac{\partial A_y}{\partial y} + \frac{\partial A_z}{\partial z}$$

여기서 결과 값은 Scalar량 임을 알 수 있다.

ii) Gauss의 발산 정리

체적 V를 둘러싸는 폐곡면 S에 대하여 벡터 A의 면적은 A의 발산을 V에 대하여 체적 적분한 것과 같다.

$$\oint_s \dot{A} \cdot dS = \int_v (\nabla \cdot \dot{A})dV$$

iii) Laplace의 연산자 ∇^2

div grad $= \nabla \cdot \nabla = \nabla^2$

$$\nabla^2 = \frac{\partial^2}{\partial \chi^2} + \frac{\partial^2}{\partial y^2} + \frac{\partial^2}{\partial z^2}$$

[3] 벡터의 회전

i) 정의

$\nabla \times \dot{A} = rot\, \dot{A} = curl\ \dot{A}$

rot는 rotation 이라 읽는다.

ex $$\nabla \times \dot{A} = \begin{vmatrix} i & j & k \\ \frac{\partial}{\partial \chi} & \frac{\partial}{\partial y} & \frac{\partial}{\partial z} \\ A_\chi & A_y & A_z \end{vmatrix}$$

$$= \left(\frac{\partial A_z}{\partial y} - \frac{\partial A_y}{\partial z}\right)i + \left(\frac{\partial A_\chi}{\partial z} - \frac{\partial A_z}{\partial \chi}\right)j + \left(\frac{\partial A_y}{\partial \chi} - \frac{\partial A_\chi}{\partial y}\right)k$$

ii) Stokes의 정리

벡터 $\dot{A}$ 의 접선 방향(곡선 C)의 성분을 곡선 C에 따라 적분한 선적분은 곡면 S에 대하여 $\nabla \times \dot{A}$ 의 법선성분을 면적분한 값과 같다.

$$\oint_c \dot{A} \cdot dL = \int_s (\nabla \times \dot{A}) \cdot dS$$

연 | 습 | 문 | 제

문제1. 어떤 물체에 F_1=−3i+4j−5k와 F_2=6i+3j−2k의 힘이 작용하고 있다. 이 물체에 F_3를 가하였을 때 세 힘이 평형이 되기 위한 F_3는?

㉮ F_3=−3i−7j+7k　　㉯ F_3=3i+7j−7k
㉰ F_3=3i−j−7k　　㉱ F_3=3i−j+3k

문제2. 질점이 점 A(1, −2, 3)에서 B(5, 3, −4)로 힘 F=i5+j6−k7[J]에 의하여 이동되었을 때의 일을 구하면?

㉮ 76[J]　　㉯ 46[J]　　㉰ 99[J]　　㉱ 74[J]

문제3. 다음 중 옳지 않은 것은?

㉮ i・i=j・j=k・k=0　　㉯ i・j=j・k=k・i=0
㉰ A・B=ABcosθ　　㉱ i×i=j×j=k×k=0

문제4. A=−i7−j, B=−i3−j4의 벡터가 이루는 각은 몇 도인가?

㉮ 30　　㉯ 45　　㉰ 60　　㉱ 90

문제5. 벡터 A=i−j+3k, B=i+마dlf Eos 벡터 A가 수직이 되기 위한 a의 값은? (단, i, j, k는 x, y, z방향의 기본 벡터이다.)

㉮ −2　　㉯ $-\frac{1}{3}$　　㉰ 0　　㉱ $\frac{1}{2}$

문제6. 두 벡터 A, B의 벡터적을 표시한 것은? (여기서 n은 A에서 B로 돌아가는 오른 나사의 진행 방향에 이는 단위 벡터이고, θ 는 A와 B사이각이다)

㉮ $A \times B = n|A||B|\cos\theta$　　㉯ $A \times B = |A||B|\cos\theta$

㉰ $A \times B = n|A||B|\sin\theta$　　㉱ $A \times B = |A||B|\sin\theta$

문제7. A=2i−5j+3k일 때 k×A를 구한 것 중 옳은 것은?

㉮ −5j+2j　　㉯ 5j−2j　　㉰ −5j−2j　　㉱ 5j+2j

문제8. $A=10\dot{x}-20\dot{y}+5\dot{z}$, $B=4\dot{x}-2\dot{y}+5\dot{z}$는 어떤 평행 사변형의 두 변을 표시하는 벡터이다. 이 평행 사변형 면적의 크기는? (단, $\dot{x}$: x축 방향의 기본벡터, $\dot{y}$: y축 방향의 기본벡터, $\dot{z}$: z축 방향의 기본벡터 이며 좌표는 직각 좌표이다.)

㉮ $5\sqrt{3}$　　㉯ $7\sqrt{19}$　　㉰ $10\sqrt{29}$　　㉱ $14\sqrt{7}$

문제9. V를 임의의 스칼라랄 할 때 gradV의 직각 좌표에 이어서의 표현은?

㉮ $\frac{\partial V}{\partial x}+\frac{\partial V}{\partial y}+\frac{\partial V}{\partial z}$　　㉯ $i\frac{\partial V}{\partial x}+j\frac{\partial V}{\partial y}+k\frac{\partial V}{\partial z}$

㉰ $\frac{\partial^2 V}{\partial x^2}+\frac{\partial^2 V}{\partial y^2}+\frac{\partial^2 V}{\partial z^2}$　　㉱ $i\frac{\partial^2 V}{\partial x^2}+j\frac{\partial^2 V}{\partial y^2}+k\frac{\partial^2 V}{\partial z^2}$

문제10. $\int_s Eds = \int_{vol} \nabla \cdot Edv$는 다음 중 어느 것에 해당 되는가?

㉮ 발산의 정리　　㉯ 가우스의 정리

㉰ 스토크스의 정리　　㉱ 암페어의 법칙

문제 **11.** 스토크스(Stokes)의 정리를 표시하는 식은?

㉮ $\int_s A\cdot\ ds = \int_v divA\cdot\ dv$ ㉯ $\oint_c A\cdot\ dl = \int_c divAdv$

㉰ $\oint_c A\cdot\ dl = \int_s rotA\cdot\ nds$ ㉱ $\int_s A\cdot\ ds = rotA\cdot\ nds$

문제 **12.** $f = x^2 + y^2 + z^2$일 때 $\nabla \times \nabla f$의 값을 구하면?

㉮ 0 ㉯ 1 ㉰ 2 ㉱ 0.1

02

진공중의 정전계

02 진공중의 정전계

1 쿨롱의 법칙

두 전하 사이에 작용하는 힘의 크기는 두 전하량의 크기의 곱에 비례하고 두 전하 사이의 거리의 제곱에 반비례한다.

$$F = k\frac{Q_1 Q_2}{r^2}r_0 = \frac{1}{4\pi\epsilon_0}\frac{Q_1 Q_2}{r^2}r_0 = 9\times10^9\frac{Q_1 Q_2}{r^2}r_0\,[\mathrm{N}]$$

단, F : 두 전하 사이에 작용하는 힘[N]

Q_1, Q_2 : 두 전하의 전기량[C]

r : 두 전하 사이의 거리[m]

k : 쿨롱 상수

ϵ_0 : 진공 또는 공기중의 유전율[F/m]

여기서 $\epsilon_0 = \frac{10^{-9}}{36\pi} \fallingdotseq 8.855\times10^{-12}\,[\mathrm{F/m}]$

$k = \frac{1}{4\pi\epsilon_0} = 9\times10^9$

r_0 : Unit vector

예제

공기중에 ± 1[C]의 정부 전하가 1[m]의 거리에 떨어져 있을 때 작용하는 힘은?

Sol $F = \frac{Q_1 Q_2}{4\pi\epsilon_0 r^2} = 9\times10^9\times\frac{1\times(-1)}{1^2} = -9\times10^9\,[\mathrm{N}]$

여기서, (−)는 흡인력을 의미한다.
즉, 동종의 전하 사이에 작용하는 힘은 반발력이 작용하고 이종의 전하사이에 작용하는 힘은 흡인력이 작용한다.

예 제

<Fig 2-1(a)> 같이 $Q_A = 4 \times 10^{-6}$[C], $Q_B = 2 \times 10^{-6}$[C], $Q_C = 5 \times 10^{-6}$[C]의 전하를 가진 작은 도체구 A, B, C가 진공 중에서 일직선상에 놓여 있을 때 B구에 작용하는 힘은 몇[N]인가?

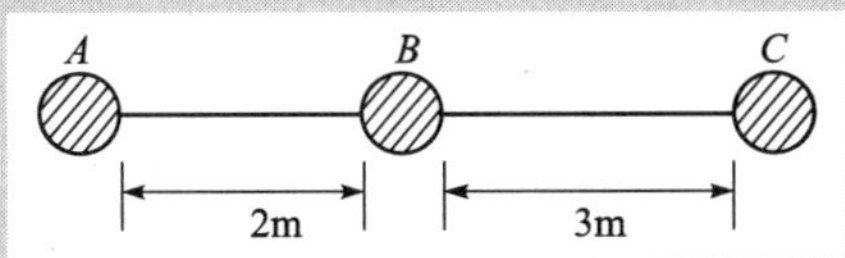

<Fig 2-1(a)>

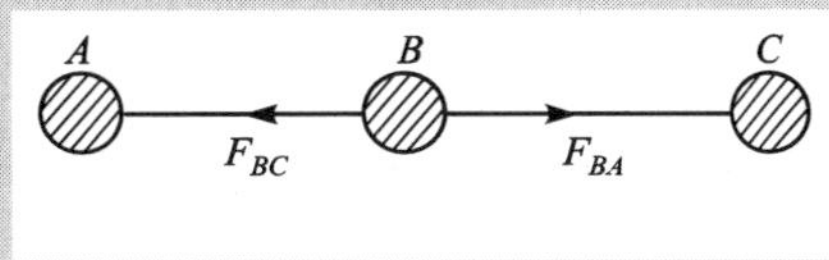

<Fig 2-1(b)>

Sol 〈Fig 2-1(b)〉에서 B에 작용하는 힘은 두 가지로 생각할 수 있다. 즉, F_{AB}와 F_{BC}의 합을 의미한다. 그러나, 두 힘의 방향이 반대 방향이므로 $F_B = F_{BA} - F_{BC}$를 구하면 된다.

i) B가 A로부터 받는 힘

$$F_{BA} = \frac{Q_A Q_B}{4\pi\epsilon_0 r^2} = 9 \times 10^9 \times \frac{4 \times 2 \times 10^{-12}}{2^2} = 1.8 \times 10^{-2}[\mathrm{N}]$$

ii) B가 C로부터 받는 힘

$$F_{BC} = \frac{Q_B Q_C}{4\pi\epsilon_0 r^2} = 9 \times 10^9 \times \frac{2 \times 5 \times 10^{-12}}{3^2} = 1.0 \times 10^{-2}[\mathrm{N}]$$

따라서

$F_B = F_{BA} - F_{BC} = 0.8 \times 10^{-2}$[N]($B$에서 C의 방향)

2 전계

[1] 전계

진전하에 의한 전기적인 힘이 미치는 공간 즉, 전기력선이 존재하는 공간

[2] 전계의 세기

〈Fig 2-2〉에서 $Q \gg Q_T$일 때, $Q\,[\mathrm{C}]$에 의한 전계의 세기는 단위 정전하 $(Q_T = 1\,[\mathrm{C}])$에 작용하는 쿨롱의 힘을 전계의 세기라 한다.

$$E = \frac{1}{Q_T}F = \frac{Q}{4\pi\epsilon_0 r^2}r_0$$

$$= 9 \times 10^9 \frac{Q}{r^2} r_0\,[\mathrm{N/C = V/m}]$$

F : Q와 Q_T간의 쿨롱의 힘[N]

r_0 : 단위 벡터 (전계의 세기 방향)

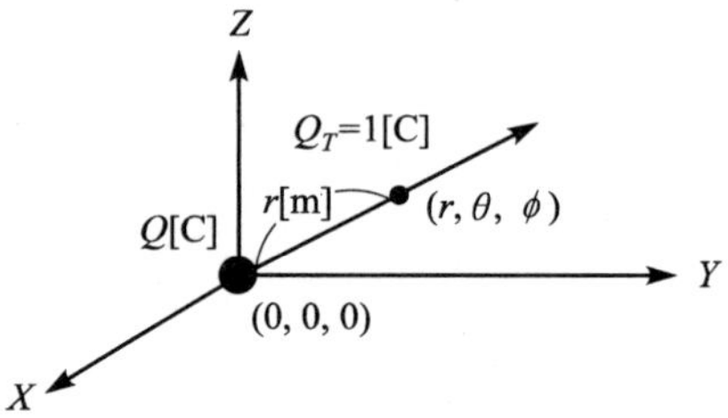

<Fig 2-2>

[3] 전기력선의 성질

① 임의의 점에서 전기력선의 방향은 그 점의 전계의 방향과 일치하고 밀도는 그 점에서의 전계의 세기(크기)와 같다.

② 전기력선은 양전에서 나와 음전하에서 끝난다.

③ 전기력선은 전위가 높은 점에서 낮은 점으로 향한다.

④ 전하가 없는 곳에서 전기력의 발생이나 소멸은 없다.

⑤ 전기력선은 그 자신만으로 폐곡선을 이루지 않는다. 즉, 불연속적이다.

⑥ 두 개의 전기력선은 교차하지 않는다.

⑦ 도체(대전) 내부의 전기력선은 존재하지 않는다.

⑧ 도체 표면(등전위면)에서 전기력선은 수직으로 출입한다.

⑨ 단위 전하에서 $\frac{1}{\epsilon_0}$ 개의 전기력선이 출입한다.

예 제

진공 중에 놓인 $1[\mu\mathrm{C}]$의 점전하에서 $3[\mathrm{m}]$되는 점의 전계의 세기는?

Sol $E=\dfrac{Q}{4\pi\epsilon_0 r^2}=9\times10^9\times\dfrac{1\times10^{-6}}{3^2}=10^3[\mathrm{V/m}]$

예 제

무한장 직선 전하에 의한 전계의 세기는?

Sol 〈Fig 2-3〉에서 $r[\mathrm{m}]$ 떨어진 점의 전계의 세기는 가우스 법칙에 의하여

$$E=\frac{Q}{\epsilon_0 S}=\frac{\lambda}{2\pi\epsilon_0 r}\,[\mathrm{V/m}]$$

여기서 $S=2\pi r\,[\mathrm{m}^2]$

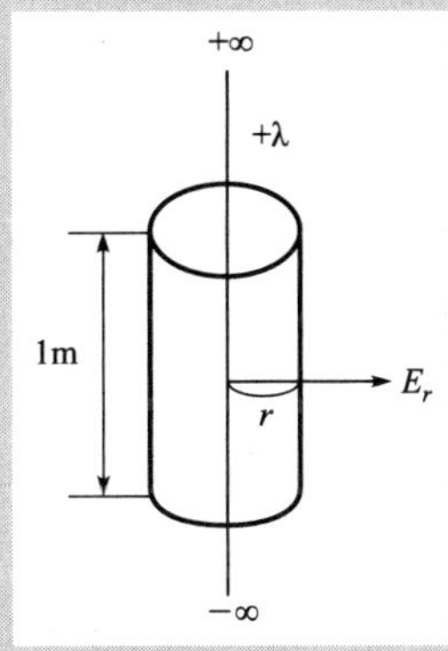

<Fig 2-3>

[4] 가우스 법칙

도체의 수직 단면 S를 관통하는 전기력선 총 수

$N=\displaystyle\int_S E\cdot dS=\frac{Q}{\epsilon_0}$ [lines]이다.

여기서, 전계의 세기 $E=\dfrac{Q}{\epsilon_0 S}[\mathrm{V/m}]$

3 전위

무한 원점에서 단위 점전하를 임의의 점 P까지 이동시키는 데 필요한 일 또는 에너지를 p점의 전위라 하며, V_p로 나타낸다.

즉, $V_p = -\int_{\infty}^{p} E \cdot dl$[V]이다.

① 원점의 Q[C]의 점전하로부터 r[m] 떨어진 점의 전위

$$V_r = -\int_{\infty}^{r} E \cdot dr = \int_{r}^{\infty} E \cdot dr = \frac{Q}{4\pi\epsilon_0 r}\,[\mathrm{V}]$$

② A, B두 점 사이에서 Q[C]의 전하를 운전할 때 전계가 하는 일

$$W = Q(V_A - V_B)\,[\mathrm{J}]$$

예 제

전위 6,000[V]의 위치에서 10,000[V]의 위치에 전하 2×10^{-10}[C]을 이동시킬 때 필요한 일은?

Sol $W = Q(V_A - V_B) = 2\times10^{-10}\times(6{,}000-10{,}000) = -8\times10^{-7}$[J]

여기서 (−)는 Energy의 소비를 의미한다.

$\therefore W = 8\times10^{-7}$ [J] 이다.

4 전기력선의 발산

[1] 전계의 발산 정리

$$\int_S E \cdot dS = \int_v div\, E \cdot dv$$

[2] 가우스 법칙의 미분형

$$\int_S E \cdot nds = \frac{Q}{\epsilon_0} = \frac{1}{\epsilon_0}\int_v \rho \cdot dv = \int_v div\, E \cdot dv \text{에서}$$

$div\, E = \dfrac{\rho}{\epsilon_0}$: 가우스의 미분형

5 푸아송, 라플라스의 방정식

[1] 푸아송(Poisson)의 방정식

$\rho[\mathrm{C/m^3}]$의 도체 전하가 분포되어 있는 공간 내의 전위 V일 때

$$\nabla^2 V = \frac{\partial^2 V}{\partial \chi^2} + \frac{\partial^2 V}{\partial y^2} + \frac{\partial^2 V}{\partial z^2} = -\frac{\rho}{\epsilon_0}$$

[2] 라플라스(Laplace)의 방정식

전하분포가 없는 공간 내의 전위 V일 때

$$\nabla^2 V = 0$$

6 전기 쌍극자

① $\delta \ll r$이고, 쌍극자로부터 $r[\mathrm{m}]$ 떨어진 점 P의 전위

$$V_P = \frac{Q \cdot \delta\cos\theta}{4\pi\epsilon_0 r^2} = \frac{M\cos\theta}{4\pi\epsilon_0 r^2}[\mathrm{V}]$$

여기서, 전기 쌍극자 모멘트 M은

$$M = Q \cdot \delta[\mathrm{C \cdot m}]$$

② P점의 전계의 세기

$$E_P = E_r + E_\theta$$

$$= \frac{2M\cos\theta}{4\pi\epsilon_0 r^3}a_r + \frac{M\sin\theta}{4\pi\epsilon_0 r^3}a_\theta[\mathrm{V/m}]$$

여기서 전계의 세기의 크기 E_P 는

$$E_P = |E_P| = \sqrt{E_r^2 + E_\theta^2}$$

$$= \frac{M}{4\pi\epsilon_0 r^3}\sqrt{1 + 3\cos^2\theta}[\mathrm{V/m}]$$

$$\psi = \tan^{-1}\frac{E_\theta}{E_r} = \frac{1}{2}\tan\theta$$

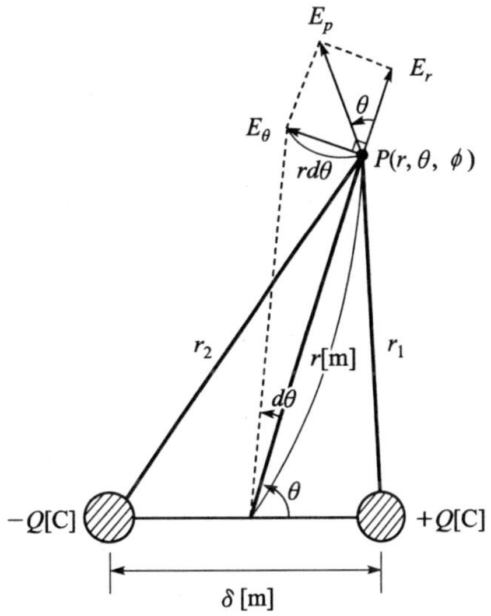

<Fig 2-4>

02. 진공중의 정전계

연|습|문|제

문제1. 정전계의 설명으로 가장 적합한 것은?

㉮ 전계 에너지가 최대로 되는 전하 분포의 전계이다.
㉯ 전계 에너지와 무관한 전하 분포의 전계이다.
㉰ 전계 에너지가 최소로 되는 전하 분포의 전계이다.
㉱ 전계 에너지가 일정하게 유지되는 전하 분포의 전계이다.

문제2. 다음 정전계에 대한 설명 중 틀린 것은?

㉮ 도체에 주어진 전하는 도체 표면에만 분포한다.
㉯ 중공도체(中空導體)에 준 전하는 외부표면에만 분포하고 내면에는 존재 하지 않는다.
㉰ 단위 전하에서 나오는 전기력선의 수는 $\frac{1}{\epsilon_0}$ 개다.
㉱ 전기력선은 전하가 없는 곳에서 서로 교차한다.

문제3. 다음은 전기력선의 성질이다. 옳지 않은 것은?

㉮ 전기력선의 방향은 그 점의 전계의 방향과 일치한다.
㉯ 전기력선은 전위가 높은 점에서 낮은 점으로 향한다.
㉰ 전기력선 밀도는 전계의 세기와 무관하다.
㉱ 두 개의 전기력선은 교차하지 않으며 그 자신만으로 폐곡선이 되지 않는다.

문제4. 전기력선의 설명 중 틀리게 설명한 것은?

㉮ 전기력선의 방향은 그 점의 전계의 방향과 일치하여 밀도는 그 점에서의 전계의 세기와 같다.
㉯ 전기력선은 부전하에서 시작하여 정전하에서 그친다.
㉰ 단위 전하에서는 $\frac{1}{\epsilon_0}$ 개의 전기력선이 출입한다.
㉱ 전기력선은 전위가 높은 점에서 낮은 점으로 향한다.

문제5. 도체에 정(+)의 전하를 주었을 때 다음 중 옳지 않은 것은?

㉮ 도체 표면에서 수직으로 전기력선이 발산한다.
㉯ 도체 내에 있는 공동면에도 전하가 분포한다.
㉰ 도체 외측 측면에만 전하가 분포한다.
㉱ 도체 표면의 곡률 반지름이 작은 곳에 전하가 많이 모인다.

문제6. 평형 상태에서 도체의전하 분포와 전계에 관한 성질 중 적합하지 않은 사항은?

㉮ 도체내부에는 전계가 0이 아니다.
㉯ 대전된 도체의 전하는 도체 표면에만 존재한다.
㉰ 대전된 도체 표면은 동일 전위에 있다.
㉱ 대전된 도체의 표면 각 점의 전기력선은 표면에 수직이다.

문제7. 3[μC]과 −7[μC]의 두 점전하가 공기중에서 10[cm] 떨어져 잇을 때 두 점 전하를 연결하는 직선상에서 전계가 0인 점이 존재하는 범위는?

㉮ 두 전하 사이의 A부분　　㉯ 3[μC]의 외측인 B부분
㉰ −7μC의 외측인 C부분　　㉱ −7[μC]인 점

문제8. 한 변의 길이가 a[m]인 정육각형 ABCDEF의 각 정점에 각 Q[C]의 전하를 놓을 때 정육각형의 중심 0에 있어서의 전계[V/m]는?

㉮ 0　　㉯ $\frac{3Q}{2\pi\epsilon_0 a^2}$　　㉰ $\frac{3Q}{2\pi\epsilon_0 a}$　　㉱ $\frac{Q}{4\pi\epsilon_0 a^2}$

문제9. 정전 유도에 의해서 고립 도체에 유도되는 전하는?

㉮ 정, 부 동량이며 도체는 등전위이다.
㉯ 정, 부 동량이며 도체는 등전위가 아니다.
㉰ 정전하뿐이며 도체는 등전위이다.
㉱ 붑전하뿐이며 도체는 등전위이다.

문제10. 쿨롱의 법칙에 관한 설명으로 잘못 기술된 것은?

㉮ 힘의 크기는 두 전하량의 곱에 비례한다.
㉯ 작용하는 힘의 방향은 두 전하를 연결하는 직선과 일치한다.
㉰ 힘의 크기는 두 전하 사이의 거리에 반비례한다.
㉱ 작용하는 힘은 두 전하가 존재하는 매질에 따라 다르다.

문제11. 그림과 같이 Q_A=4×10^{-6}[C], Q_B=2×10^{-6}[C], Q_C=5×10^{-6}[C] 의 전하를 가진 작은 도체구 A, B, C가 진공 중에서 일직선상에 놓여질 때 B구에 작용하는 힘[N]은?

㉮ 1.8×10^{-2}　　㉯ 1×10^{-2}　　㉰ 0.8×10^{-2}　　㉱ 2.8×10^{-2}

문제12. 그림 중의 점 A에서 5[μC]의 점전하가, 점 B에는 −4[μC]의 점전하가 있다. 두 점 사이에 작용하는 힘의 크기는 몇 [N]인가? (단, x, y축의 단위는 [m]이다.)

㉮ 0.72×10^{-3}　　㉯ 3.6×10^{-3}　　㉰ 7.2×10^{-3}　　㉱ 36×10^{-3}

문제13. 진공 내에 전하량이 각각 +1[esu], −2[esu]인 두 점전하기 10[cm] 떨어져 있을 때 이들 전하 사이에 작용하는 힘은?

㉮ 2×10^{-3}[dyne]　　㉯ 2×10^{-7}[dyne]
㉰ 2×10^{-5} [dyne]　　㉱ $\frac{1}{2}$×10^{-8}[dyne]

문제14. 광속도를 C[m/s]로 표시하면 진공의 유전율 [F/m]은?

㉮ $\frac{10^7}{4\pi C^2}$　　㉯ $\frac{10^7}{C^2}$　　㉰ $\frac{4\pi C^2}{10^7}$　　㉱ $\frac{10^{-7}}{4\pi C}$

문제15. 반지름 R인 도체구에 전하 Q가 분포되어 있다. 이에 반지름이 R/2인 작은 도체구를 접촉시켰을 EO 이 작은 구로 이동하는 전하를 구하면?

㉮ Q　　㉯ $\frac{1}{2}$Q　　㉰ $\frac{1}{3}$Q　　㉱ $\frac{1}{4}$Q

문제16. 반지름 3[cm] 및 2[cm]의 도체구에 각각 4[μC] 및 −6[μC] 전하가 대전 되어 있다. 두 구를 접속시키면 반지름 3[cm]의 도체구에 남는 전기량 [μC]은?

㉮ −1　　㉯ −1.2　　㉰ −0.8　　㉱ 0.8

문제17. 두 개의 도체구가 20[cm] 떨어져 놓여 있다. 도체구의 전하를 각각 0.2[μC] 및 −0.6[μC]이라 할 때 가느다란 전선으로 양 도체구를 접속했을 때의 힘을 구하면?

㉮ 9×10^{-3}[N], 흡인력　　㉯ 9×10^{-3}[N], 반발력
㉰ 18×10^{-3}[N], 흡인력　　㉱ 18×10^{-3}[N], 반발력

문제18. 전계 중에 단위 전하를 놓았을 때 그것에 작용하는 힘을 그 점에 있어서의 무엇이라 하는가?

㉮ 전계의 세기　　㉯ 전위　　㉰ 전위차　　㉱ 변화 전류

문제19. 진공 중에 놓인 1[μC]의 점전하에서 3[m]되는 점의 전계 [V/m]는?

㉮ 10^{-3}　　㉯ 10^{-1}　　㉰ 10^{2}　　㉱ 10^{3}

문제20. 그림과 같이 +3[μC]과 −4[μC]의 점전하가 공기 중에서 $\sqrt{2}$[m]의 거리에 놓여있다. 두 전하로부터 각각 1[m] 떨어진 점 P에서의 전계의 세기 [V/m]는?

㉮ 2.5×10^{-6}　　㉯ 3.5×10^{-4}　　㉰ 3.5×10^{4}　　㉱ 4.5×10^{4}

문제21. +1[μC] 및 +2[μC]의 두 점전하가 진공 중에서 2[m] 떨어져 있을 때 두 점 전하 중점의 전계 세기 [V/m]는?

㉮ 9×10^{3}　　㉯ 27×10^{3}　　㉰ 10^{3}　　㉱ 3×10^{3}

문제22. 원점에 +1[μC]의 점전하가 있을 때 점 P(2, −2, 4)[m]인 전계의 세기 방향의 단위 벡터 [m]는?

㉮ $0.41a_x - 0.41a_y + 0.82a_z$
㉯ $-0.33a_x + 0.33a_y - 0.66a_z$
㉰ $-0.41a_x + 0.41a_y - 0.82a_z$
㉱ $0.33a_x - 0.33a_y + 0.66a_z$

문제23. 전하 e[C], 질량 m[kg]인 전자가 전계 E[V/m]내에 놓여 있을 때 최초에 정지해 있었다고 한다면, t[s]후에 전자는 어떠한 속도를 연계되는가?

㉮ v=meEt
㉯ $v=\frac{me}{E}t$
㉰ $v=\frac{mE}{e}t$
㉱ $v=\frac{Ee}{m}t$

문제24. 질량 m=10^{-8}[kg], 전하량 q=10^{-6}[C]의 입자가 전계 E[V/m]인 곳에 존재한다. 이 입자의 가속도가 $\alpha=10^2$i+10^3j[m/s^2]인 것에 관측되었다면 전계의 세기 E[V/m]는? (단, i, j는 단위 벡터이다.)

㉮ E=10^2i+10^3j
㉯ E=i+10
㉰ E=10^{-4}i+10^{-3}j
㉱ E=10i+10^2j

문제25. 정전계 E 내에서 점 b에 대한 점 A의 전위를 결정하는 식은?

㉮ $-\int_B^A Edl$
㉯ $-\int_A^B Edl$
㉰ $-\int_\infty^A Edl$
㉱ $-\int_\infty^B Edl$

문제26. 그림과 같이 Z=0인 평면상에 잇는 반지름 α인 균일 선전하에 의한 Z=h인 점에서 전위 V는? (단, 주위 공간의 유전율은 ϵ_0이며, 모든 양의 단위는 MKS 단위를 사용한다.)

㉮ $\frac{\rho_L h}{2\epsilon_0(a^2+h^2)}$
㉯ $\frac{\rho_L a}{2\epsilon_0(a^2+h^2)}$
㉰ $\frac{\rho_L h}{2\epsilon_0\sqrt{a^2+h^2}}$
㉱ $\frac{\rho_L a}{2\epsilon_0\sqrt{a^2+h^2}}$

문제27. 50[V/m]인 평등 전계 중의 80[V]되는 A 점에서 전계 방향으로 80[cm] 떨어진 B점의 전위는 몇 [V]인가?

㉮ 20 ㉯ 40 ㉰ 60 ㉱ 80

문제28. 공기 중 원점의 점전하에서 0.5, 2[m] 거리의 전위가 각각 30, 15[V]일 때, 1[m] 거리인 점의 전위[V]는?

㉮ 25 ㉯ 22.5 ㉰ 20 ㉱ 17.5

문제29. 시간적으로 변화하지 않는, 보존적 (conservative)인 전하가 비회전성이라는 의미를 나타낸 식은?

㉮ $\nabla E=0$ ㉯ $\nabla \cdot E=0$ ㉰ $\nabla \times E=0$ ㉱ $\nabla^2 E=0$

문제30. 등전위면을 따라 Q[C]을 운반하는 데 필요한 일은?

㉮ 전하의 크기에 따라 변한다. ㉯ 전위의 크기에 따라 변한다.
㉰ QV ㉱ 0

문제31. 그림과 같이 전계가 어디서나 x의 (+) 방향으로 E=5[V/m]인 평등 전계중에서 원점의 전위 V_0=10[V]이었다. $\triangle_y$=0.1[m]인 P점의 전위는?

㉮ 9.5 ㉯ 10.5 ㉰ 0 ㉱ 10

문제32. 전위 6,000[V]의 위치에서 10,000[V]의 위치에 전하을 이동시킬 때 필요한 일 [J]은?

㉮ 8×10^{-7} ㉯ 16×10^{-7} ㉰ 2×10^{-13} ㉱ 8×10^{-13}

문제33. 그림에서 점 P에 있는 전하 Q[C]에 의한 전계 내에서 미소한 전하 q[C]을 점 A에서 점 B까지 이동 시키는 데 요하는 일의 양은?

㉮ $\frac{Qq}{4\pi\epsilon}(\frac{1}{r^2}-\frac{1}{r^1})$ ㉯ $\frac{Qq}{4\pi\epsilon}(\frac{1}{r^1}-\frac{1}{r^2})$

㉰ $9\times10^9(\frac{1}{r^2}-\frac{1}{r^1})$ ㉱ $\frac{Qq}{9\times10^9}(\frac{1}{r^2}-\frac{1}{r^1})$

문제34. 평등 전계 내에서 5[C]의 전하를 30[cm] 이동시키는데 120[J]의 일이 소요되었다. 전계의 세기[V/m]는?

㉮ 24 ㉯ 36 ㉰ 80 ㉱ 160

문제35. 면적이 매우 넓은 2개의 도체판을 d[m]의 간격으로 수평으로 평행하게 배치하고 그 평형 도체판 사이에 놓인 전자가 정지하고 있기 위해서 그 도체판 사이에 가하여야 할 전위차[V]는? (단, m=전자질량, g=중력 가속도, e=전자의 전하량이다.)

㉮ $mged$ ㉯ $\frac{ed}{mg}$ ㉰ $\frac{mgd}{e}$ ㉱ $\frac{mge}{d}$

문제36. 완전 진공으로 된 평등 전게 내에서 전자가 자유로이 운동하고 있을 때 전하를 e, 전자가 통과한 곳의 전위차를 V라 할 때 전자의 속도 v[m/s]는? (단, e=1.602×10^{-19}[C], m=9.107×10^{-31}[kg])

㉮ $v=9.55\times10^5\sqrt{V}$ ㉯ $v=5.95\times10^3\sqrt{V}$

㉰ $v=5.95\times10^5\sqrt{V}$ ㉱ $v=9.55\times10^3\sqrt{V}$

문제37. 전계 E와 전위 V 사이의 관계, 즉 E=-gradV에 관한 설명으로 잘못 된 것은?

㉮ 전계는 전위가 일정한 면에 수직이다.

㉯ 전계는 방향은 전위가 감소하는 방향으로 향한다.

㉰ 전계의 전기력선은 연속적이다.

㉱ 전계의 전기력선은 폐곡면을 이루지 않는다.

문제38. 전계와 전위 경도를 옳게 표현한 것은?

㉮ 크기가 같고 방향이 같다.
㉯ 크기가 같고 방향이 반대이다.
㉰ 크기가 다르고 방향이 같다.
㉱ 크기가 다르고 방향이 반대이다

문제39. 그림과 같이 등전위면이 존재하는 경우 전계의 방향은?

㉮ a의 방향　㉯ b의 방향　㉰ c의 방향　㉱ d의 방향

문제40. 반경 10[cm] 공기 중에 전압 10[V]를 가했을 때 전위 경도는?

㉮ 1[V/m]　㉯ 10[V/m]　㉰ 100[V/m]　㉱ 1,000[V/m]

문제41. 직각 좌표계에서 전위의 식이 $V=5(x-2)^2(y+2)^2(z-1)^3$[V]로 표시될 때 점 (1, 2, 3)에서의 전계이 세기 E의 식은? (단, I, j, k는 x축, y축, z축 방향이 단위 벡터이다.)

㉮ 40(5i+0j−8k)[V/m]
㉯ −405(−i+4j+8k)[V/m]
㉰ −5(5i+16j−8k)[V/m]
㉱ 302(4i−j−3k)[V/m]

문제42. 점전하에 의한 전위가 함수 $V=\frac{10}{x^2+y^2}$[V]로 주어졌을 때, 점(2, 1)[m]의 전위 경도 [V/m]는? (단, $\tan^{-1}0.5=26°$, $\tan^{-1}0.73=36°$)

㉮ 1.79∠206°
㉯ 0.895∠206°
㉰ 1.79∠26°
㉱ 0.895∠26°

문제43. E=7xi−7yi[V/m]일 때, 점 (5,2)[m]를 통과하는 전기력선의 방정식은?

㉮ y=10x　㉯ $y=\frac{10}{x}$　㉰ $y=\frac{x}{10}$　㉱ $y=10x^2$

문제44. E=4xi−4yi 일 때 점 (1,2)를 지나는 전기력선의 방정식은?

㉮ xy=2　　㉯ $\frac{1}{x}$=y　　㉰ $\frac{1}{x}+\frac{1}{y}$=2　　㉱ y=$\frac{1}{2}$x

문제45. 폐곡면을 통하는 전속과 폐곡면 내부의 전하와의 상관 관계를 나타내는 법칙은?

㉮ 가우스(gauss)법칙　　㉯ 쿨롱(Coulomb) 법칙
㉰ 푸아송(Poisson) 법칙　　㉱ 라플라스(Laplace) 법칙

문제46. 그림과 같이 도체구, 내부 공동 중심에 점전하 Q[C]이 있을 때 이 도체구의 외부로 발산되어 나오는 전기력선의 수는? (단, 도체 내외의 공간은 진공이라 함)

㉮ 4π[개]　　㉯ $\frac{Q}{\epsilon_0}$[개]　　㉰ Q[개]　　㉱ $\frac{Q}{\epsilon_0\epsilon_s}$[개]

문제47. 진공 중에 있는 임의의 구도체 표면 전하 밀도가 σ일 때의 구도체 표면의 전계 세기 [V/m]는?

㉮ $\frac{\epsilon_0\sigma^2}{2}$　　㉯ $\frac{\sigma}{2\epsilon_0}$　　㉰ $\frac{\sigma^2}{\epsilon_0}$　　㉱ $\frac{\sigma}{\epsilon_0}$

문제48. 진공 내에 잇는 도체 표면에서 $E=3a_x+4a_y$[V/m]일 때 도체 표면상의 전하 밀도 ρ_s[C/m^3]의 값은?

㉮ $\pm 0.4427\times10^{-10}$　　㉯ $\pm 0.3542\times10^{-10}$
㉰ $\pm 0.2656\times10^{-10}$　　㉱ $\pm 0.6198\times10^{-10}$

문제49. 무한 평행한 평판 전극 사이의 전위차 V[V]는? (단, 평행판 전하 밀도를 σ[C/m^2], 판간 거리를 d[m]라 한다.)

㉮ $\frac{\sigma}{\epsilon_0}$　　㉯ $\frac{\sigma}{\epsilon_0}d$　　㉰ ad　　㉱ $\frac{\epsilon_0\sigma}{d}$

문제50. 반경이 a=10[cm]인 구의 표면 전하 밀도를 $\sigma=10^{-10}$[C/m^2]이 되도록 하는 구의 전위 V는 얼마인가?

㉮ 21.3[V]　　㉯ 11.3[V]　　㉰ 2.13[V]　　㉱ 1.13[V]

문제51. x=0 및 x=a임 무한 평면에 각각 면전하 $-\rho_s$[C/m^2], ρ_s[C/m^2]가 있는 경우 x>a인 영역에서 전계 E는?

㉮ E=0　　㉯ $E=\frac{\rho_s}{2\epsilon_0}a_x$　　㉰ $E=-\frac{\rho_s}{2\epsilon_0}a_x$　　㉱ $E=\frac{\rho_s}{\epsilon_0}a_x$

문제52. 그림과 같이 동심구에서 도체 A에 Q[C]을 줄 때 도체 A의 전위 [V]는? (단, 도체 B의 전하는 0이다.)

㉮ $\frac{Q}{4\pi\epsilon_0 C}$　　㉯ $\frac{Q}{4\pi\epsilon_0}(\frac{1}{a}-\frac{1}{b})$

㉰ $\frac{Q}{4\pi\epsilon_0}(\frac{1}{a}+\frac{1}{b})$　　㉱ $\frac{Q}{4\pi\epsilon_0}(\frac{1}{a}-\frac{1}{b}+\frac{1}{c})$

문제53. 무한장 직선 전하에 의한 전계는?

㉮ 거리에 비례한다.　　㉯ 거리에 반비례한다.

㉰ 거리의 제곱에 비례한다.　　㉱ 거리의 제곱에 반비례한다.

문제54. 축이 무한히 길며 반지름이 a[m]인 원주 내에 전하가 축대칭이며 축 방향으로 균일하게 분포되어 있을 경우 반지름 r(>a) [m]되는 동심 원통 면상의 일정 P의 전계 세기 [V/m]는? (단, 원주의 단위 길이당의 전하를 λ[C/m]라 한다.)

㉮ $\frac{\lambda}{2\epsilon_0}$　　㉯ $\frac{\lambda}{2\pi\epsilon_0}$　　㉰ $\frac{\lambda}{2\pi a}$　　㉱ $\frac{\lambda}{2\pi\epsilon_0 r}$

문제55. 자유 공간 내에 밀도가 10^{-9}[C/m]인 균일한 선전하가 x=4, y=3인 무한장 선상에 있을 때 점 (8, 6, −3)에서 전계 $\overline{E}$[V/m]는?

㉮ $2.88\overline{a_x}+2.16\overline{a_y}$[V/m] ㉯ $2.88\overline{a_x}+2.88\overline{a_y}$[V/m]

㉰ $2.88\overline{a_x}-2.16\overline{a_y}$[V/m] ㉱ $2.16\overline{a_x}-2.88\overline{a_y}$[V/m]

문제56. 무한히 긴 직선 도체에 선전하 밀도 $+\rho$[C/m]로 전하가 충전될 때 이 직선 도체에서 r[m]만큼 떨어진 점의 전위는?

㉮ $\frac{\rho}{2\pi r^2}$ ㉯ $\frac{\rho}{2\pi r}$ ㉰ ∞ ㉱ 0

문제57. 그림에서 0점의 전위를 라플라스의 근사법에 의하여 구하면?

㉮ $V_1+V_2+V_3+V_4$ ㉯ $\frac{1}{2}(V_1+V_2+V_3+V_4)$

㉰ $4(V_1+V_2+V_3+V_4)$ ㉱ $\frac{1}{4}(V_1+V_2+V_3+V_4)$

문제58. 전위 함수 V=x_2+y_2[V]를 형성하는 전하 분포에서 1[m^3]안의 전하를 구하면?

㉮ $-4\epsilon_0$ ㉯ $-5\epsilon_0$ ㉰ $-6\epsilon_0$ ㉱ $-7\epsilon_0$

문제59. 반지름 a인 원판형 전기 2중층(세기M)의 축상 x가 되는 거리에 있는 점 P(정전하측)의 전위[V]는?

㉮ $\frac{M}{2\epsilon_0}(1-\frac{a}{\sqrt{x^2+a^2}})$ ㉯ $\frac{M}{\epsilon_0}(1-\frac{a}{\sqrt{x^2+a^2}})$

㉰ $\frac{M}{2\epsilon_0}(1-\frac{x}{\sqrt{x^2+a^2}})$ ㉱ $\frac{M}{\epsilon_0}(1-\frac{x}{\sqrt{x^2+a^2}})$

문제60. 다음 그림의 전기 쌍극자로부터 일정한 거리를 표시한 반지름 R[m]인 원이다. 원주상에서 가장 전위가 높은 점은?

㉮ A　㉯ B　㉰ C　㉱ D

문제61. 전기 쌍극자에 의한 전계의 세기는 쌍극자로부터의 거리 r에 대해서 어떠한가?

㉮ r에 반비례한다.　㉯ r^2에 반비례한다.
㉰ r^3에 반비례한다.　㉱ r^4에 반비례한다.

문제62. 거리 r에 반비례하는 전계의 세기를 주는 대전체는?

㉮ 점전하　㉯ 구전하　㉰ 전기 쌍극자　㉱ 선전하

문제63. 도체 표면의 전하 밀도를 σ[C/m^2], 전계를 E[V/m]라 할 때 도체 표면에 작용하는 힘 fsms?

㉮ $F \propto E$　㉯ $F \propto \delta$　㉰ $F \propto E/\delta$　㉱ $F \propto E^2$

문제64. 무한히 넓은 2개의 평행판 도체의 간격이 d[m]이며 그 전위차는 V[V]이다. 도체판의 단위 면적에 작용하는 힘 [N/m^2]은?

㉮ $\epsilon_0 \frac{V}{d}$　㉯ $\epsilon_0 (\frac{V}{d})^2$　㉰ $\frac{1}{2} \epsilon_0 \frac{V}{d}$　㉱ $\frac{1}{2} \epsilon_0 (\frac{V}{d})^2$

03

도체계와 정전용량

03 도체계와 정전용량

1 전위계수

n개의 도체가 있을 때 각 도체에 Q_1, Q_2, Q_3, $\cdots$ Q_n의 전하를 주면 각 도체의 전위는 다음과 같다.

$$V_1 = P_{11}Q_1 + P_{12}Q_2 + P_{13}Q_3 + \cdots + P_{1n}Q_n$$
$$V_2 = P_{21}Q_1 + P_{22}Q_2 + P_{23}Q_3 + \cdots + P_{2n}Q_n$$
$$\vdots$$
$$V_n = P_{n1}Q_1 + P_{n2}Q_2 + P_{n3}Q_3 + \cdots + P_{nn}Q_n$$

[1] 여기서 $P_{11}, P_{12} \cdots P_{nn}$ 등의 계수를 전위계수라 한다. 이것을 주위의 매질, 도체의 형상(크기), 배치 등에 따라 결정되고 전위, 전하에는 무관한 양이다.

[2] 전위계수의 성질은 다음과 같다.
$P_{rs} = P_{sr}$, $P_{rr} > 0$, $P_{rr} \geqq P_{rs}$, $P_{rs} \geqq 0$

[3] 전위계수의 단위는[V/C]=[1/F], 즉, elastance라 한다.

2 용량계수와 유도계수

[1] n개의 도체가 있을 때, 각 도체의 전위가 V_1, V_2, ⋯ V_n이라면 각 도체의 전하량 Q_1, Q_2, ⋯ Q_n은

$$Q_1 = q_{11} V_1 + q_{12} V_2 + q_{13} V_3 + \cdots + q_{1n} V_n$$
$$Q_2 = q_{21} V_1 + q_{22} V_2 + q_{23} V_3 + \cdots + q_{2n} V_n$$
$$\vdots$$
$$Q_n = q_{n1} V_1 + q_{n2} V_2 + q_{n3} V_3 + \cdots + q_{nn} V_n$$

[2] 여기서 q_{11}, q_{22}, ⋯ q_{nn}을 용량계수, q_{12}, q_{21}, ⋯ q_{n1} 등을 유도계수라 한다.

[3] 용량계수와 유도계수의 성질

$q_{rr} > 0, q_{rs} \leqq 0, q_{rs} = q_{sr}$(대칭)이고, $q_{11} \geqq -(q_{21} + q_{31} + \cdots + q_{n1})$이다.

[4] 용량계수 단위는[C/V]=[F]

3 정전용량

정전용량 : 전위 V가 일정할 때 전하 Q를 축적하는 능력을 말한다.

[1] 도체에 Q[C]의 전하를 주었을 때 그 도체의 전위차가 V[V]이었다면 정전용량 C는

$$C = \frac{Q}{V}\,[\mathrm{F}]$$

[2] 도체 A에 $+Q\,[C]$, 도체 B에 $-Q$[C]의 전하를 주었을 때 두 도체 사이의 전위차를 V_{AB}라 하고 정전용량을 전위계수로 나타내면,

$$C = \frac{Q}{V_A - V_B} = \frac{1}{P_{11} - 2P_{12} + P_{22}}\,[\mathrm{F}]$$

4 콘덴서의 접속

[1] 직렬 접속

$$C=\frac{1}{\frac{1}{C_1}+\frac{1}{C_2}+\frac{1}{C_3}+\cdots\frac{1}{C_n}}[\mathrm{F}]$$

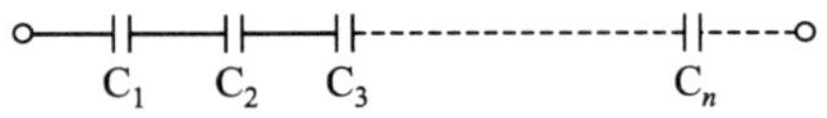

[2] 병렬 접속

$$C=C_1+C_2+C_3+\cdots+C_n[\mathrm{F}]$$

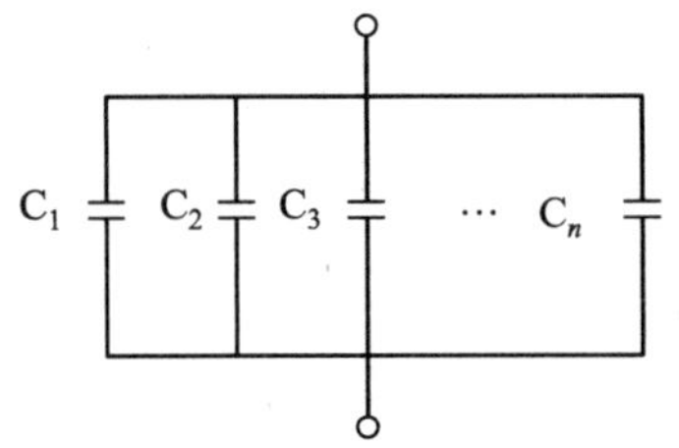

5 정전용량의 계산 예

[1] 반경 a[m]인 고립 도체구

$$V=\frac{Q}{4\pi\epsilon_0 a}[\mathrm{V}]$$

$$C=\frac{Q}{V}=4\pi\epsilon_0 a[\mathrm{F}]$$

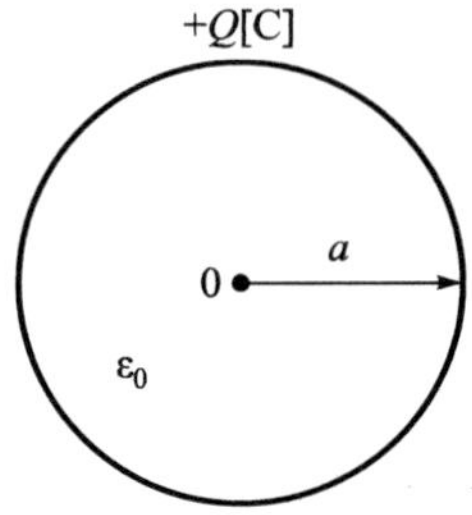

<Fig 3-1>

[2] 동심구 사이의 정전용량

$$V_{ab}=-\int_b^a E\cdot dr=\frac{Q}{4\pi\epsilon_0}\left(\frac{1}{a}-\frac{1}{b}\right)$$

$$C=\frac{Q}{V}=\frac{4\pi\epsilon_0}{\frac{1}{a}-\frac{1}{b}}=\frac{4\pi\epsilon_0}{b-a}ab[\mathrm{F}]$$

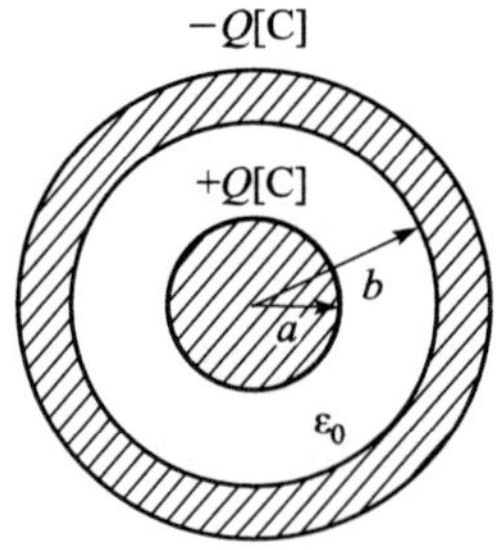

<Fig 3-2>

[3] 동심 원통 사이의 정전용량

$$E = \frac{\lambda}{2\pi\epsilon_0 r}\,[\mathrm{V/m}]$$

$$V_{ab} = -\int_b^a E \cdot dr = \frac{\lambda}{2\pi\epsilon_0}\ln\frac{b}{a}\,[\mathrm{V}]$$

① 단위 길이당 정전용량

$$C_0 = \frac{\lambda}{V_{ab}} = \frac{2\pi\epsilon_0}{\ln\frac{b}{a}}\,[\mathrm{F/m}]$$

② 길이 l[m]의 정전용량

$$C = C_0 l\,[\mathrm{F}]$$

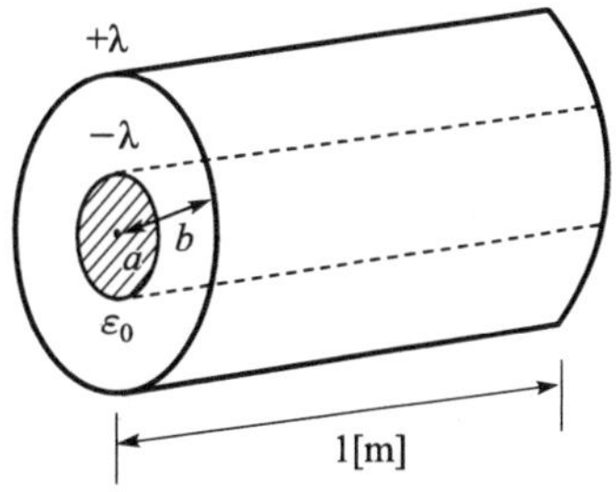

<Fig 3-3>

[4] 평행 도선 사이의 정전용량

$$E = \frac{\lambda}{2\pi\epsilon_0}\left(\frac{1}{\chi} + \frac{1}{d-\chi}\right)\,[\mathrm{V/m}]$$

$$V = -\int_{d-r}^{r} E \cdot d\chi = \frac{\lambda}{\pi\epsilon_0}\ln\frac{d-r}{r}\,[\mathrm{V}]$$

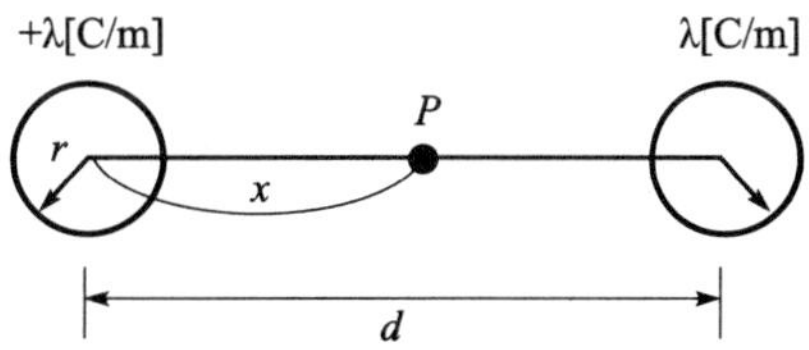

<Fig 3-4>

① 단위 길이당 정전용량

$$C_0 = \frac{\lambda}{V} = \frac{\pi\epsilon_0}{\ln\frac{d-r}{r}} \fallingdotseq \frac{\pi\epsilon_0}{\ln\frac{d}{r}}\,[\mathrm{F/m}] \qquad (\therefore d \gg r)$$

[5] 평행판 콘덴서의 정전용량

$$E = \frac{\sigma}{\epsilon_0}\,[\mathrm{V/m}]$$

$$V = E \cdot d = \frac{\sigma}{\epsilon_0} \cdot d\,[\mathrm{V}]$$

① 단위 면적당 정전용량

$$C_0 = \frac{\sigma}{V} = \frac{\epsilon_0}{d}\,[\mathrm{F/m^2}]$$

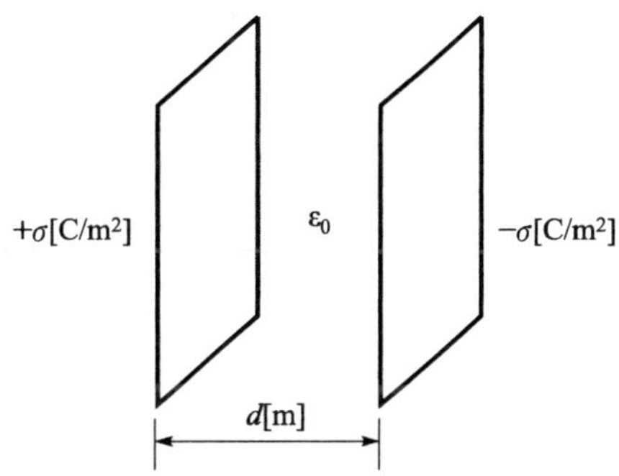

<Fig 3-5>

② 단면적 $S[\mathrm{m}^2]$일 때 정전용량

$$C=\frac{\epsilon_0}{d}S[\mathrm{F}]$$

6 도체계의 에너지

[1] 도체에 $Q[\mathrm{C}]$의 전하를 충전하는데 필요한 일의 총량 전위계수를 사용하여 전위 V를 구하면 $V=PQ[\mathrm{V}]$가 된다.

따라서, $W=\int_0^Q VdQ=\int_0^Q PQdQ=\frac{1}{2}PQ^2=\frac{1}{2}QV\ [\mathrm{J}]$

$$\therefore W=\frac{1}{2}QV=\frac{1}{2}CV^2=\frac{Q^2}{2C}[\mathrm{J}]$$

[2] 전계에 축적되는 에너지, 즉 공간 전하계가 갖는 에너지는

$$W=\frac{1}{2}\epsilon_0 E^2=\frac{1}{2}ED=\frac{D^2}{2\epsilon_0}[\mathrm{J/m^3}]$$

연|습|문|제

문제1. 콘덴서에 대한 설명 중 옳지 않은 것은?

㉮ 콘덴서는 두 도체간 정전용량에 의하여 전하를 축적시키는 장치이다.
㉯ 가능한 한 많은 전하를 축적하기 위하여 도체간의 간격을 작게 한다.
㉰ 두 도체간의 절연물은 절연을 유지할 뿐이다.
㉱ 두 도체간의 절연물은 도체간 절연은 물론 정전용량의 값을 증가시키기 위함이다.

문제2. 모든 전기 장치에 접지시키는 근본적인 이유는?

㉮ 지구의 용량이 커서 전위가 거의 일정하기 때문이다.
㉯ 편의상 지면을 영전위로 보기 때문이다.
㉰ 영상 전하를 이용하기 때문이다.
㉱ 지구는 전류를 잘 통하기 때문이다.

문제3. 정전 용량의 단위 Farad와 같은 것은? (단, V는 전위, C는 전기량, N은 힘, m은 길이이다.)

㉮ $\frac{N}{C}$　㉯ $\frac{V}{m}$　㉰ $\frac{V}{C}$　㉱ $\frac{C}{V}$

문제4. 엘라스턴스(elastance)란?

㉮ $\frac{1}{\text{전위차} \times \text{전기량}}$　㉯ 전위차×전기량
㉰ $\frac{\text{전위차}}{\text{전기량}}$　㉱ $\frac{\text{전기량}}{\text{전위차}}$

문제5. 전압 V로 충전된 용량 nC의 콘덴서에 동일 용량 C의 콘덴서를 병렬 연결 한 후의 양단간의 전위차는?

㉮ V ㉯ $2V$ ㉰ $\frac{V}{2}$ ㉱ $\frac{V}{4}$

문제6. 그림과 같은 회로에서 ab간의 합성정전용량은 얼마인가?

㉮ 2.4C ㉯ 3.6C ㉰ 4.8C ㉱ 5.6C

문제7. 그림에서 2[μF]에서 100[μF]의 전하가 충전되어 있다면, 3[μF]의 양단의 전위차[V]는?

㉮ 50 ㉯ 100 ㉰ 200 ㉱ 260

문제8. Q_1으로 대전된 용량 C_1의 콘덴서에 용량 C_2를 병렬 연결한 경우 C_2가 분배받는 전기량은? (단, V_1은 콘덴서 C_1에 Q_1으로 충전되었을 때의 C_1양단 전압이다.)

㉮ $Q_2 = \frac{C_1 + C_2}{C_2} V_1$ ㉯ $Q_2 = \frac{C_2}{C_1 + C_2} V_1$

㉰ $Q_2 = \frac{C_1}{C_1 + C_2} V_1$ ㉱ $Q_2 = \frac{C_1 C_2}{C_1 + C_2} V_1$

문제9. 반경이 각각 3[m], 4[m]인 2개의 절연 도체구의 전위가 각각 5[V], 8[V] 되도록 충전한 후 가는 도선으로 연결할 때, 공통 전위는 얼마인가?

㉮ 5.69[V] ㉯ 5.71[V] ㉰ 6.69[V] ㉱ 6.71[V]

문제10. 내압이 1[kV]이고 용량이 각각 0.01[μF], 0.02[μF], 0.05[μF]인 콘덴서를 직렬로 연결했을 때의 전체 내압 [V]은?

㉮ 3,000 ㉯ 1,750 ㉰ 1,700 ㉱ 1,500

문제 11. 정전용량 4[μF], 5[μF], 6[μF]이고 내압이 500[V], 450[V], 350[V]인 콘덴서 3개를 직렬로 연결하고 전압을 서서히 증가시키면 콘덴서의 상태는 어떻게 되겠는가?

㉮ 동시에 파괴된다.
㉯ 4[μF]이 먼저 파괴된다.
㉰ 5[μF]이 먼저 파괴된다.
㉱ 6[μF]이 먼저 파괴된다.

문제 12. 여러 가지 도체의 전하 분포에 있어 각 도체의 전하를 n배 하면, 중첩의 원리가 성립하기 위해서 그 전위는 어떻게 되는가?

㉮ $\frac{1}{2}$n배가 된다.
㉯ n배가 된다.
㉰ 2n배가 된다.
㉱ n^2배가 된다.

문제 13. 도체 Ⅰ, Ⅱ 및 Ⅲ이 있을 때 도체 Ⅱ가 도체 Ⅰ에 완전 포위 되어 있음을 나타내는 것은?

㉮ $P_{11}=P_{21}$ ㉯ $P_{11}=P_{31}$ ㉰ $P_{11}=P_{33}$ ㉱ $P_{12}=P_{22}$

문제 14. 그림과 같은 2개의 동심구에서 내구의 반지름이 a[m], 외구의 안지름이 b[m], 외구의 바깥지름이 c[m]일 때 전위 계수 P_{11}을 구하면?

㉮ $\frac{1}{4\pi\epsilon_0}(\frac{1}{a}-\frac{1}{b}+\frac{1}{c})$
㉯ $\frac{1}{4\pi\epsilon_0}\frac{1}{c}$
㉰ $\frac{1}{4\pi\epsilon_0}(\frac{1}{a}-\frac{1}{b})$
㉱ $\frac{1}{4\pi\epsilon_0}(\frac{1}{a}+\frac{1}{b}+\frac{1}{c})$

문제 15. 1[C]의 정전하를 각각 대전시켰을 때 도체 1의 전위는 5[V], 도체 2의 전위는 12[V]로 되는 두 도체가 있다. 도체 1에만 1[C]을 대전하였을 때 도체 2의 전위는 0.5[V]로 된다면, 이 두 도체간의 정전용량 [F]은?

㉮ 0.02 ㉯ 0.05 ㉰ 0.07 ㉱ 0.1

문제16. 반지름 a[m]되는 접지 도체구의 중심에서 r[m]되는 거리에 점전하 Q[C]을 놓았을 때 접지 도체구에 유도된 총 전하[C]는?

㉮ 0　㉯ −Q　㉰ $-\frac{a}{r}Q$　㉱ $-\frac{r}{a}Q$

문제17. 반지름 a[m]인 구의 정전용량 [F]은?

㉮ $4\pi\epsilon_0 a$　㉯ $\epsilon_0 a$　㉰ a　㉱ $\frac{1}{4\pi\epsilon_0 a}$

문제18. 반지름 a < b[m]인 동심 도체구의 정전용량은? (단, 내구 절연, 외구 접지 때임)

㉮ $4\pi\epsilon_0 a$　㉯ $\frac{4\pi\epsilon_0 ab}{b-a}$

㉰ $\frac{1}{4\pi\epsilon_0}\times\frac{ab}{a-b}$　㉱ $\frac{1}{4\pi\epsilon_0}\times\frac{a-b}{ab}$

문제19. 그림과 같은 동심 도체구의 정전용량은 얼마인가? (단, a=5[cm], b=9[cm], c=12[cm]이다.)

㉮ 0.125[pF]　㉯ 9.5[pF]　㉰ 12.5[pF]　㉱ 250[pF]

문제20. 반지름 a[m], 선간거리 d[m]인 I 평행 도선간의 정전용량 [F/m]은? (단, d≫a)

㉮ $\frac{2\pi\epsilon_0}{\log\frac{d}{a}}$　㉯ $\frac{1}{2\pi\epsilon_0\log\frac{d}{a}}$　㉰ $\frac{1}{2\epsilon_0\log\frac{d}{a}}$　㉱ $\frac{\pi\epsilon_0}{\log\frac{d}{a}}$

문제21. 간격 d[m]인 무한히 넓은 평행판의 단위 면적당 정전용량 [F/m²]은? (단, 매질은 공기라 한다.)

㉮ $\frac{1}{4\pi\epsilon_0 d}$　㉯ $\frac{4\pi\epsilon_0}{d}$　㉰ $\frac{\epsilon_0}{d}$　㉱ $\frac{\epsilon_0}{d^2}$

문제22. 평행판 콘덴서의 양극판 면적을 3배로 하고 간격을 1/2배로 하면 정전용량은 처음의 몇 배가 되는가?

㉮ $\frac{3}{2}$　　㉯ $\frac{2}{3}$　　㉰ $\frac{1}{6}$　　㉱ 6

문제23. 평행판 콘덴서에 100[V]의 전압이 걸려 있다. 이 전원을 제거한 후 평행판 간격을 처음의 2배로 증가시키면?

㉮ 용량은 $\frac{1}{2}$배로, 저장되는 에너지는 2배로 된다.

㉯ 용량은 2배로, 저장되는 에너지는 $\frac{1}{2}$배로 된다.

㉰ 용량은 $\frac{1}{4}$배로, 저장되는 에너지는 4배로 된다.

㉱ 용량은 4배로, 저장되는 에너지는 $\frac{1}{4}$배로 된다.

문제24. 1변이 50[cm]인 정사각형 전극을 가진 평행판 콘덴서가 있다. 이 극판 간격을 5[mm]로 할 때 정전용량은 얼마인가? (단, $\epsilon_0=8.855\times10^{-12}$ [F/m]이고 단말 효과는 무시한다.)

㉮ 443[pF]　　㉯ 380[pF]　　㉰ 410[pF]　　㉱ 0.5[pF]

문제25. 그림과 같이 정사각형의 전극을 가진 평행판 콘덴서에서 지금 한 쪽의 전극이 30°회전하면 콘덴서 용량은 양전극이 전부 겹쳤을 때의 대략 몇 [%]인가?

㉮ 62　　㉯ 60　　㉰ 58　　㉱ 56

문제26. 회전자가 반지름 35[mm], 판 간격 1[mm]이며, 최소함 350[pF]인 정전용량을 가지는 라디오용 바리콘을 만들려고 한다. 회전자의 매수는 얼마로 하면 되는가? (단, 고정자의 매수는 회전자의 매수보다 1장이 적은 구조로 한다.)

㉮ 8매　　㉯ 10매　　㉰ 12매　　㉱ 14매

문제27. 정전용량이 C[F]인 콘덴서에 V[V]의 전압을 가하여 Q[C]의 전기량을 충전시켰을 때 이에 축적되는 에너지 [J]는?

㉮ $\frac{CV}{2}$ ㉯ $\frac{QV}{2}$ ㉰ $\frac{C^2V}{2}$ ㉱ 2QV

문제28. 두 도체의 전위 및 전하가 각각 $V_1 Q_1$및 $V_2 Q_2$일 때 도체가 갖는 에너지는?

㉮ $\frac{1}{2}(V_1 Q_1 + V_2 Q_2)$ ㉯ $\frac{1}{2}(Q_1 + Q_2)(V_1 + V_2)$

㉰ $V_1 Q_1 + V_2 Q_2$ ㉱ $(V_1 + V_2)(Q_1 + Q_2)$

문제29. 직류 500[V]의 전압으로 충전된 200[μF]의 콘덴서가 있다. 이 콘덴서를 2[Ω]의 저항을 통해서 방전할 때 저항에서 발생되는 열량 [cal]은?

㉮ 1.2 ㉯ 2.4 ㉰ 3.6 ㉱ 6

문제30. 서로 같은 두 개의 비눗방울에 Q[C]의 전하가 대전되어 있다. 만일 두 비눗방울이 하나의 비눗방울로 합해졌을 경우 정전에너지 W와의 관계는? (단, 처음의 비눗방울의 에너지는 $W_1 = W_2$이다.)

㉮ W = $W_1 + W_2$ ㉯ W 〉 $W_1 + W_2$ ㉰ W 〈 $W_1 + W_2$ ㉱ W = $W_1 = W_2$

문제31. 대전된 구도체를 반지름이 2배 되는 무대전구 도체에 가는 도선으로 연결할 때 에너지의 손실비는 얼마나 되겠는가? (단, 두 도체는 충분히 떨어져 있는 것으로 본다.)

㉮ 2/3 ㉯ 5/9 ㉰ 3/2 ㉱ 9/5

문제32. 공기 중에 고립된 지름 1[m]의 반구도체를 10^6[V]로 충전한 다음 이 에너지를 10^{-5}초 사이에 방전한 경우의 평균 전력은?

㉮ 700[kW] ㉯ 1,389[kW] ㉰ 2,780[kW] ㉱ 5,560[kW]

문제 33. 면적 S[m^2], 간격 d[m]인 평행판 콘덴서에 전하 Q[C]을 충전하였을 때 흡인력[N]은?

㉮ $\frac{Q^2}{2\epsilon_0 S}$　　㉯ $\frac{Q^2 d}{2\epsilon_0 S}$　　㉰ $\frac{Q^2}{4\pi\epsilon_0 S}$　　㉱ $\frac{Q^2 d}{4\epsilon_0 S}$

문제 34. 최대 용량 C_0인 라디오용 바리콘의 정전용량이 회전 각도에 비례하여 변한다고 할 때 콘덴서에 전압 V를 충전하면 회전자에 작용하는 회전력은?

㉮ $\frac{C_0 V^2}{4\pi}$　　㉯ $\frac{C_0 V}{4\pi}$　　㉰ $\frac{C_0 V}{2\pi}$　　㉱ $\frac{C_0 V^2}{2\pi}$

문제 35. 반지름 r, 전선 중심간 거리 d인 두 개의 평행간 전선 간의 전위차가 V일 때 이 두 개의 전선간에 작용하는 정전력 [N/m]은? (단 r ≪ d)

㉮ $\frac{\pi\epsilon_0 V^2}{2d(ln\frac{d}{r})^2}$　　㉯ $\frac{2\pi\epsilon_0 V^2}{d(ln\frac{d}{r})^2}$　　㉰ $\frac{\pi\epsilon_0 V^2}{2d ln\frac{d}{r}}$　　㉱ $\frac{2\pi\epsilon_0 V^2}{d ln\frac{d}{r}}$

04

유전체

04 유전체

① 유전체의 정전용량

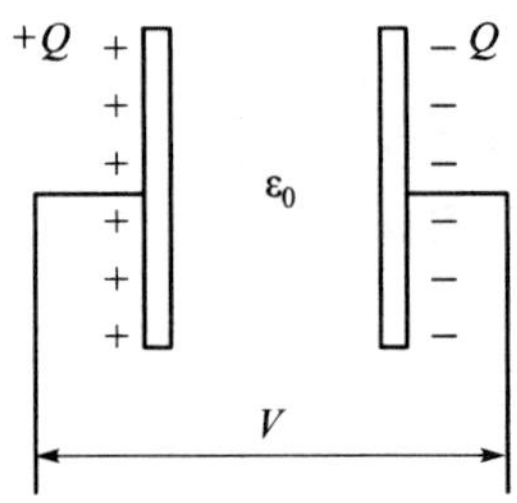

<Fig 4-1>

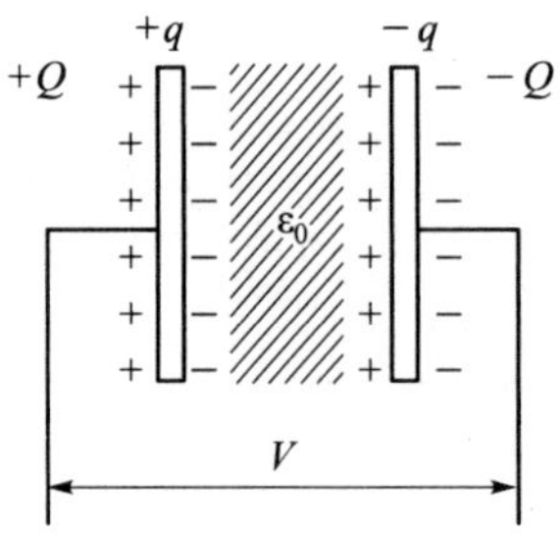

<Fig 4-2>

그림에서 V가 일정할 때

[1] 진공 또는 공기 중에서 정전용량

$$C_0 = \frac{Q}{V}[\mathrm{F}]$$

[2] 유전체 (ϵ_s를 채웠을 때)에서 정전용량

$$C = \frac{Q+q}{V}[\mathrm{F}]$$

따라서 (1),(2)에서 $C > C_0$이다.

이때, $\epsilon_s = \dfrac{C}{C_0} > 1$를 비유전율이라 하며 매질의 종류, 온도 등에 따라 결정되는 상수이다. 그러므로 유전체의 유전율 $\epsilon = \epsilon_0 \epsilon_s$로 표시되며 정전용량 $C = \epsilon_s C_0$로 ϵ_s배 만큼 증가된다.

② 전기 분극

[1] 전기 분극

유전체에 전계를 가하면 유전체를 구성하고 있는 전자나 분자중 ⊕ 전하와 ⊖전하가 서로 반대 방향 (⊕ 전하는 전계와 같은 방향, ⊖ 전하는 전계와 반대방향)으로 편위함으로써 전기 쌍극자를 형성하는 현상

[2] 분극도 or 분극의 세기

① 쌍극자 모멘트

$M = Q \cdot d\,[\mathrm{C \cdot m}]$

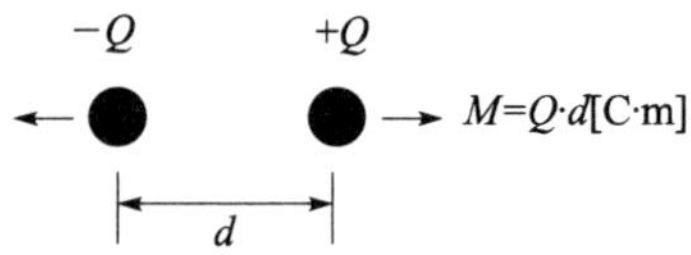

② 분극도(분극의 세기)

$$P = \lim_{\triangle S \to 0} \frac{\triangle Q}{\triangle S} = \lim_{\triangle v \to 0} \frac{\triangle M}{\triangle V}\,[\mathrm{C/m^2}]$$

여기서 분극의 세기 P는 전기분극률 χ에 비례하여 $P = \chi E$이며, χ는 분극률(전화율)이라 한다.

분극의 세기 P는 분극전하밀도 σ'와 같다.

즉, $P = \sigma'\,[\mathrm{C/m^2}]$

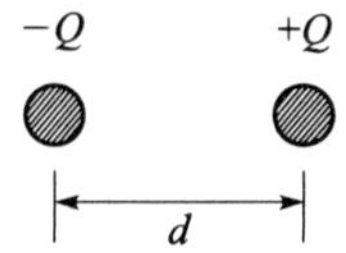

<Fig 4-3>

③ 전계 E와 분극도 P의 관계

진공일 때 전계 $E_0 = \dfrac{\sigma}{\epsilon_0}\,[\mathrm{V/m}]$

ϵ_s를 넣으면 전계 $E = \dfrac{\sigma - \sigma'}{\epsilon_0}\,[\mathrm{V/m}]$ ………… 식(4-1)

진공일 때 정전용량 $C_0 = \dfrac{\sigma}{V} = \dfrac{\sigma}{E_0 d}\,[\mathrm{F}]$

ϵ_s일 때 정전용량 $C = \epsilon_s C_0 = \dfrac{\sigma}{Ed}\,[\mathrm{F}]$

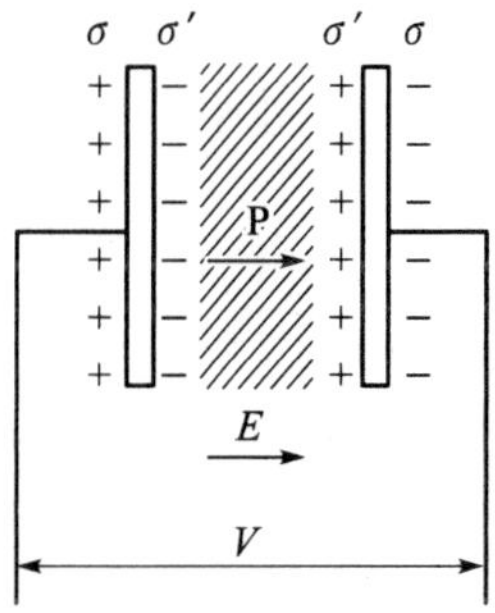

<Fig 4-4>

따라서 유전체에서의 전계의 세기

$$E = \frac{1}{\epsilon_s} \cdot \frac{\sigma}{\epsilon_0}$$

$$\therefore \sigma = \epsilon_0 \epsilon_s E \quad \cdots\cdots \text{식(4-2)}$$

(식 4-1)에 $P = \sigma'$와 $\sigma = \epsilon_0 \epsilon_s E$ 를 대입, 정리하면

$$\epsilon_0 E = \epsilon_0 \epsilon_s E - P$$

$$\therefore P = \epsilon_0 (\epsilon_s - 1) E \quad \cdots\cdots \text{식(4-3)}$$

여기서 분극률 $\chi = \epsilon_0 (\epsilon_s - 1)$ 이고, 비분극률 $\chi_s = \dfrac{\chi}{\epsilon_0}$ 이다.

3 유전체 중의 전속

① (식 4-1) $E = E_0 - \dfrac{P}{\epsilon_0}$ 에서

$$\epsilon_0 E = \epsilon_0 E_0 - P = D - P$$

$$\therefore D = \epsilon_0 E + P [\mathrm{C/m^2}] \quad \cdots\cdots \text{식(4-4)}$$

ex 진공 중 단위구의 전속 밀도

전속 밀도 $D = \dfrac{Q}{S} = \dfrac{Q}{4\pi} [\mathrm{C/m^2}]$

전계의 세기 $E_0 = \dfrac{Q}{4\pi\epsilon_0} [\mathrm{V/m}]$

$\therefore D = \epsilon_0 E_0 [\mathrm{C/m^2}]$

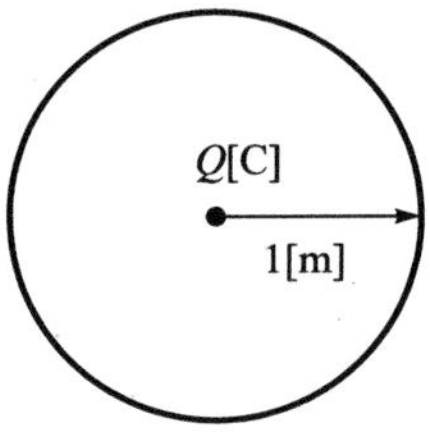

② (식 4-2)에 (식 4-1)을 대입 정리하면

$$D = \epsilon_0 \left(\frac{\sigma - P}{\epsilon_0} \right) + P = \sigma$$

$$\therefore D = \sigma$$

즉, 전속밀도는 진전하만이다.

④ 유전체의 경계조건

[1] 완전 경계조건 ($\sigma = 0$)

① $E_{1t} = E_{2t}$ 이므로

$E_1 \sin\theta_1 = E_2 \sin\theta_2$

② $D_{1n} = D_{2n}$ 이므로

$D_1 \cos\theta_1 = D_2 \cos\theta_2$

③ 굴절의 법칙은

$\dfrac{\tan\theta_1}{\tan\theta_2} = \dfrac{\epsilon_1}{\epsilon_2}$ 이다.

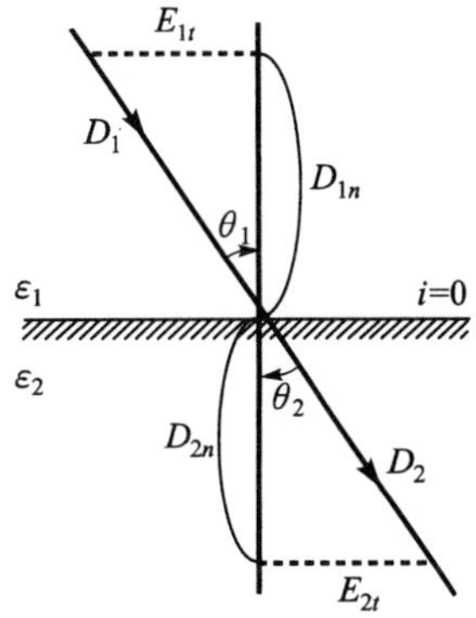

<Fig 4-6>

④ 전속밀도는 경계면에 수직 입사하면 굴절하지 않으므로 $D_{1n} = D_{2n}$

즉, $\epsilon_1 E_1 = \epsilon_2 E_2$가 되어 연속적이다.

⑤ 전계의 세기는 유전율이 큰 쪽에서 그 크기가 작고, 전속밀도는 유전율이 큰 쪽의 크기가 크다.

따라서 $\epsilon_1 > \epsilon_2$이면 $\theta_1 > \theta_2$이므로 $E_1 > E_2$이고 $D_1 > D_2$이다.

[2] 불완전 경계조건 ($\sigma \neq 0$)

경계면에 진전하가 σ가 존재할 때 전속밀도는 불연속이다.

$D_{2n} - D_{1n} = \sigma$

5 유전체에 작용하는 힘

Maxwell 응력 : 전계 내에 있는 유전체는 단위 면적당 전계 방향으로 $\frac{1}{2}ED$의 인장응력과 전계와 수직인 방향으로 $\frac{1}{2}ED$의 압축응력을 받는데 이를 Maxwell 응력이라 한다.

① $\epsilon_1 \geq \epsilon_2$인 두 유전체의 경계면에 전계가 수직일 때

즉, $D_1 = D_2 = D(E_1 = E_2 = 0)$이다.

$$f = f_2 - f_1 = \frac{1}{2}\left(\frac{1}{\epsilon_2} - \frac{1}{\epsilon_1}\right)D^2\,[\mathrm{N/m^2}]$$

② $\epsilon_1 \geq \epsilon_2$인 두 유전체의 경계면에 전계가 평행일 때

즉, $E_1 = E_2 = E(D_1 = D_2 = 0)$이다.

$$f = \frac{1}{2}(\epsilon_1 - \epsilon_2)E^2\,[\mathrm{N/m^2}]$$

6 특수 현상

[1] 초전효과 (Pyroelectric effect)

전기석의 결정을 가열 or 냉각하면 전기분극이 일어난다. 이런 현상을 초전 효과라 하며, 이때 발생한 전하를 초전기라 한다.

[2] 압전효과 (piezoelectric effect)

초전 효과를 나타내는 결정에 기계적인 응력을 가하면 전기 분극이 일어나고 그 단면에 분극 전하가 나타난다. 응력과 분극이 동일 방향으로 발생할 경우를 종효과, 서로 수직 방향으로 발생할 경우를 횡효과라 한다.

ex 롯셀염, 수정, 전기석, 티탄산바륨 ($BaTiO_3$)

연|습|문|제

문제1. 다음 유전체 중에서 비유전율이 가장 큰 것은?

㉮ 수소 ㉯ 고무 ㉰ 운모 ㉱ 물

문제2. 전도전자나 구속전자의 이동에 의하지 않는 전류는?

㉮ 전도전류 ㉯ 대류전류 ㉰ 분극전류 ㉱ 변위전류

문제3. 유전체에서 변위 전류를 발생하는 것은?

㉮ 분극 전하 밀도의 시간적 변화
㉯ 전속 밀도의 시간적 변화
㉰ 자속 밀도의 시간적 변화
㉱ 분극 전하 밀도의 공간적 변화

문제4. 공기 중 두 점전하 사이에 작용하는 힘이 10[N]이었다. 두 전하간에 유전체를 넣었더니 힘이 2[N]으로 되었다면 이 유전체의 비유전율은 얼마인가?

㉮ 10 ㉯ 5 ㉰ 2.5 ㉱ 2

문제5. 콘덴서에 비유전율 ϵ_r인 유전체로 채워져 있을 때의 정전용량 C와 공기로 채워져 있을 때의 정전용량 C_0와의 비 C/C_0는?

㉮ ϵ_r ㉯ $1/\epsilon_r$ ㉰ $\sqrt{\epsilon_r}$ ㉱ $1/\sqrt{\epsilon_r}$

문제6. 정전용량이 C인 콘덴서의 극판 사이에 비유전율이 4인 유전체를 제거하여 공기로 하였을 EO의 용량을 C_0라고 하면 C와 C_0의 관계는?

㉮ $C=4C_0$ ㉯ $C=2C_0$ ㉰ $C=\frac{C_0}{4}$ ㉱ $C=\frac{C_0}{2}$

문제7. 동일 규격 콘덴서의 극판간에 유전체를 넣으면?

㉮ 용량이 증가하고 극판간 전계는 감소한다.
㉯ 용량이 증가하고 극판간 전계는 불변한다.
㉰ 용량이 감소하고 극판간 전계는 불변한다.
㉱ 용량이 불변이고 극판간 전계는 증가한다.

문제8. 일정 전압을 가하고 있는 공기 콘덴서에 비유전율 ϵ_s인 유전체를 채웠을 때 일어나는 현상은?

㉮ 극판의 전하량이 ϵ_s배 된다.
㉯ 극판의 전하량이 $\frac{1}{\epsilon_s}$배 된다.
㉰ 극판의 전계가 ϵ_s배 된다.
㉱ 극판의 전계가 $\frac{1}{\epsilon_s}$배 된다.

문제9. 합성 수지의 절연체에 5×10^3[V/m]의 전계를 가했을 때 이 때의 전속 밀도 [C/m^2]는? (단, 이 절연체의 비유전율은 10으로 한다.)

㉮ 40.257×10^{-6} ㉯ 41.275×10^{-8}
㉰ 43.527×10^{-4} ㉱ 44.275×10^{-8}

문제10. 압전기 현상에서 분극이 동일 방향으로 발생할 때를 무슨 효과라 하는가?

㉮ 직접효과 ㉯ 역효과 ㉰ 종효과 ㉱ 횡효과

문제 11. 유전율이 서로 다른 두 종류의 경계면에 전속과 전기력선이 수직으로 도달할 때 맞지 않는 것은?

㉮ 전속과 전기력선은 굴절하지 않는다.
㉯ 전속 밀도는 불변이다.
㉰ 전계의 세기는 연속이다.
㉱ 전속선은 유전율이 큰 유전체 중으로 모이려는 성질이 있다.

문제 12. 유전체 내의 전계의 세기 E와 분극의 세기 P와의 관계를 나타내는 식은?

㉮ $P=\epsilon_0(\epsilon_s-1)E$ ㉯ $P=\epsilon_0\epsilon_s E$
㉰ $P=\epsilon_0(1-\epsilon_s)E$ ㉱ $P=(1-\epsilon_s)E$

문제 13. 비유전율 $\epsilon_s=5$인 유전체 내의 한 점에서 전계의 세기가 $E=10^4$[V/m]일 때 이 점의 분극의 세기 P[C/m^2]

㉮ $\dfrac{10^{-5}}{9\pi}$ ㉯ $\dfrac{10^{-9}}{9\pi}$ ㉰ $\dfrac{10^{-5}}{18\pi}$ ㉱ $\dfrac{10^{-9}}{18\pi}$

문제 14. 유전율 $\epsilon_0\epsilon_s$의 유전체 내에 있는 전하 Q에서 나오는 전기력선 수는?

㉮ Q[개] ㉯ $\dfrac{Q}{\epsilon_0\epsilon_s}$[개] ㉰ $\dfrac{Q}{\epsilon_0}$[개] ㉱ $\dfrac{Q}{\epsilon_s}$[개]

문제 15. 공기 중에서 평등 전계 E_0[V/m]에 수직으로 비유전율이 ϵ_s인 유전체를 놓았더니 σ^r[C/m^2]의 분극 전하가 표면에 생겼다면 유전체 중의 전계 강도 E[V/m]는?

㉮ $\dfrac{\sigma^r}{\epsilon_0\epsilon_s}$ ㉯ $\dfrac{\sigma^r}{\epsilon_0(\epsilon_s-1)}$
㉰ $\epsilon_0\epsilon_s\sigma^r$ ㉱ $\epsilon_0(\epsilon_s-1)\sigma^r$

문제16. 베이클라이트 중의 전속 밀도가 4.5×10^{-6}[C/m^2]일 때의 분극의 세기는 몇 [C/m^2]인가?

㉮ 1.350×10^{-6}　　㉯ 2.345×10^{-6}
㉰ 3.375×10^{-6}　　㉱ 4.365×10^{-6}

문제17. 평행판 콘덴서에 의한 비유전율 ϵ_s인 비유전체를 채웠을 때 엘레스턴스(Elastance)가 아닌 것은?

㉮ $\dfrac{d}{\epsilon_0\epsilon_s S}$　　㉯ $\dfrac{1}{C}$　　㉰ $\dfrac{8.855\times10^{-12}\times d}{\epsilon_s S}$　　㉱ $\dfrac{V}{Q}$

문제18. 평행판 콘덴서의 판 사이가 진공으로 되어 정전용량이 C_0인 콘덴서가 있다. 이 콘덴서에 유전체를 삽입하여 정전용량 C를 얻었다. 다음 중 틀린 것은?

㉮ 유전체를 삽입한 콘덴서의 정전용량 C는 진공인 때의 저전용량 C_0보다 커진다.
㉯ 삽입된 유전체 내의 전계는 판간이 진공인 경우의 전계보다 강해진다.
㉰ 두 정전용량의 비 $\dfrac{C}{C_0}$는 유전체 종류에 따라 정해지는 상수이며 비유전율이라 부른다.
㉱ 유전체의 분극도는 분극에 의하여 발생된 전하 밀도와 같다.

문제19. 전속수가 Q개 일 경우 패러데이관(Faraday tube)수는 몇 개인가? (단, D는 전속밀도이다.)

㉮ $\dfrac{1}{D}$　　㉯ $\dfrac{Q}{D}$　　㉰ Q　　㉱ DQ

문제20. 그림과 같이 유전체 경계면에서 $\epsilon_1 < \epsilon_2$이었을 때 E_1과 E_2의 관계식 중 맞는 것은?

㉮ $E_1 > E_2$　　㉯ $E_1\cos\theta^1 = E_2\cos\theta^2$
㉰ $E_1 = E_2$　　㉱ $E_1 < E_2$

문제21. 다음은 전계 강도와 전속 밀도에 대한 경계 조건을 설명한 것이다. 옳지 않은 것은? (단, 경계면의 전전하 분포는 없으며 $\epsilon_1 > \epsilon_2$로 한다.)

㉮ 전속은 유전율이 큰 쪽으로 접속되려는 성질이 있다.

㉯ 유전율이 큰 ϵ_1의 영역에서 전속밀도 D_1는 유전율이 작은 ϵ_2의 영역에서 전속밀도 D_2와 $D_1 \geq D_2$의 관계를 갖는다.

㉰ 경계면 사이의 정전력은 유전율이 작은 쪽에서 큰 쪽으로 작용한다.

㉱ 전계가 ϵ_1의 영역에서 ϵ_2의 영역으로 입사될 때 ϵ_2에서 전계 강도가 더 커진다.

문제22. 종류가 다른 두 유전체 경계면에 전하 분포가 다를 때 경계면에서 정전계가 만족하는 것은?

㉮ 전계의 법선 성분이 같다.

㉯ 전속선은 유전율이 큰 곳으로 모인다.

㉰ 전속 밀도의 접속 성분이 같다.

㉱ 경계면상의 두 점 간의 전위차가 다른다.

문제23. 두 유전체 ①,②가 유전율 $\epsilon_1 = 2\sqrt{3}\epsilon_0$, $\epsilon_2 = 2\epsilon_0$이며, 경계를 이루고 있을 때 그림과 같이 전계가 입사하여 굴절하였다면 ② 유전체 내의 전계의 세기 [V/m]는?

㉮ 100 ㉯ $100\sqrt{3}$ ㉰ $100\sqrt{2}$ ㉱ 98

문제24. $\epsilon_1 \geq \epsilon_2$의 두 유전체의 경계면에 전계가 수직으로 입사할 때 경계면에 작용하는 힘은?

㉮ $f = \frac{1}{2}(\frac{1}{\epsilon_2} - \frac{1}{\epsilon_1})D^2$의 힘이 ϵ_1에서 ϵ_2로 작용한다.

㉯ $f = \frac{1}{2}(\frac{1}{\epsilon_1} - \frac{1}{\epsilon_2})E^2$의 힘이 ϵ_2에서 ϵ_1로 작용한다.

㉰ $f = \frac{1}{2}(\frac{1}{\epsilon_2} - \frac{1}{\epsilon_1})D^2$의 힘이 ϵ_2에서 ϵ_1로 작용한다.

㉱ $f = \frac{1}{2}(\frac{1}{\epsilon_2} - \frac{1}{\epsilon_1})E^2$의 힘이 ϵ_1에서 ϵ_2로 작용한다.

문제25. 유전율이 각각 ϵ_1, ϵ_2인 두 유전체가 접해 있는 경계면에서 전속선의 방향이 그림과 같이 될 때 $\epsilon_1 > \epsilon_2$이면?

㉮ $\theta_1 = \theta_2$　　㉯ $\theta_1 > \theta_2$　　㉰ $\theta_1 < \theta_2$　　㉱ θ_1, θ_2의 크기에 무관

문제26. 두 유전체의 경계면에 대한 설명 중 옳지 않은 것은?

㉮ 전계가 경계면세 수직으로 입사하면 두 유전체 내의 전계의 세기가 같다.
㉯ 경계면에 작용하는 맥스웰 변형력은 유전율이 큰 쪽에서 작은 쪽으로 끌려가는 힘을 받는다.
㉰ 유전율이 작은 쪽에서 전계가 입사할 때 입사각은 굴절각보다 작다.
㉱ 전계나 전속밀도가 경계면에 수직입사하면 굴절하지 않는다.

문제27. 유전율이 서로 다른 두 종류의 경계면에 전속과 전기력선이 수직으로 도달할 때 맞지 않는 것은?

㉮ 전속과 전기력선은 굴절하지 않는다.
㉯ 전속 밀도는 불변이다.
㉰ 전계의 세기는 연속이다.
㉱ 전속선은 유전율이 큰 유전체 중으로 모이려는 성질이 있다.

문제28. 그림과 같이 평행판 콘덴서의 극판 사이에 유전율이 각각 ϵ_1, ϵ_2인 두 유전체를 반반씩 채우고 극판 사이에 일정한 전압을 걸어준다. 이 때 매질 Ⅰ, Ⅱ내의 전계의 세기 E_1, E_2사이에는 다음 어느 관계가 성립하는가?

㉮ $E_2 = 4E_2$　　㉯ $E_2 = 2E_1$　　㉰ $E_2 = E_1/4$　　㉱ $E_2 = E_1$

문제29. 평행판 사이에 유전율이 ϵ_1, ϵ_2되는 $(\epsilon_1 > \epsilon_2)$유전체를 경계면에 판에 평행하게 그림과 같이 채우고 그림의 극성으로 극판 사이에 전압을 걸었을 때 두 유전체 사이에 작용하는 힘은?

㉮ ①의 방향　　㉯ ②의 방향
㉰ ③의 방향　　㉱ ④의 방향

문제30. 전계 E[V/m]가 두 유전체의 경계면에 평행으로 작용하는 경우 경계면의 단위 면적당 작용하는 힘은? (단, ϵ_1, ϵ_2는 두 유전체의 유전율이다.)

㉮ $f=\frac{1}{2}(\epsilon_1-\epsilon_2)E^2[\mathrm{N/m^2}]$

㉯ $f=E^2(\epsilon_1-\epsilon_2)[\mathrm{N/m^2}]$

㉰ $f=\frac{1}{2E^2}(\epsilon_1-\epsilon_2)[\mathrm{N/m^2}]$

㉱ $f=\frac{1}{E^2}(\epsilon_1-\epsilon_2)[\mathrm{N/m^2}]$

문제31. 그림과 같이 무한장 동출 원통 사이에 유전율 ϵ_1, ϵ_2의 유전체가 채워져 있을 때, 이 동축 원통의 단위 길이당 정전용량을 구하면 그 값 [F/m]은?

㉮ $\dfrac{2\pi}{\frac{1}{\epsilon_1}\ln\frac{b}{a}+\frac{1}{\epsilon_2}\ln\frac{c}{b}}$

㉯ $\dfrac{\pi(\epsilon_1+\epsilon_2)}{\ln\frac{c-b}{a}}$

㉰ $\frac{1}{2\pi}\left\{\frac{1}{\epsilon_1}\ln\frac{b}{a}+\frac{1}{\epsilon_2}\ln\frac{c}{b}\right\}$

㉱ $\frac{1}{\pi(\epsilon_1+\epsilon_2)}\ln\frac{c-b}{a}$

문제32. 전하 Q[C]으로 대전된 반지름 a[m]의 구도체가 반지름 r[m]로 비유전율 ϵ_s의 동심구 유전체로 둘러싸여 있을 때, 이 구도체의 정전용량 [F]은? (단, a<γ라 한다.)

㉮ $\dfrac{1}{4\pi\epsilon_0\left\{\frac{1}{\gamma}+\frac{1}{\epsilon_s}(\frac{1}{a}-\frac{1}{r})\right\}}$

㉯ $\dfrac{1}{4\pi\epsilon_0\left\{\frac{1}{\gamma}+\frac{1}{\epsilon_s}(\frac{1}{a}+\frac{1}{r})\right\}}$

㉰ $\dfrac{4\pi\epsilon_0}{\left\{\frac{1}{\gamma}+\frac{1}{\epsilon_s}(\frac{1}{a}-\frac{1}{r})\right\}}$

㉱ $\dfrac{\frac{1}{\gamma}+\frac{1}{\epsilon_s}(\frac{1}{a}-\frac{1}{r})}{4\pi\epsilon_0}$

문제33. 그림에서와 같이 평판 콘덴서의 두 극판간에 ϵ_{s1}=6, ϵ_{s2}=9인 유전체를 같은 두께로 삽입하고 단자 AB간에 100[V]의 전압을 가하면 ϵ_{s2}인 유전체에 걸리는 전압 [V]은?

㉮ 60 ㉯ 40 ㉰ 30 ㉱ 20

문제34. 그림과 같이 반지름 γ[m], 중심 간격 d[m]인 평행 원통 도체가 있다. d≫r라 할 때 원통 도체의 단위 길이당 정전용량 [F/m]은?

㉮ $\dfrac{2\pi\epsilon_0}{\ln\frac{r}{d}}$ ㉯ $\dfrac{2\pi\epsilon_0}{\ln\frac{d}{r}}$ ㉰ $\dfrac{\pi\epsilon_0}{\ln\frac{r}{d}}$ ㉱ $\dfrac{\pi\epsilon_0}{\ln\frac{d}{r}}$

문제35. 0.03[μF]인 평행판 공기 콘덴서의 극판간에 그 간격의 절반 두께에 비유전율 10인 유리판을 평행하게 넣었다면, 이 콘덴서의 정전용량 [μF]은?

㉮ 1.83 ㉯ 18.3 ㉰ 0.055 ㉱ 0.55

문제36. 그림과 같이 극판간의 간격이 d[m]인 평행판 콘덴서에서 S_1부분의 유전체의 비유전율이 ϵ_{s1}, S_2부분의 비유전율이 ϵ_{s2}, S_3부분의 비유전율이 ϵ_{s3}일 때, 단자 AB 사이의 정전용량은?

㉮ $\dfrac{1}{d\epsilon_0}\left(\dfrac{S_1}{\epsilon_{s1}}+\dfrac{S_2}{\epsilon_{s2}}+\dfrac{S_3}{\epsilon_{s3}}\right)$ ㉯ $\dfrac{\epsilon_0}{d}(\epsilon_{s1}S_1+\epsilon_{s2}S_2+\epsilon_{s3}S_3)$

㉰ $\dfrac{\epsilon_0}{d}(S_1+S_2+S_3)$ ㉱ $\epsilon_0(\epsilon_{s1}S_1+\epsilon_{s2}S_2+\epsilon_{s3}S_3)$

문제37. 면적 S[m^3], 극간 거리 d[m]인 평행판 콘덴서에 비유전율 ϵ_s의 유전체를 채운 경우의 정전용량은? (단, 전공의 유전율은 ϵ이다)

㉮ $\dfrac{\epsilon_s S}{4\pi\epsilon_0 d}$ ㉯ $\dfrac{4\pi\epsilon_0\epsilon_s}{Sd}$ ㉰ $\dfrac{\epsilon_s S}{\epsilon_0 d}$ ㉱ $\dfrac{\epsilon_0\epsilon_s S}{d}$

문제38. 그림과 같이 면적이 S[m^2]인 평행판 도체 사이에 두께가 각각 l_1[m], l_2[m] 유전율이 각각 ϵ_1[F/m], ϵ_2=[F/m]인 두 종류의 유전체를 삽입하였을 때의 정전용량은?

㉮ $\frac{\epsilon_s l_1 + \epsilon_1 l_2}{\epsilon_1 \epsilon_2} S$ ㉯ $\frac{\epsilon_1 + \epsilon_2 S}{l_1 + l_2}$ ㉰ $\frac{\epsilon_1 \epsilon_2 S}{\epsilon_1 l_1 + \epsilon_1 l_2}$ ㉱ $\frac{\epsilon_1 \epsilon_2 S}{l_1 l_2}$

문제39. 면적 S[m^2], 간격 d[m]인 평행판 콘덴서에 그림과 같이 두께 d_1, d_2[m]이며 유전율 ϵ_1 [F/m], ϵ_2=[F/m]인 두 유전체를 평행으로 채웠을 때 정전용량은 얼마인가?

㉮ $\frac{S}{\frac{d_1}{\epsilon_1} + \frac{d_2}{\epsilon_2}}$ ㉯ $\frac{\epsilon_1 \epsilon_2 S}{d}$ ㉰ $\frac{\epsilon_1 S}{d_1} + \frac{\epsilon_2 S}{d_2}$ ㉱ $\frac{S}{\frac{d_1}{\epsilon_2} + \frac{d_2}{\epsilon_1}}$

문제40. 간격 d[m]인 무한히 넓은 평행판의 단위 면적당 정전용량 [F/m^2]은 얼마가 되는가? (단, 매질은 공기이고, 극판의 면전하 밀도는 σ[C/m^2]라 한다.)

㉮ $\frac{\epsilon_0}{d}$ ㉯ $\frac{\epsilon_0}{d^2}$ ㉰ $\frac{1}{4\pi\epsilon_0 d}$ ㉱ $\frac{4\pi\epsilon_0}{d}$

문제41. 정전용량이 $C_0[\mu F]$인 평행한 공기 콘덴서가 있다. 지금 그림에서와 같이 판면적의 2/3에 해당하는 부분의 공기 간격을 비유전율 ϵ_s인 에보나이트판으로 채우면 이 콘덴서의 정전용량 $[\mu F]$은?

㉮ $\frac{3C_0}{1+\epsilon_0}$ ㉯ $\frac{2\epsilon_s C_0}{3}$ ㉰ $\frac{(1+2\epsilon_s)C_0}{3}$ ㉱ $\frac{(1+\epsilon_s)C_0}{3}$

문제42. Q[C]의 전하를 가진 반지름 a[m]의 도체구를 유전율 ϵ_s인 기름 탱크에서 공기 중으로 꺼내는 데 필요한 에너지는?

㉮ $\frac{Q^2}{8\pi\epsilon_0 a}(1-\frac{1}{\epsilon_s})$ ㉯ $\frac{Q^2}{4\pi\epsilon_0 a}(1-\frac{1}{\epsilon_s})$

㉰ $\frac{Q^2}{\pi\epsilon_0 a}(1-\frac{1}{\epsilon_s})$ ㉱ $\frac{Q}{8\pi\epsilon_0 a}(1-\frac{1}{\epsilon_s})$

문제43. 유전율 ϵ, 전계의 세기 E일 때 유전체의 단위 체적에 축적되는 에너지는?

㉮ $\frac{E}{2\epsilon}$ ㉯ $\frac{\epsilon E}{2}$ ㉰ $\frac{\epsilon E^2}{2}$ ㉱ $\frac{\epsilon \sqrt{E}}{2}$

문제44. 극판의 면적 S=10[cm^2], 간격 d=1[mm]의 평행판 콘덴서에 비유전율 ϵ_s=3인 유전체를 채웠을 때 전압 100[V]를 이가하면 축적되는 에너지[J]는?

㉮ 2.1×10^7 ㉯ 0.3×10^7

㉰ 1.3×10^7 ㉱ 0.6×10^7

05

전기 영상법

05 전기 영상법

1 전기 영상법

광학(光學)에서 경면(鏡面)에 의하여 이루어지는 영상과 같이 도체나 유전체의 경계 면에 대하여 맺어지는 전기적 영상을 고려하여 도체나 유전체에 의한 복잡한 영향을 배제하고, 주어진 정전계를 쉽게 해석할 수 있는 등가장(等價場)으로 치환하여 정전계 문제의 해를 구하는 방법이다.

[1] 평면 도체와 점전하

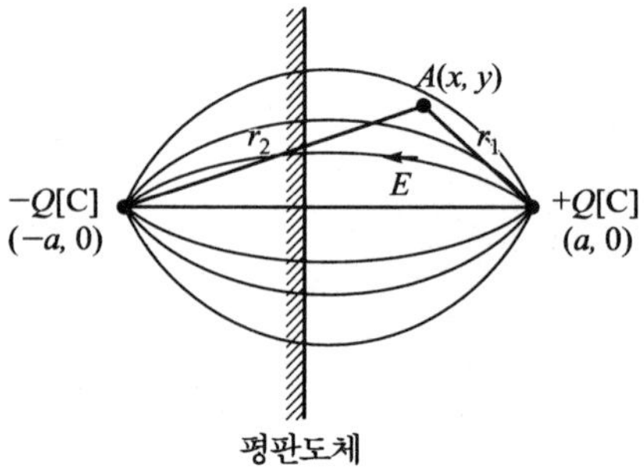

<Fig 5-1>

- 점 A의 전위

$$V_A = \frac{Q}{4\pi\epsilon_0}\left(\frac{1}{r_1} - \frac{1}{R_2}\right) = \frac{Q}{4\pi\epsilon_0}\left(\frac{1}{\sqrt{(\chi-a)^2+y^2}} - \frac{1}{\sqrt{(\chi+a)^2+y^2}}\right)[\mathrm{V}]$$

- 영상점의 위치 : $(-a, 0)$
- 영상전하의 크기 : $-Q$

① 도체 표면의 전계

$$E_\chi\mid_{\chi=0} = -\frac{\partial V}{\partial \chi}\mid_{\chi=0} = -\frac{aQ}{2\pi\epsilon_0(a^2+y^2)^{3/2}}[\mathrm{V/m}]$$

(“−”는 x축의 역방향)

② 도체 표면 전하 밀도

i) $\sigma = \epsilon_0 E_\chi |_{\chi=0} = -\dfrac{aQ}{2\pi(a^2+y^2)^{3/2}}$ [C/m²]

ii) $\sigma_{max} = \sigma |_{y=0} = -\dfrac{Q}{2\pi a^2}$ [C/m²]

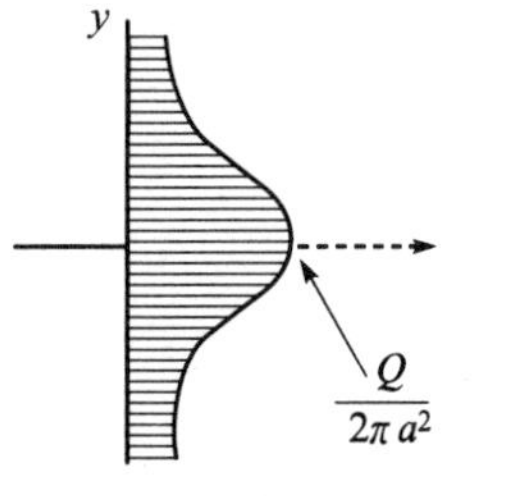

<Fig 5-2>

③ 점전하간에 작용하는 힘 (영상력)

$$F = -\frac{Q^2}{4\pi\epsilon_0(2a)^2} = -\frac{Q^2}{16\pi\epsilon_0 a^2} \text{ [N]}$$

영상법에서 쿨롱의 힘은 항상 흡인력을 나타낸다.

④ 점전하 Q[C]을 운반하는데 필요한 일

$$W = F \cdot a = -\frac{Q^2}{16\pi\epsilon_0 a} \text{ [J]}$$

[2] 접지 도체구와 점전하

$$V_A = \frac{1}{4\pi\epsilon_0}\left(\frac{Q}{r} + \frac{Q'}{c}\right) = 0$$

$$V_B = \frac{1}{4\pi\epsilon_0}\left(\frac{Q}{d-a} + \frac{Q'}{a-b}\right) = 0$$

$$V_C = \frac{1}{4\pi\epsilon_0}\left(\frac{Q}{d+a} + \frac{Q'}{a+b}\right) = 0$$

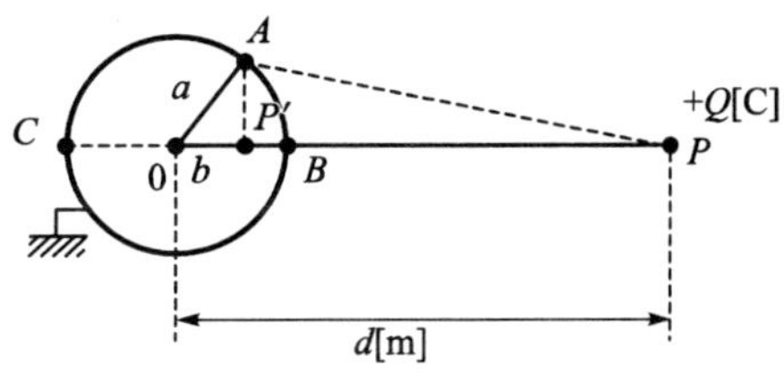

<Fig 5-3>

① 영상점 P'의 위치

$$b = \frac{a^2}{d} \text{ [m]}$$

② 유도된 영상 전하의 크기

$$Q = -\frac{a}{d} Q \text{ [C]}$$

③ 점전하간에 작용하는 힘

$$F = \frac{Q\left(-\frac{a}{d}Q\right)}{4\pi\epsilon_0\left(d-\frac{a^2}{d}\right)^2} = -\frac{adQ^2}{4\pi\epsilon_0(d^2-a^2)^2}\,[\mathrm{N}]$$

ex 대지면에 높이 h[m]로 평행 가설된 매우 긴 선전하가 지면으로부터 단위 길이 당 받는 힘

$$f = -\lambda E = -\lambda\frac{\lambda}{2\pi\epsilon_0 r} = \frac{-\lambda^2}{4\pi\epsilon_0 h}\,[\mathrm{N/m}]$$

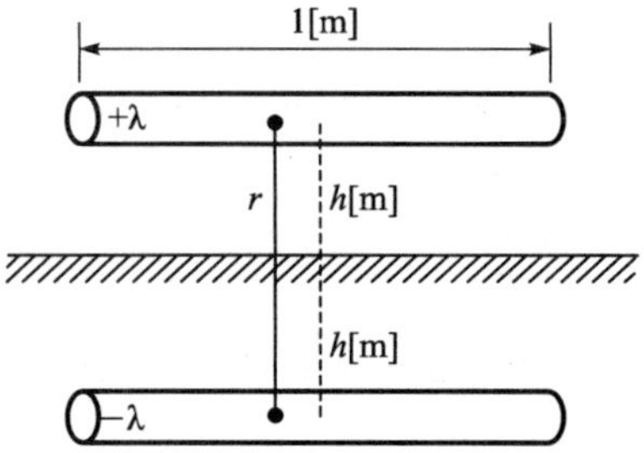

<Fig 5-4>

연|습|문|제

문제1. 전기 영상법에 대하여 옳지 않은 것은?

㉮ 도체 평면 S와 점전하 q가 대립되어 있을 때의 문제를 점전하 +q와 영상전하 −q가 대립되어 있는 문제로 풀 수 있다.

㉯ +q, −q 인 점전하가 대립되어 있을 때의 문제를 점전하 +q와 도체 평면 S가 대립되어 있을 때의 문제로 풀 수 있다.

㉰ 도체 평면에 대한 점전하와 그 영상 전하는 항상 전하량이 같고 부호가 반대이다.

㉱ 도체 접지구에 관한 점전하와 그 영상 전하는 항상 전하량이 같고 부호가 반대이다.

문제2. 그림과 같이 접지된 반지름 a[m]의 도체구 중심 O에서 d[m] 떨어진 점 A에 Q[C]의 점전하가 존재할 때, A′ 점에 Q′ 의 영상 전하 (Image charge)를 생각하면 구도체와 점전하간에 작용하는 힘[N]은?

㉮ $F=\dfrac{QQ'}{4\pi\epsilon_0\left(\dfrac{d^2-a^2}{d}\right)}$

㉯ $F=\dfrac{QQ'}{4\pi\epsilon_0\left(\dfrac{d}{d^2-a^2}\right)}$

㉰ $F=\dfrac{QQ'}{4\pi\epsilon_0\left(\dfrac{d^2+a^2}{d}\right)^2}$

㉱ $F=\dfrac{QQ'}{4\pi\epsilon_0\left(\dfrac{d^2-a^2}{d}\right)^2}$

문제3. 반지름 a인 접지 도체구의 중심에서 d(>a)되는 곳에 점전하 Q가 있다. 구도체에 유기되는 영상전하 및 그 위치 (중심에서의 거리)는 각각 얼마인가?

㉮ $+\dfrac{a}{d}Q$이며 $\dfrac{a^2}{d}$ 이다.

㉯ $-\dfrac{a}{d}Q$이며 $\dfrac{a^2}{d}$ 이다.

㉰ $+\dfrac{d}{a}Q$이며 $\dfrac{a^2}{d}$ 이다.

㉱ $-\dfrac{d}{a}Q$이며 $\dfrac{a^2}{d}$ 이다.

문제4. 접지 구도체와 점전하 간의 작용력은?

㉮ 항상 반발력이다. ㉯ 항상 흡인력이다.
㉰ 조건적 반발력이다. ㉱ 조건적 흡인력이다.

문제5. 그림과 같은 유전속의 분포에서 ϵ_1과 ϵ_2의 관계는?

㉮ $\epsilon_1 > \epsilon_2$ ㉯ $\epsilon_2 > \epsilon_1$ ㉰ $\epsilon_1 = \epsilon_2$ ㉱ $\epsilon_2 \leq \epsilon_1$

문제6. 유전율이 ϵ_1인 균일한 전계 중에 유전율이 $\epsilon_2(\epsilon_2 > \epsilon_1)$인 유전체구를 놓으면 유전체구의 내의 전계의 세기는?

㉮ 증가한다. ㉯ 감소한다.
㉰ 불변이다. ㉱ 전계이 방향에 따라 다르다.

문제7. 그림과 같이 무한 도체판에 반지름 a[m]인 반구가 돌출되어 있다. 점 P에 Q[C]의 전하가 놓여 있을 때 Q[C]의 전하에 의하여 생기는 영상 전하의 수는?

㉮ 0 ㉯ 1 ㉰ 2 ㉱ 3

문제8. 그림과 같이 무한 평면 도체로부터 수직 거리 a[m]인 곳에 점전하 Q[C]이 있다. 점전하 Q[C]으로부터 r[m] 떨어진 점 (0, y)의 전위 [V]는?

㉮ 0 ㉯ $\frac{Q}{4\pi\epsilon_0}(\frac{1}{\sqrt{a^2+x^2}})$

㉰ $\frac{Q}{4\pi\epsilon_0}(\frac{1}{(a^2+x^2)}+\frac{1}{(a^2-x^2)})$ ㉱ $\frac{Q}{4\pi\epsilon_0}(\frac{1}{\sqrt{a^2+y^2}}+\frac{1}{\sqrt{a^2+y^2}})$

문제9. 무한 평면 도체로부터 거리 a[m]인 곳에 점전하 Q[C]이 있을 때 이 무한 평면 도체 표면에 유도되는 면밀도가 최대인 점의 전하 밀도는 몇 [C/m^2]인가?

㉮ $-\dfrac{Q}{2\pi a^2}$ ㉯ $-\dfrac{Q}{4\pi a^2}$ ㉰ $-\dfrac{Q}{\pi a^2}$ ㉱ 0

문제10. 무한 평면 도체로부터 거리 a[m]인 곳에 점전하 Q[C]이 있을 때 Q[C]과 무한 평면 도체간의 작용력[N]은? (단, 공간 매질의 유전율은 ϵ[F/m]이다.)

㉮ $\dfrac{Q^2}{2\pi\epsilon_0 a^2}$ ㉯ $\dfrac{-Q^2}{16\pi\epsilon_0 a^2}$ ㉰ $\dfrac{Q^2}{4\pi\epsilon a^2}$ ㉱ $\dfrac{Q^2}{16\pi\epsilon a^2}$

문제11. 평면 도체 표면에서 d[m]의 거리에 점전하 Q[C]이 있을 때 이 전하를 무한원까지 운반하는 데 요하는 일 [J]을 구하면?

㉮ $\dfrac{Q^2}{4\pi\epsilon_0 d}$ ㉯ $\dfrac{Q^2}{8\pi\epsilon_0 d}$ ㉰ $\dfrac{Q^2}{16\pi\epsilon_0 d}$ ㉱ $-\dfrac{Q^2}{32\pi\epsilon_0 d}$

문제12. 대지면에 높이 h[m]로 평행 가설된 매우 긴 선전하 (선전하 밀도 λ[C/m])가 지면으로부터 받는 힘[N/m]은?

㉮ h에 비례한다. ㉯ h에 반비례한다.
㉰ h^2에 비례한다. ㉱ h^2에 반비례한다.

06

전 류

06 전류

① 전 류

① 전류란 전하의 이동을 말한다.

② 전류의 이동방향은 양전하의 이동방향이다.

③ 전류의 크기

$$I = \frac{dQ}{dt} [\mathrm{A}]$$

$$Q = \int_0^t i dt = I \cdot t \ [\mathrm{A} \cdot \mathrm{s} = \mathrm{C}]$$

ex 1[A]는 1[sec] 동안에 1[C]의 전하가 이동함을 나타낸다.

④ 전도 전류 : 금속 도체 내에서 자유전자 (e^-)가 전계가 반대방향으로 이동한다. 전도 전류는 drift 전류와 diffusion 전류가 있다.

⑤ 대류 전류 : 전해액 등에서 양 · 음 이온 전계에 의해 각각 반대방향으로 이동한다.

⑥ Hole current : 전도 전자 및 정공에 의해 전류가 흐른다.

⑦ 전류 밀도

$$i = \frac{dI}{dS} = nev \ [\mathrm{A/m^2}]$$

여기서, n은 전자의 개수

$e = 1.602 \times 10^{-19} [\mathrm{C}]$

$v = \mu E$, 전자의 이동속도[m/sec]이다.

⑧ 전류의 연속성

$divi = 0$

즉, 도체에 일정한 크기의 전류가 연속적으로 흐른다.

② 오옴의 법칙

① 오옴의 법칙 $I = \frac{V}{R} = GV$ [A]

② 미분형 $i = kE$ $[\mathrm{A/m^2}]$

i : 전류밀도
E : 전계의 세기
k : $\frac{1}{\rho}$ [℧/m]
즉, 전류는 도전율에 비례한다.

③ 저항과 정전용량

용량 C[F]인 콘덴서의 전극판 사이의 유전율은 고유저항 ρ인 유전체가 있을 때 전극 사이의 저항 R은

$RC = \epsilon\rho$에서 $R = \epsilon\frac{\rho}{C}$ [Ω] 이다.

④ 전력과 주울열

① 전력과 전력량

$P = VI = I^2R = \frac{V^2}{R}$ [W]

$W = P \cdot t$ [W · S = J]

② 주울의 법칙

$H = 0.24P \cdot t = 0.24I^2Rt$ [cal]

1 [J] ≒ 0.24 [cal]

ex 1[kwh]=860[kcal]

5 열전현상

① 제어백 효과(Seedbeck effect)

두 종류의 금속을 접속하면 폐회로를 만들 때 두 접속점을 다른 온도로 유지하면 열기전력이 생겨 열전류가 흐르게 된다.

② 펠티어 효과(Peltier effect)

열전대에 전류를 흘릴 때 접속점에서 열의 흡수, 발생이 일어나는 현상

ex 전자 냉동

③ 톰슨 효과(Thomsom effect)

같은 도체 내의 두점 사이에 온도차가 있을 때, 전류를 흘리면 열의 발생 또는 흡수가 일어나는 현상

④ 핀치 효과(Pinch effect)

용융금속에 흐르는 큰 유도전류 상호간의 전자력에 의해 용융금속이 수축하여 가늘어지거나 끊어져서 전자력의 작용이 약하게 되거나 소멸되어 원상태로 복귀하게 된다.

예제

회로에서 최대 전력 전달 조건, 부하전력, 소비전력, 공급전력, 효율을 구하시오.

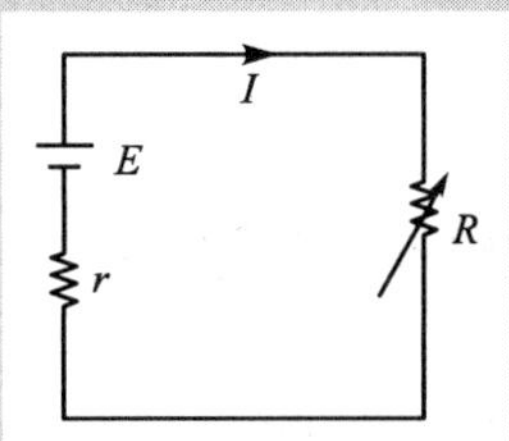

<Fig 6-1>

Sol 전류 $I=\dfrac{E}{r+R}[A]$

부하전력 $P=I^2R=\left(\dfrac{E}{r+R}\right)^2 R[\mathrm{W}]$ 이다.

㉮ 최대 전력 전달 조건 : $\dfrac{\partial P}{\partial R}=0$에서 분자를 정리하면 $r=R$이다.

㉯ 소비전력 : $P=\dfrac{RE^2}{(r+R)^2}\Big|_{r=R}=\dfrac{V^2}{4R}[\mathrm{W}]$

㉰ 공급전력 : $P_0=EI=\dfrac{E^2}{r+R}\Big|_{r=R}=\dfrac{E^2}{2R}[\mathrm{W}]$

㉱ 효율 : $\eta=\dfrac{P}{P_0}\times 100=50[\%]$

※ $r=R$: 통신기기, $R\gg r$: 일반 전력용 ($\eta=90[\%]$ 이상)

연 | 습 | 문 | 제

문제1. 다음은 도체의 전기 저항에 대한 설명이다. 틀린 것은?

㉮ 고유 저항은 백금보다 구리가 크다.
㉯ 단면적에 반비례하고 길이에 비례한다.
㉰ 도체 반경의 제곱에 반비례한다.
㉱ 같은 길이, 단면적에서도 온도가 상승하면 저항이 증가한다.

문제2. MKS 단위계로 고유 저항의 단위는?

㉮ [Ω · m]
㉯ [Ω · mm^2/m] 단면적에 반비례하고 길이에 비례한다.
㉰ [Ω · m] 도체 반경의 제곱에 반비례한다.
㉱ [Ω · m] 같은 길이, 단면적에서도 온도가 상승하면 저항이 증가한다.

문제3. 지름이 3.2[mm], 길이가 500[m]인 경동선의 상온에서의 저항 [Ω]은 대략 얼마인가? (단, 상온에서의 고유 저항은 1/55[Ω · mm^2/m]이다.)

㉮ 1.13 ㉯ 2.26 ㉰ 3.3 ㉱ 3.8

문제4. 지이멘스(siemens)는 무엇의 단위인가?

㉮ 자기저항 ㉯ 이랙턴스 ㉰ 콘덕턴스 ㉱ 도전율

문제5. 금속 도체의 전기 저항은 일반적으로 어떤 관계가 있는가?

㉮ 온도의 상승에 따라 증가한다.
㉯ 온도의 상승에 따라 감소한다.
㉰ 온도에 관계없이 일정하다.
㉱ 저항에서는 온도의 상승에 따라 증가하고, 고온에서는 온도의 상승에 따라 감소한다.

문제6. 20[℃]에서 저항 온도 계수 α_{20}=0.004인 저항선의 저항이 100[Ω]이다. 이 저항선의 온도가 80[℃]로 상승될 때 저항은 몇 [Ω]이 되겠는가?

㉮ 24　　㉯ 48　　㉰ 72　　㉱ 124

문제7. 단면적이 5[cm^2]인 도체구가 있다. 이 단면을 3[s] 동안에 30[C]의 전하가 이동하면 전류는 몇 [A]가 되는가?

㉮ 20　　㉯ 2　　㉰ 90　　㉱ 10

문제8. 전자가 매초 10^{10}의 비율로 전선 내를 통과하면 이것은 몇[A]의 전류에 상당하는가? (단, 전기량은 1.602×10^{-19}[C]이다.)

㉮ 1.602×10^{-9}　　㉯ 1.602×10^{-29}　　㉰ $\frac{1}{1.602}\times10^{-9}$　　㉱ $\frac{1}{1.602}\times10^{-29}$

문제9. 지름 2[mm]인 동선에 20[A]의 전류가 흐를 때 도체 내의 전자의 평균 속도가 4.74×10^{-4}[m/s]라 하면 단위 체적당의 전하 밀도 [개/m^3]는?

㉮ 7.38×10^{28}　　㉯ 8.38×10^{28}　　㉰ 7.38×10^{22}　　㉱ 8.38×10^{22}

문제10. 대기 중의 두 전극 사이에 있는 어떤 점의 전계의 세기가 E=3.5[V/cm], 지면의 도전율이 k=10^{-4}[V/m]일 때, 이 점의 전류 밀도 [A/m^2]는?

㉮ 1.5×10^{-2}　　㉯ 2.5×10^{-3}　　㉰ 3.5×10^{-2}　　㉱ 6.6×10^{-2}

문제11. 지름 2[mm]인 동선에 20[A]의 전류가 흐를 때 단위 체적 내의 구리의 자유전자수를 8.38×10^{28}개라 하면, 이 때 전자의 평균 속도 [m/s]는?

㉮ 2.37×10^{-4}　　㉯ 2.37×10^{-3}　　㉰ 4.74×10^{-4}　　㉱ 4.74×10^{-3}

문제12. 두 개의 저항 R_1, R_2를 직렬로 연결하면 10[Ω], 병렬로 연결하면 2.4[Ω]이 된다. 두 저항값은 각각 몇 [Ω]인가?

㉮ 2와 8　　㉯ 2과 7　　㉰ 4와 6　　㉱ 5와 5

문제13. 일정 전압의 직류 전원에 저항을 접속하여 전류를 흘릴 때 저항값을 10[%] 감소시키면 흐르는 전류는 본래 저항에 흐르는 전류에 비해 어떤 관계를 가지는가?

㉮ 10[%]감소　　㉯ 10[%]증가　　㉰ 11[%]감소　　㉱ 11[%]증가

문제14. 직류 전원의 단자 전압을 내부 저항 250[Ω]의 전압계로 측정하니 50[V]이고 750[Ω]이었다. 전원의기전력 E 및 내부 저항 γ의 값은 얼마인가?

㉮ 100[V], 250[Ω]　　㉯ 100[V], 25[Ω]
㉰ 250[V], 100[Ω]　　㉱ 125[V], 5[Ω]

문제15. 내부 저항 γ인 전원에서 R의 부하에 전력을 공급할 경우 최대 전력이 되기 위한 조건은?

㉮ γ 〉 R　　㉯ γ 〈 R　　㉰ γ = R　　㉱ γ, R의 값에 관계 없다.

문제16. 내부 저항 γ인 전지 N개를 병렬 연결할 때 최대 전력을 수전받을 수 있는 부하 저항은?

㉮ $\frac{\gamma}{N}$　　㉯ $N\gamma$　　㉰ γ　　㉱ N^2r

문제17. ab 및 bc가 5[Ω], ad 및 dc가 10[Ω]이다. 합성 저항은 약 얼마인가?

㉮ 3.42 ㉯ 4.78 ㉰ 5.24 ㉱ 6.67

문제18. 그림과 같은 회로에서 소비되는 전력 [W]은?

㉮ 1 ㉯ 1.5 ㉰ 2 ㉱ 2.5

문제19. 정격 120[V], 30[W]와 120[V], 60[W]인 백열 전구 2개를 직렬로 연결하여 210[V]인 전압을 가하면 전구의 밝기는 어떻게 되는가? (단, 전구의 밝기는 소비 전력에 비례하는 것으로 한다.)

㉮ 60[W] 전구가 30[W] 전구보다 밝아진다.
㉯ 30[W] 전구가 60[W] 전구보다 밝아진다.
㉰ 둘 다 밝기가 변함이 없다.
㉱ 둘 다 같이 어두워진다.

문제20. div$i$=0에 대한 설명이 아닌 것은?

㉮ 도체 내에 흐르는 전류는 연속적이다. ㉯ 도체 내에 흐르는 전류는 일정하다.
㉰ 단위 시간당 전하의 변화는 없다. ㉱ 도체 내에 전류가 흐르지 않는다.

문제21. 공간 도체 중의정상전류 밀도가 i, 전하 밀도가 ρ일 때, 키르히호프의 전류 법칙을 나타내는 것은?

㉮ $i=\frac{\partial \rho}{\partial t}$ ㉯ div$i$=0 ㉰ $i=0$ ㉱ div$i$=$-\frac{\partial \rho}{\partial t}$

문제22. 그림과 같이 면적 S[m^2], 간격 d[m]인 극판간에 유전율 ϵ, 저항률이 ρ인 매질을 채웠을 때 극판간의 정전용량과 저항의 관계는? 단, 전극판의 저항률은 매우 작은 것으로 한다.

㉮ $R=\frac{\epsilon\rho}{C}$ ㉯ $R=\frac{C}{\epsilon\rho}$ ㉰ $R=\epsilon\rho C$ ㉱ $R=\frac{1}{\epsilon\rho C}$

문제23. 콘덴서 사이에 유전율 ϵ, 도전율 k인 도전성 물질이 있을 때, 정전 용량 C와 콘덕턴스 G는 어떤 관계에 있는가?

㉮ $\frac{C}{G}=\frac{k}{\epsilon}$ ㉯ $\frac{C}{G}=\frac{\epsilon}{k}$ ㉰ $CG=\epsilon k$ ㉱ $\frac{C}{G}=\epsilon k$

문제24. 액체 유전체를 넣은 콘덴서의 용량이 20[μF]이다. 여기에 500[kV]의 전압을 가하면 누설 전류 [A]는? (단, 비유전율 ϵ_s=2.2, 고유저항 ρ=10^{11}[Ω · m]이다.)

㉮ 4.2 ㉯ 5.13 ㉰ 54.5 ㉱ 61

문제25. 임의의 길이의 동출 원통 전극 사이에 고유 저항 0.05[Ω · m]의 액체를 넣었을 때 저항이 10^{-2}[Ω]이었다. 이 액체를 유전율 ϵ인 기름으로 바꾸었더니 정전 용량이 50[pF]이었다. 기름의 유전율 [F/m]은?

㉮ 10^{11} ㉯ 1.5×10^{11} ㉰ 3×10^{11} ㉱ 4.5×10^{11}

문제26. 반지름 a, b인 두 구상 도체 전극이 도전율 k인 매질 속에 중심간의 거리 r만큼 떨어져 놓여 있다. 양 전극간의 저항은? (단, r≫a,b이다.)

㉮ $4\pi k(\frac{1}{a}+\frac{1}{b})$ ㉯ $4\pi k(\frac{1}{a}-\frac{1}{b})$ ㉰ $\frac{1}{4\pi k}(\frac{1}{a}+\frac{1}{b})$ ㉱ $\frac{1}{4\pi k}(\frac{1}{a}-\frac{1}{b})$

문제27. 그림에 표시한 반구형 도체를 적극으로 한 경우 접지 저항은? (단, ρ는 대지의 고유 저항이며 전극의 고유 저항에 비해 매우 크다.)

㉮ $4\pi a\rho$ ㉯ $\frac{\rho}{4\pi a}$ ㉰ $\frac{\rho}{2\pi a}$ ㉱ $2\pi a\rho$

문제28. 그림에서 접지저항은?

㉮ $4\pi a\rho$ ㉯ $\frac{\rho}{4\pi a}$ ㉰ $\frac{\rho}{2\pi a}$ ㉱ $\frac{\rho}{\pi a}$

문제29. 그림과 같이 반경 a인 반구 도체 2개가 대지에 매설되어 있다. 이 경우 양반구 도체 사이의 저항은? (단, 대지의 고유 저항을 ρ라 하고 도체의 저항률은 영(0)이며, $l \gg a$이다.)

㉮ $\frac{\rho}{2\pi a}$ ㉯ $\frac{\rho}{\pi a}$ ㉰ $2\pi\rho$ ㉱ $\pi\rho$

문제30. 1[kW]의 전열기가 1시간 동안 행한 일[J]은?

㉮ 3.6×10^5 ㉯ 3.6×10^6 ㉰ 3.6×10^7 ㉱ 3.6×10^8

문제31. 106[cal]의 열량은 어느 정도의 전력량에 상당하는가?

㉮ 0.06[kWh] ㉯ 1.16[kWh] ㉰ 0.27[kWh] ㉱ 4.17[kWh]

문제32. 균질의 철사에 온도 구배가 있을 때 여기에 전류가 흐르면 열의 흡수 또는 발생을 수반하는데, 이 현상은?

㉮ 톰슨효과 ㉯ 핀치효과 ㉰ 펠티어효과 ㉱ 제어벡효과

문제33. 다름 종류의 금속선으로 된 폐회로의두 접합점의 온도를 달리하였을 때 전기가 발생하는 효과는?

㉮ 톰슨효과 ㉯ 핀치효과 ㉰ 펠티어효과 ㉱ 제어벡효과

문제34. 다음 현상 가운데서 반드시 외부에서 자계를 가할 때만 일어나는 효과는?

㉮ Seebeck 효과 ㉯ Pinch 효과
㉰ Hall 효과 ㉱ Petier 효과

07

정자계

07 정자계

① 자기 현상

[1] 자석은 N, S 두 자극이 있고 서로 다른 극끼리는 흡인력이, 같은 극끼리는 반발력이 작용한다.

[2] 자력선은 N극에서 출발하여 S극에서 끝난다.

[3] 자계 중에 자성체를 놓으면 그 물체의 양단에 자극이 생기는 현상을 자기유도라 한다.

[4] 전류가 흐르면 그 주위에 자계가 발생한다.

② 쿨롱의 법칙

두 자극의 세기 m_1 [Wb], m_2[Wb] 투자율 μ[H/m]인 매질 중에
$r[m]$ 떨어져 있을 때 작용하는 힘 F는

$$F=\frac{m_1 m_2}{4\pi\mu r^2}r_0=6.33\times10^4\frac{m_1 m_2}{\mu_s r^2}r_0[\mathrm{N}]$$

$\mu=\mu_0\mu_s$

$\mu_0=4\pi\times10^{-7}[\mathrm{H/m}]$: 진공 또는 공기중의 투자율
μ_s : 비투자율
r_0 : r방향의 단위 벡터

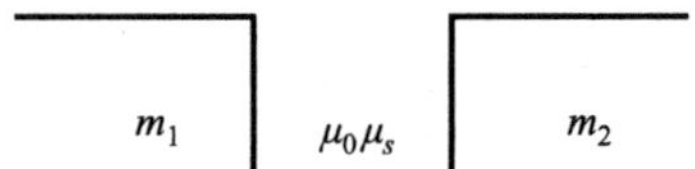

<Fig 7-1>

③ 자 계

[1] 자계 : 자기적인 힘이 미치는 공간

[2] 자계의 세기 : 자계 중에 +1[Wb]의 단위 자하를 놓았을 때 이에 작용하는 쿨롱의 힘

[3] m[Wb]의 자극으로부터 r[m] 떨어진 점의 자계의 세기

$$H = \frac{m}{4\pi\mu_0 r^2} r_0 = 6.33 \times 10^4 \frac{m}{r^2} r_0 \ [\mathrm{AT/m}]$$

④ 자 위

[1] 자위(P점)

$$U_p = -\int_{\infty}^{P} H \cdot dl = \frac{m}{4\pi\mu_0 r} [\mathrm{AT\ or\ A}]$$

[2] 자위 경도

$$H = -grad U = -\nabla U [\mathrm{A/m}]$$

⑤ 자력선

[1] 자력선 : 자기적인 힘(N → S)

[2] 자속 : 자력선의 묶음

$$\psi = m \ [\mathrm{Wb}]$$

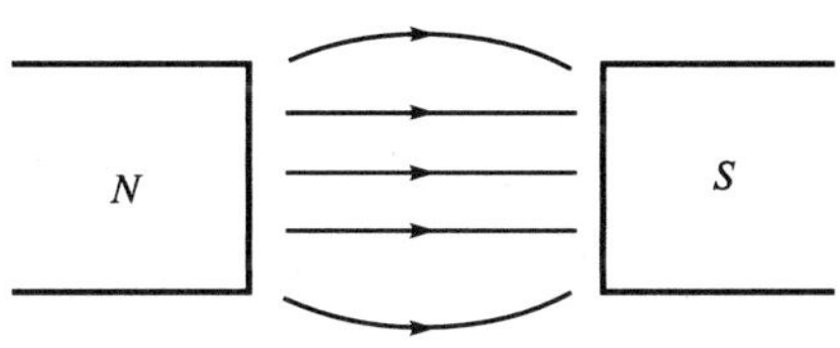

<Fig 7-2>

[3] 임의의 점에서 자력선 밀도는 자계의 세기와 같고 자력선의 방향은 자계의 방향과 같다.

[4] 자력선 총수

$$N = \int_s H \cdot dS = \frac{m}{\mu_0} \text{ [lines]}$$

[5] 자력선은 연속적이다(Closed loop).

6 자속밀도

자속밀도 : 단위 면적을 통과하는 자속의 수를 그 점의 자속밀도라 한다.

[1] 자속

$$\psi = \int_s B \cdot dS \text{ [Wb]}$$

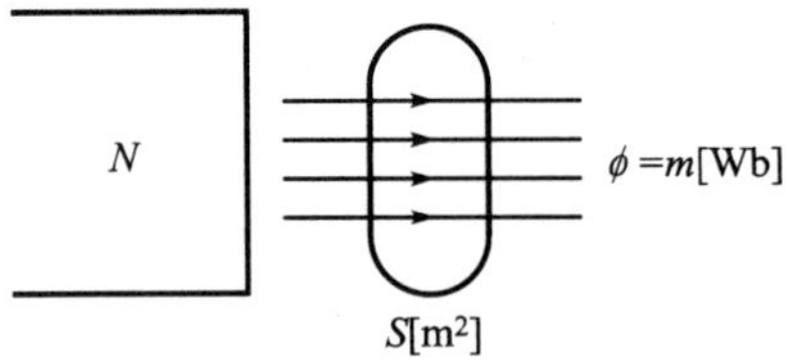

<Fig 7-3>

[2] 자속밀도

$$B = \frac{\psi}{S} \text{ [Wb/m}^2\text{]}$$

7 소자석(자기 쌍극자)

[1] 쌍극자 모멘트

$$M = m \cdot \delta \text{[Wb} \cdot \text{m]}$$

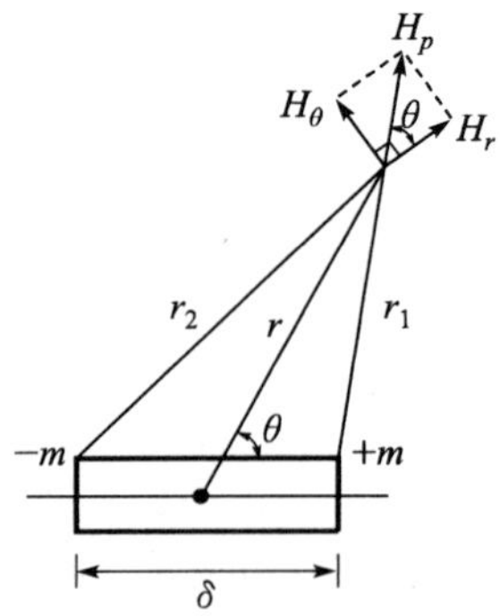

<Fig 7-4>

[2] 자위

$$U_P = \frac{M}{4\pi\mu_0 r^2} cos\theta$$

[3] 자계의 세기

$$H_P = H_r + H_\theta = \frac{2Mcos\theta}{4\pi\mu_0 r^3} a_r + \frac{Msin\theta}{4\pi\mu_0 r^3} a_\psi$$

$$H_P = \sqrt{H_r^2 + H_\theta^2} = \frac{M}{4\pi\mu_0 r^3} \sqrt{1 + 3\cos^2\theta} \text{ [AT/m]}$$

연|습|문|제

문제1. 전류에 의한 자계의 방향을 결정하는 법칙은?

㉮ 렌쯔의 법칙 ㉯ 플레밍의 오른손 법칙
㉰ 플레밍의 왼손 법칙 ㉱ 암페어의 오른손 법칙

문제2. 플레밍의 왼손 법칙에서 엄지 손가락의 방향은 무엇의 방향인가?

㉮ 전류의 반대 방향 ㉯ 자력선의 방향
㉰ 전류의 방향 ㉱ 힘의 방향

문제3. 그림과 같이 전류 I[A]가 흐르고 있는 직선 도체로부터 r[m] 떨어진 P점의 자계의 세기 및 방향을 바르게 나타낸 것은? (단, ⊗은 지면을 들어가는 방향, ⊙은 지면을 나오는 방향)

㉮ $\frac{I}{2\pi r}$, ⊗ ㉯ $\frac{I}{2\pi r}$, ⊙ ㉰ $\frac{Idl}{4\pi r^2}$, ⊗ ㉱ $\frac{Idl}{4\pi r^2}$, ⊙

문제4. 1[Wb]는 몇 맥스웰인가?

㉮ 3×10^9 ㉯ 10^8 ㉰ 4π ㉱ $\frac{4\pi}{10}$

문제5. CGS 전자 단위인 $4\pi\times10^4$[gauss]를 MKS 단위계로 환산한다면?

㉮ 4[Wb/m^2] ㉯ 4π[Wb/m^2] ㉰ 4[Wb] ㉱ 4π[Wb/m]

문제6. 자속 밀도의 단위가 아닌 것은?

㉮ [Wb/m^2] ㉯ [maxwell/m^2] ㉰ [gauss] ㉱ [gauss/m^2]

문제7. 공기 중에서 가상 자극 m_1[Wb]과 m_2[Wb]를 γ[m] 떼어 놓았을 때 두 자극 간의 작용력이 F[N]이었다면, 이 때의 거리γ[m]은?

㉮ $\sqrt{\dfrac{m_1 m_2}{F}}$ ㉯ $\dfrac{6.33\times10^4 m_1 m_2}{F}$

㉰ $\sqrt{\dfrac{6.33\times10^4 m_1 m_2}{F}}$ ㉱ $\sqrt{\dfrac{9\times10^9 m_1 m_2}{F}}$

문제8. 진공 중의 자계 10[AT/m]인 점은 5×10^{-3}[Wb]의 자극을 놓으면 그 자극에 작용하는 힘[N]은?

㉮ 5×10^{-2} ㉯ 5×10^{-3} ㉰ 2.5×10^{-2} ㉱ 2.5×10^{-3}

문제9. 비투자율μ_s, 자속밀도 B인 자계 중에 잇는 m[Wb]의 자극이 받는 힘은?

㉮ $\dfrac{Bm}{\mu_0\mu_s}$ ㉯ $\dfrac{Bm}{\mu_0}$ ㉰ $\dfrac{\mu_0\mu_s}{Bm}$ ㉱ $\dfrac{Bm}{\mu_s}$

문제10. m[Wb]의 자극에 의한 자계 중에서 γ[m] 거리에 있는 점의 자위는?

㉮ γ에 비례한다. ㉯ γ^2에 비례한다.

㉰ γ에 비례한다. ㉱ γ^2에 반비례한다.

문제11. 그림과 같이 평행 왕복 도선에 ±I[A]가 흐르고 잇을 때 점 P(θ =90°)의 자계의 세기는 몇 [AT/m]인가?

㉮ $\dfrac{I}{2\pi d}$ ㉯ $\dfrac{I}{2\pi r_1 r_2}$ ㉰ $\dfrac{I\sqrt{r_1+r_2}}{2\pi d}$ ㉱ $\dfrac{I\cdot d}{2\pi r_1 r_2}$

문제12. 그림과 같이 공기 중에 1[A]의 전류가 흐르는 무한 길이 직선 도선이 있다. 도선과 수직인 평면 내에 있는 도선으로부터의 거리가 1[m]인 원주 C에 따라서 화살 방향으로 1[Wb]의 자극을 일주시키는데 요하는 일 [J]은?

㉮ 1　　㉯ 2π　　㉰ $\frac{1}{2\pi}$　　㉱ 0

문제13. 전 전류 I[A]가 반지름 a[m]의 원주를 흐를 대 원주 내부 중심에서 r[m] 떨어진 원주 내부의 점의 자계 세기 [AT/m]는?

㉮ $\frac{rI}{2\pi a^2}$　　㉯ $\frac{I}{2\pi a^2}$　　㉰ $\frac{rI}{\pi a^2}$　　㉱ $\frac{I}{\pi a^2}$

문제14. 10[A]의 무한장 직선 전류로부터 10[cm] 떨어진 곳의 자계의 세기 [AT/m]는?

㉮ 1.59　　㉯ 15.0　　㉰ 15.9　　㉱ 159

문제15. 진공 중에서 4π[Wb]의 자하로부터 발산되는 총 자력선의 수는?

㉮ 4π　　㉯ 10^7　　㉰ $4\pi\times10^7$　　㉱ $\frac{10^7}{4\pi}$

문제16. 반지름 a[m]인 무한장 원통형 도체에 전류가 균일하게 흐를 때 도체 내부의 자계의 세기는?

㉮ 축으로부터의 거리에 비례한다.
㉯ 축으로부터의 거리에 반비례한다.
㉰ 축으로부터의 거리에 제곱에 비례한다.
㉱ 축으로부터의 거리에 제곱에 반비례한다.

문제17. 그림과 같이 무한장 직선 도체에 I[A]의 전류가 흐를 때 도체에서 d[m] 떨어진 곳에 있는 가로, 세로가 각각 a[m], b[m]인 구형의 면적을 통과하는 자속[Wb]은?

㉮ $\frac{\mu_0 bI}{2\pi} ln\frac{d}{d+a}$　　㉯ $\frac{\mu_0 bI}{2\pi} ln\frac{d+a}{d}$

㉰ $\frac{\mu_0 bI}{\pi} ln\frac{d}{d+a}$　　㉱ $\frac{\mu_0 bI}{\pi} ln\frac{d+a}{d}$

문제18. 1[cm] 마다 권수가 50인 무한장 솔레노이드에 10[mA]의 전류를 유통시킬 때 그 내부의 자계의 세기 [AT/m]는?

㉮ 10　　㉯ 20　　㉰ 30　　㉱ 50

문제19. 비오-사바아르 법칙은?

㉮ 전류　　㉯ 자장　　㉰ 전류와 자장　　㉱ 자위와 자계

문제20. 평균 반지름 10[cm]의 환상 솔레노이드에 5[A]의 전류가 흐를 때, 내부 자계가 1,600[AT/m]이었다. 권수는 약 얼마인가?

㉮ 180회　　㉯ 90회　　㉰ 200회　　㉱ 210회

문제21. 반지름 a[m], 단위 길이당 권회수 n[회/m], 전류 I[A]인 무한장 솔레노이드의 내부 자계의 세기 [AT/m]는?

㉮ $\frac{nI}{2\pi a}$　　㉯ $\frac{nI}{2a}$　　㉰ nI　　㉱ $\frac{nI}{2\pi}$

문제22. 무한장 솔레노이드에 전류가 흐를 때 발생되는 자장에 관한 설명 중 옳은 것은?

㉮ 내부 자장은 평등 자장이다.
㉯ 외부와 내부 자장의 세기는 같다.
㉰ 외부 자장은 평등 자장이다.
㉱ 내부 자장의 세기는 0이다.

문제23. 환상 솔레노이드(Solenoid) 내의 자계의 세기(AT/m]는? (단, N은 코일의 감긴 수, a는 환상 솔레노이드의 평균 반지름 이다.)

㉮ $\frac{2\pi a}{NI}$　㉯ $\frac{NI}{2\pi a}$　㉰ $\frac{NI}{\pi a}$　㉱ $\frac{NI}{4\pi a}$

문제24. 평균 반지름 50[cm]이고 권수 100회인 환상 솔레노이드 내부의 자계가 200[A/m]로 되도록 하기 위해서 코일에 흐르는 전류는 몇 [A]로 하여야 되는가?

㉮ 6.28　㉯ 12.15　㉰ 15.8　㉱ 18.6

문제25. 그림과 같은 유한장 직선 도체 AB에 전류 I가 흐를 때 임의의 점 P의 자계세기는? (단, a는 P와 AB사이의 거리 θ_1, θ_2;P에서 도체 AB에 내린 수직선과 Ap, BP가 이루는 각 이다.)

㉮ $\frac{I}{4\pi a}(\sin\theta_1 + \sin\theta_2)$　㉯ $\frac{I}{4\pi a}(\cos\theta_1 - \cos\theta_2)$

㉰ $\frac{I}{4\pi a}(\sin\theta_1 - \sin\theta_2)$　㉱ $\frac{I}{4\pi a}(\cos\theta_1 + \cos\theta_2)$

문제26. 그림과 같은 길이 $\sqrt{3}$ [m]ds 유한장 직선 도선에 π[A]의 전류가 흐를 때 도선이 일단 B에서 수직하게 1[m]되는 P점의 자계의 세기[AT/m]는?

㉮ $\sqrt{3}/8$　㉯ $\sqrt{3}/4$　㉰ $\sqrt{3}/2$　㉱ $\sqrt{3}$

문제27. 그림과 같이 자기 모멘트 M[Wb · m]인 판자석의 N과 S극 측에 입체각 ω_1, ω_2인 P점과 Q점이 판에 무한히 접근해 있을 때 두 점 사이의 자위차 [J/Wb]는? (단, 판자석의 표면 밀도를 $\pm\sigma$[Wb · m^2]라 하고, 두께를 δ[m]라 할 때 M=$\sigma \cdot \delta$[Wb · m]이다.)

㉮ $\frac{M}{\mu_0}$　　㉯ $\frac{M}{4\pi\mu_0}$　　㉰ $\frac{2M}{4\pi\mu_0}(\omega_1-\omega_2)$　　㉱ 0

문제28. 그림과 같이 반지름 a[m]인 원형 전류가 흐르고 있을 때 원형 전류의 중심 O에서 중심축상 x[m]인 점 P의 자계 {AT/m]를 나타낸 식은?

㉮ $\frac{a^2 I}{2(a^2+x^2)}$　　㉯ $\frac{a^2 I}{2(a^2+x^2)^{\frac{3}{2}}}$

㉰ $\frac{I}{2}(1-\frac{x}{\sqrt{a^2+x^2}})$　　㉱ $\frac{xI}{2\sqrt{a^2+x^2}}$

문제29. 반지름 a[m]인 원형 코일에 전류 I[A]가 흘렀을 때 코일 중심의 자계의 세기[AT/m]는?

㉮ $\frac{I}{2a}$　　㉯ $\frac{I}{4a}$　　㉰ $\frac{I}{2\pi a}$　　㉱ $\frac{I}{4\pi a}$

문제30. 그림과 같은 반지름 a[m]인 원형 코일에 I[A]가 흐르고 있다. 이 도체 중심 축상 x[m]인 점 P의 자위 [A]는?

㉮ $\frac{I}{2}(1-\frac{x}{\sqrt{a^2+x^2}})$　　㉯ $\frac{I}{2}(1-\frac{a}{\sqrt{a^2+x^2}})$

㉰ $\frac{I}{2}(1-\frac{x^2}{\sqrt{a^2+x^{2\frac{2}{3}}}})$　　㉱ $\frac{I}{2}(1-\frac{a^2}{\sqrt{a^2+x^{2\frac{2}{3}}}})$

문제31. 반지름 a[m]인 반원형 전류 I[A]에 의한 중심에서의 자계의 세기 [AT/m²]는?

㉮ $\frac{I}{4a}$　㉯ $\frac{I}{a}$　㉰ $\frac{I}{2a}$　㉱ $\frac{2I}{a}$

문제32. 그림과 같은 모양의 코일에 A에서 D 쪽으로 I[A]의 전류가 흐를 때 중심 O점의 자계의 세기 [A/m]는?

㉮ $\frac{(2\pi-1)I}{4\pi a}$　㉯ $\frac{(3\pi-2)I}{8\pi a}$

㉰ $\frac{(3\pi-1)I}{16\pi a}$　㉱ $\frac{3I}{8a}$

문제33. 1변의 길이가 l[m]인 정방형 도체 회로에 직류 I[A]를 흘릴 때 회로의 중심점 자계의 세기 [A/m]는?

㉮ $\frac{eI}{2\pi l}$　㉯ $\frac{\sqrt{2}\,I}{2\pi l}$　㉰ $\frac{2I}{\pi l}$　㉱ $\frac{2\sqrt{2}}{\pi l}$

문제34. 자기 쌍극자에 의한 자위 U[A]에 해당되는 것은? (단, 자기 쌍극자의 자기 모멘트는 M[Wb · m], 쌍극자의 중심으로부터의 거리는 r[m], 쌍극자의 정방향과의 각도는 θ 도라 한다.)

㉮ $6.33\times10^4\frac{M\sin\theta}{r^3}$　㉯ $6.33\times10^4\frac{M\sin\theta}{r^2}$

㉰ $6.33\times10^4\frac{M\cos\theta}{r^3}$　㉱ $6.33\times10^4\frac{M\cos\theta}{r^2}$

문제35. 자기 쌍극자에 의한 자계는 쌍극자 중심으로부터의 거리의 몇 승에 반비례하는가?

㉮ 1　㉯ 3/2　㉰ 2　㉱ 3

문제 36. 자속 밀도 B[Wb · m^2]내에서 전류 I[A]가 흐르는 도선이 받는 힘[N]을 바르게 표시한 것은?

㉮ $F = IdL \times B$ ㉯ $F = IB/dL$ ㉰ $F = Idl \cdot B$ ㉱ $F = dL/IB$

문제 37. 평등 자장 내에 놓여 있는 직선 전류 도선이 받는 힘에 대한 설명 중 옳지 않은 것은?

㉮ 힘은 전류에 비례한다.
㉯ 힘은 자장의 세기에 비례한다.
㉰ 힘은 도선의 길이에 비례한다.
㉱ 힘은 전류의 방향과 자장의 방향과의 사이각의 정면에 관계된다.

문제 38. 1[Wb/cm^2]의 자속 밀도에 수직으로 놓인 10[cm]의 도선에 10[A]의 전류가 흐를 때 도선이 받는 힘은?

㉮ 10[N] ㉯ 1[N] ㉰ 0.1[N] ㉱ 0.5[N]

문제 39. 그림과 같이 d[m]떨어진 두 평행 도선에 I[A]의 전류가 하를 때 도선 단위 길이당 작용하는 힘 F[N]은?

㉮ $\frac{\mu_0 I}{2\pi d}$ ㉯ $\frac{\mu_0 I^2}{2\pi d^2}$ ㉰ $\frac{\mu_0 I^2}{2\pi d}$ ㉱ $\frac{\mu_0 I^2}{2d}$

문제 40. 전류 I_1[A], I_2[A]가 각각 같은 방향으로 흐르는 평행 도선이 r[m] 간격으로 공기 중에 놓여 있을 대 도선간에 작용하는 힘은?

㉮ $\frac{2I_1I_2}{r} \times 10^{-7}$[N/m], 인력 ㉯ $\frac{2I_1I_2}{r} \times 10^{-7}$[N/m], 반발력
㉰ $\frac{2I_1I_2}{r^2} \times 10^{-7}$[N/m], 인력 ㉱ $\frac{2I_1I_2}{r^2} \times 10^{-7}$[N/m], 반발력

문제41. 그림과 같이 균일한 자계의 세기 H[AT/m] 내에 자극의 세기가 $+_m$[Wb], 길이 l[m]인 막대 자석을 그 중심 주위에 회전 할 수 있도록 놓는다. 이 때 자석과 자계의 바향이 이룸 각을 θ 라 하면 자석이 받는 회전력 [N · m]은?

㉮ $mHl\cos\theta$ ㉯ $mHl\sin\theta$ ㉰ $2mHl\sin\theta$ ㉱ $2mHl\tan\theta$

문제42. 자극의 세기가 50[Wb], 길이가 10[cm]인 막대 자석을 2[AT/m]의 자계와 평등 자계에 60° 만큼 기울여 놓으면 자석이 받는 회전력은 얼마인가?

㉮ 8.66[N · m] ㉯ 500[N · m] ㉰ 866[dyne · m] ㉱ 866[N · m]

문제43. 그림에서 직선 도체 바로 아래 10[cm]위치에 자침이 나란히 있다고 하면 이 때의 자침에 작용하는 회전력 [N · m/rad]은? (단, 도체의 전류는 10[A], 자침의 자극의 세기는 10^{-6}[Wb]이고, 자침의 길이는 10[cm]이다.)

㉮ 15.9×10^{-3} ㉯ 1.59×10^{-3} ㉰ 1.59×10^{-6} ㉱ 15.9×10^{-6}

문제44. 자극의 세기가 8×10^{-6}[Wb], 길이가 3[cm]인 막대 자석을 120[AT/m]의 평등 자계 내에 자력선과 30°의 각도로 놓으면 이 막대 자석이 받는 회전력은 몇 [N · m]인가?

㉮ 1.44×10^{-4} ㉯ 1.44×10^{-5} ㉰ 3.02×10^{-4} ㉱ 3.02×10^{-5}

문제45. 10×10^{-7}[Wb · m]의 자기 모멘트를 가진 봉 자석을 자계의 수평 성분이 10[AT/m]인 곳에 자기 자오면으로부터 90°회전하는 데 필요한 일은 얼마인가?

㉮ 3×10^{-5}[J] ㉯ 2.5×10^{-5}[J] ㉰ 10^{-5}[J] ㉱ 10^{5}[J]

문제46. I=4[A]인 전류가 흐르는 코일과 쇄교 자속수 ϕ=4[Wb]이다. 이 전류 회로에 축적되어 잇는 자기 에너지 [J]는?

㉮ 4 ㉯ 2 ㉰ 8 ㉱ 16

문제47. 전하 q[C]이 진공 중의 자계 H[A/m]에 수직 방향으로 v[m/s]의 속도로 움직일 때 받는 힘 [N]은? (단, 진공 중의 투자율은 μ0이다.)

㉮ $\frac{qH}{\mu_0 v}$ ㉯ qvH ㉰ $\frac{1}{\mu_0}qvH$ ㉱ $\mu_0 qvH$

문제48. 평등 자계 내에 수직으로 돌입한 전자의 궤적은?

㉮ 원운동을 하는데, 원의 반지름은 자계의 세기에 비례한다.
㉯ 구면 위에서 회전하고 반지름은 자계의 세기에 비례한다.
㉰ 원운동을 하고, 반지름은 전자의 처음 속도에 비례한다.
㉱ 원운동을 하고, 반지름은 자계의 세기에 반비례한다.

문제49. 전류가 흐르고 있는 도체에 자계를 가하면 도체 측면에는 정부의 전하가 나타나 두 면간에 전위차가 나타나 두 면간에 전위차가 발생하는 현상은?

㉮ 핀치효과 ㉯ 톰슨효과 ㉰ 호올효과 ㉱ 제어백효과

문제50. 그림과 같이 가요성 전선으로 직사각형의 회로를 만들어 대전류를 흘렸을 때 일어나는 현상은?

㉮ 변함이 없다. ㉯ 원형이 된다.
㉰ 맞보는 변끼리 합쳐진다. ㉱ 이웃하는 변끼리 합쳐진다.

문제51. DC 전압을 가하면 전류는 도선 중심 쪽으로 흐르려고 한다. 이런 현상을 무엇이라고 하는가?

㉮ Skin 효과 ㉯ Pinch 효과 ㉰ 압전기 효과 ㉱ Peltier 효과

08

자성체와 자기회로

08 자성체와 자기회로

1 자성체

[1] 종류

① 반자성체(역자성체)

내부자계=외부자계−유도자기 모멘트

자화율 $\chi < 0$이다. ($\mu_s < 1$)

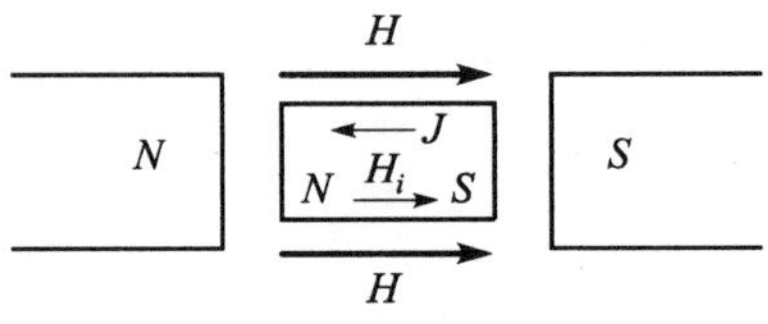

<Fig 8-1>

② 상자성체

내부자계=외부자계+영구자기 모멘트

자화율 $\chi > 0$이다. ($\mu_s \geqq 1$)

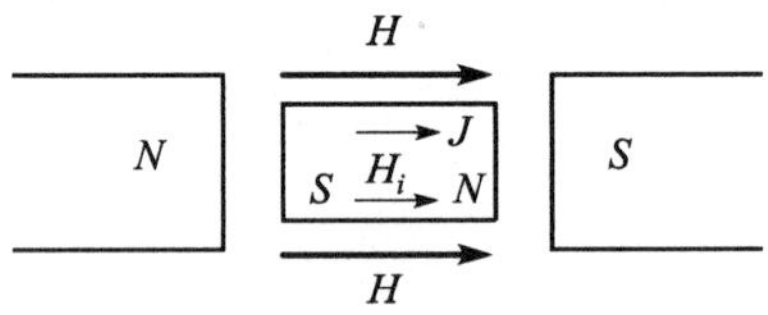

<Fig 8-2>

③ 스핀(Spin)의 배열 상태

i)상자성체　　ii)강자성체　　iii)훼리자성체　　iv)반강자성체

[2] 자화의 본질

① 물체가 자화되는 근원은 전자의 자전운동(Spin)에 있다.

② 강자성체는 자기포화 특성과 자구(영역)를 가지고 있다.

[3] 자화의 세기

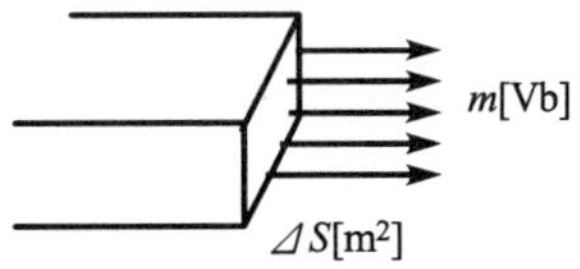

<Fig 8-3>

자화의 세기 : 단위 체적당 자기 모멘트이다.

방향은 S → N 이다.

$$J = \lim_{\Delta s \to 0} \frac{\Delta m}{\Delta s} = \lim_{\Delta v \to 0} \frac{\Delta M}{\Delta V} [\mathrm{Wb/m^2}]$$

$$M = m \cdot l [\mathrm{Wb \cdot m}]$$

자화율이 χ일 때 자화의 세기 J는

$$J = \chi H [\mathrm{Wb/m^2}]$$

[4] 자속밀도(자성체)

$$B = \mu_0 H + J$$
$$= \mu_0 H + \chi H$$
$$= (\mu_0 + \chi) H$$
$$= \mu H$$
$$= \mu_0 \mu_s H \ [\mathrm{Wb/m^2}]$$

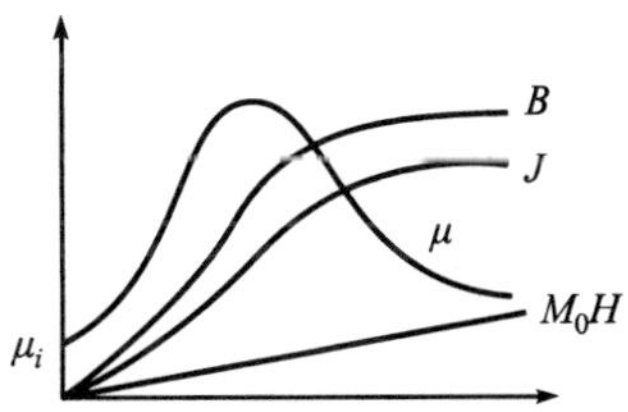

<Fig 8-4>

여기서 $\mu = \frac{\mu}{\mu_0} = 1 + \frac{\chi}{\mu_0}$ 이고 자화의 세기 J는 B보다 약간 작다.

그리고 포화 특성이 있음을 그림에서 알 수 있다

[5] 자기 감자력

① 외부 자계 H_0중에 자성체 $(\mu_s > 1)$를 놓았을 때 자성체 중의 자계를 H라 하면 감자력 H'는

$$H' = H_0 - H = \frac{N}{\mu_0} J$$

즉, 자화의 세기에 비례한다.

N : 감자율

② 감자력을 방지하기 위하여 보자철편 등을 사용한다.

[6] 자화에 필요한 에너지

① 자화에 필요한 에너지(에너지 밀도)

$$W = \int_0^B H \cdot dB = \frac{B^2}{2\mu} = \frac{1}{2}\mu H^2 = \frac{1}{2}H \cdot B[\mathrm{J/m^3}]$$

② 단위 면적당 자석 표면에 작용하는 전자력

$$f = \frac{B^2}{2\mu_0}[\mathrm{N/m^2}]$$

③ 전체 면적에 작용하는 힘

$$F = f \cdot A = \frac{B^2}{2\mu_0}A[\mathrm{N}]$$

[7] 경계 조건

① 완전 경계 조건

전류 밀도 $i = 0$일 때

$H_{1t} = H_{2t}$

$B_{1n} = B_{2n}$

따라서, 굴절의 법칙은

$$\frac{\tan\theta_1}{\tan\theta_2} = \frac{\mu_1}{\mu_2}$$

$\therefore \mu_1 > \mu_2$이면 $\theta_1 > \theta_2$이고 $B_1 > B_2$이다.

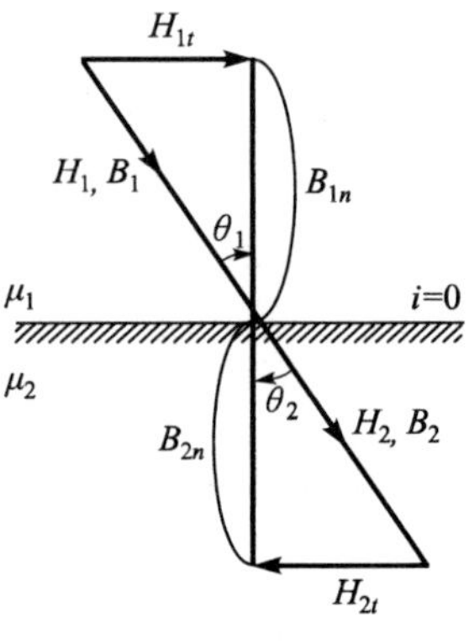

<Fig 8-5>

② 불완전 경계 조건

전류밀도(경계면) $i \neq 0$일 때

$B_{1n} - B_{2n} = i$

2 자기 회로

[1] 오옴의 법칙

① 자속 $\psi = \dfrac{F}{R}$ [Wb]

② 기자력 $F = NI = R\psi$ [AT]

③ 자기저항 $R = \dfrac{1}{\mu A}$ [AT/Wb]

예 제

그림에서 자속 ψ를 구하시오.

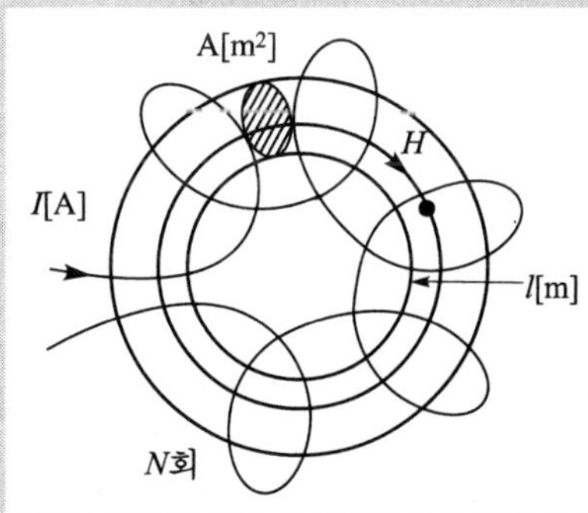

<Fig 8-6>

Sol $\psi = \dfrac{NI}{R} = \dfrac{\mu SNI}{l}$ [Wb]

[2] 자기 저항의 합성

① 직렬 합성 : $R = \sum_{i=0}^{n} R_{ni}$

② 병렬 합성 : $\dfrac{1}{R} = \sum_{i=1}^{n} \dfrac{1}{R_{ni}}$

[3] 자기 회로의 키르히호프의 법칙

① $\sum_{i=1}^{n} \psi_i = 0$

② $\sum_{i=1}^{n} F_i = \sum_{i=1}^{n} R_i \, \psi_i$

[4] 공극부의 자속과 자속 밀도

① 자속 $\psi = \dfrac{NI}{\dfrac{\delta}{\mu_0 S} + \dfrac{l}{\mu S}}$ [Wb]

② 자속밀도 $B = \dfrac{\psi}{S}$ [Wb/m²]

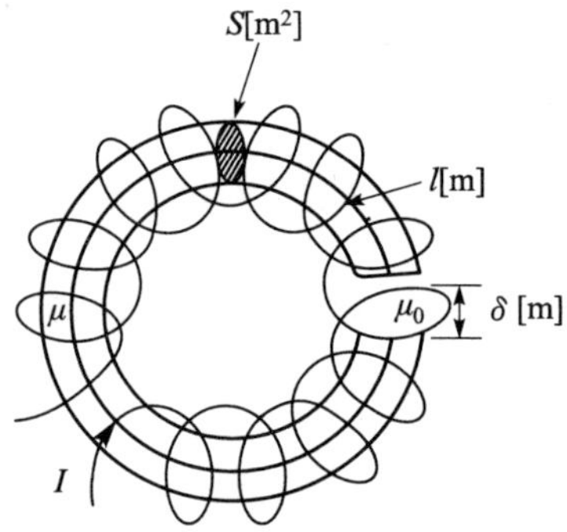

<Fig 8-7>

[5] 자기 회로와 전기 회로 유사성

① 전기 회로 $i = kE, \quad div\, i = 0, \quad I = \int_s i dS$

② 자기 회로 $B = \mu H, \quad div\, B = 0, \ \psi = \int_s B \cdot dS$

[6] 전자석의 흡인력

$F = \dfrac{B^2 S}{2\mu_0}$ [N]

연 | 습 | 문 | 제

문제1. 인접 영구 자기 쌍극자가 크기는 같으나 방향이 서로 반대 방향으로 배열된 자성체를 어떤 자성체라 하는가?

㉮ 반자성체　　㉯ 상자성체　　㉰ 강자성체　　㉱ 반강자성체

문제2. 비투자율 μ_s는 역자성체에서 다음 어느 값을 갖는가?

㉮ $\mu_s - 1$　　㉯ $\mu_s < 1$　　㉰ $\mu_s > 1$　　㉱ $\mu_s = 0$

문제3. 강자성체의 세가지 특성이 아닌 것은?

㉮ 와전류 특성　　㉯ 히스테리시스 특성
㉰ 고투자율 특성　　㉱ 포화 특성

문제4. 내부 장치 또는 공간을 물질로 포위시켜 외부 자계의 영향을 차폐시키는 방식을 자기 차폐라 한다. 자기차폐에 좋은 물질은?

㉮ 강자성체 중에서 비투자율이 큰 물질
㉯ 강자성체 중에서 비투자율이 작은 물질
㉰ 비투자율이 1보다 작은 역자성체
㉱ 비투자율에 관계없이 물질의 두께에만 관계되므로 되도록 두꺼운 물질

문제5. 강자성체를 소자시키는 방법으로 보적당한 것은?

㉮ 처음에 준자계와 같은 정도의 직류자계를 반대 방향으로 가하는 조직을 반복한다. (직류법)

㉯ 처음에 준자계와 같은 방향의 강한 자계를 준 후 급냉한다. (급냉법)

㉰ 자화할 때와 같은 정도의 교류 자계를 가하고 그 값이 0이 될 때까지 점차로 감소시켜 간다. (교류법)

㉱ 강자성체의온도를 퀴리점 이상 될 때까지 상승시킨다. (가열법)

문제6. 자회된 철의 온도를 높일 때 자화가 서서히 감소하다가 급격히 강자성이 상자성으로 변하면서 강자성을 잃어버리는 온도는?

㉮ 켈빈(kelvin)온도　　㉯ 연화(Transition)온도

㉰ 전이온도　　㉱ 취리(Curie)온도

문제7. 자계의 세기에 관계 없이 급격히 자성을 잃는 점을 자기 임계 온도 또는 큐리점(Curie point)이라고 한다. 다음 중에서 철의 임계 온도는?

㉮ 약 0 [℃]　　㉯ 370[℃]　　㉰ 약 570[℃]　　㉱ 770[℃]

문제8. 히스테리시스 곡선에서 횡축과 종축은 각각 무엇을 나타내는가?

㉮ 자속밀도(횡축), 자계(종축)　　㉯ 기자력(횡축), 자속 밀도(종축)

㉰ 자계(횡축), 자속 밀도(종축)　　㉱ 자속 밀도(횡축), 기자력(종축)

문제9. 영구 자석에 관한 설명 중 옳지 않은 것은?

㉮ 히스테리시스 현상을 가진 재료만이 영구 자석이 될 수 있다.

㉯ 보자력이 클수록 자계가 강한 영구 자석이 된다.

㉰ 잔류 자속 밀도가 높을수록 자계가 강한 영구 자석이 된다.

㉱ 자석 재로로 폐회로를 만들면 강한 영구 자석이 된다.

문제10. 영구 자석의 재료로 사용되는 철에 요구되는 사항은?

㉮ 잔류 자기 및 보자력이 작은 것
㉯ 잔류 자기가 크고 보자력이 작은 것
㉰ 잔류 자기는 작고 보자력이 큰 것
㉱ 잔류 자기 및 보자력이 큰 것

문제11. 전자석에 사용하는 연철(Soft iron)은 다음 어니 성질을 가지는가?

㉮ 잔류 자기, 보자력이 모두 크다.
㉯ 보자력이 크고 히스테리시스 곡선의 면적이 모두 작다.
㉰ 보자력과 히스테리시스 곡선의 면적이 모두 작다.
㉱ 보자력이 크고 잔류 자기가 작다.

문제12. 히스테리시스손은 최대 자속 밀도의몇 승에 비례하는가?

㉮ 1 ㉯ 1.6 ㉰ 2 ㉱ 2.6

문제13. 그림과 같은 모양의 자화곡선을 나타내는 자성체 막대를 충분히 강한 평등자계 중에서 매분 3,000회 회전시킬 때 자성체의단위 체적당 약 몇 [kcal/sec]의 열이 발생하는가?
(단, B_r=2[Wb/m^2], H_L=500[AT/m], B=μH에서 $\mu \neq$일정)

㉮ 11.7 ㉯ 47.6 ㉰ 70.2 ㉱ 200

문제14. 어느 강철의 자화 곡선을 응용하여 종축을 자속 밀도 B 및 투자율 μ, 횡축을 자화의 세기 J라면 다음 중에 투자율 곡선을 가장 잘 나타내고 있는 것은?

㉮ ㉯ ㉰ ㉱

문제15. 감자력이 0인 것은?

㉮ 가늘고 긴 막대 자성체　　㉯ 구 자성체
㉰ 굵고 짧은 막대 자성체　　㉱ 환상 철심

문제16. 균등 자계 H중에 놓여진 투자율 μ인 자성체의 자화의 세기는? (단, 자성체의 감자율은 N이다)

㉮ $J=\dfrac{\mu_0(\mu-\mu_0)}{\mu_0+N(\mu-\mu_0)}H_0$　　㉯ $J=\dfrac{\mu(\mu_0-\mu)}{\mu+N(\mu_0-\mu)}H_0$

㉰ $J=\dfrac{\mu_0(\mu-\mu_0)}{\mu+N(\mu-\mu_0)}H_0$　　㉱ $J=\dfrac{\mu(\mu-\mu_0)}{\mu_0+N(\mu_0-\mu)}H_0$

문제17. 전기회로에서 도전율 [℧/m]에 대응하는 것은 자기 회로에서 무엇인가?

㉮ 자속　　㉯ 기자력　　㉰ 투자율　　㉱ 자기 저항

문제18. 강자성체의 자속 밀도 B의 크기와 자화의 세기 J의 크기 사이에는?

㉮ J는 B보다 약간 크다.　　㉯ J는 B보다 대단히 크다.
㉰ J는 B보다 약간 작다.　　㉱ J는 B보다 대단히 작다.

문제19. 다음 관계식 중 성립 할 수 없는 것은? (단, μ는 투자율, x는 자화율, μ_0는 진공의 투자율, J는 자화의 세기이다.)

㉮ $\mu=\mu_0+x$　　㉯ $B=\mu H$　　㉰ $\mu_s=1+\dfrac{x}{\mu_0}$　　㉱ $J=xB$

문제20. 반지름 3[cm]의 원형 단면을 가진 환상의 연철심(비투자율 400)에 코일을 감고 이것에 전류를 흘린 결과 철심 중의 자계가 400[AT/m]로 되었다. 자화의 세기 [Wb/m^2]는?

㉮ 약 0.5　　㉯ 약 0.2　　㉰ 약 2×10^{-4}　　㉱ 약 5×10^{-4}

문제21. 자기 회로의 퍼미언스(Permeance)에 대응하는 전기 회로의 요소는?

㉮ 도전율　　　　㉯ 콘덕턴스(Conductance)

㉰ 정전용량　　　　㉱ 엘라스턴스(Elastance)

문제22. 자기 회로에 관한 설명으로 옳지 못한 것은? (단, C는 커패시턴스, L은 인덕턴스이다.)

㉮ 기자력과 자속 사이에는 비직선성을 갖고 있다.

㉯ 자기 저항에서 손실이 있다.

㉰ 누설 자속은 전기 회로의 누설 전류에 비하여 대체적으로 많다.

㉱ 전기 회로에서의 C 및 L에 해당하는 것은 없다.

문제23. 비투자율 μ_s=400인 환상 철심 내의 평균 자계의 세기가 H=3,000[AT/m]이다. 철심 중 자화의 세기 J[Wb/m^2]는?

㉮ 0.15　　㉯ 1.5　　㉰ 0.75　　㉱ 7.5

문제24. 비투자율 800의 환상 철심 중의 자계가 150[AT/m]일 때 철심의 자속 밀도 [Wb/m^2]는?

㉮ 12×10^{-2}　　㉯ 12×10^{2}　　㉰ 15×10^{2}　　㉱ 15×10^{-2}

문제25. 투자율이 다른 두 자성체가 평면으로 접하고 있는 경계면에서 전류 밀도가 0일 때 성립하는 경계조건은?

㉮ $\mu_2\tan\theta_1=\mu_1\tan\theta_2$　　　　㉯ $\mu_1\cos\theta_1=\mu_2\cos\theta_2$

㉰ $B_1\sin\theta_1=B_2\cos\theta_2$　　　　㉱ $\mu_1\tan\theta_1=\mu_2\tan\theta_2$

문제25. 투자율이 다른 두 자성체가 평면으로 접하고 있는 경계면에서 전류 밀도가 0일 때 성립하는 경계조건은?

㉮ $\mu_2\tan\theta_1=\mu_1\tan\theta_2$　　　　㉯ $\mu_1\cos\theta_1=\mu_2\cos\theta_2$

㉰ $B_1\sin\theta_1=B_2\cos\theta_2$　　　　㉱ $\mu_1\tan\theta_1=\mu_2\tan\theta_2$

문제26. 자기회로의 자기저항은?

㉮ 자기회로의 단면적에 비례
㉯ 투자율에 반비례
㉰ 자기회로의 길이에 반비례
㉱ 단면적에 반비례하고 길이의 제곱에 비례

문제27. 자기 회로에서 단면적, 길이, 투자율을 모두 1/2배로 하면 자기 저항은 몇 배가 되는가?

㉮ 0.5 ㉯ 2 ㉰ 1 ㉱ 8

문제28. 철심이 도선을 250회 감고 1.2[A]의 전류를 흘렸더니 1.5×10^{-3}[Wb]의 자속이 생겼다. 이때 자기 저항 [AT/Wb]은?

㉮ 2×10^5 ㉯ 3×10^5 ㉰ 4×10^5 ㉱ 5×10^5

문제29. 평균 자로의 길이 80[cm]의 환상 철심에 500회의 코일을 감고 여기에 4[A]의 전류를 흘렸을 때 기자력 [AT]과 자화력 [AT/m](자계의 세기)은?

㉮ 2,000, 2,500 ㉯ 3,000, 2,500
㉰ 2,000, 3,500 ㉱ 3,000, 3,500

문제30. 그림의 철심부의 평균 길이가 l_2, 공극의 길이가 l_1, 단면적이 S인 자기 회로이다. 자속 밀도를 B[Wb/m²]로 하기 위한 자기력[AT]는?

㉮ $\dfrac{\mu_0}{B}(l_1+\dfrac{\mu_s}{l_2})[AT]$ ㉯ $\dfrac{B}{\mu_0}(l_2+\dfrac{l_1}{\mu_s})[AT]$

㉰ $\dfrac{\mu_0}{B}(l_2+\dfrac{\mu_0}{l_1})[AT]$ ㉱ $\dfrac{B}{\mu_0}(l_1+\dfrac{l_2}{\mu_s})[AT]$

문제31. 단면적 S[m^2], 길이 l[m], 투자율 μ[H/m]의 자기 회로에 N회의 코일을 감고 I[A]의 전류를 통할 때의 오옴의 법칙은?

㉮ $B=\dfrac{\mu SNI}{l}$ ㉯ $\psi=\dfrac{\mu SI}{lN}$

㉰ $\psi=\dfrac{\mu SNI}{l}$ ㉱ $\psi=\dfrac{l}{\mu SNI}$

문제32. 가름과 같이 비투자율 μ_r=1,000, 단면적 10[cm^2], 길이 2[m]인 환상 철심이 있을 때 이 철심에 코일을 2,000회 감아 0.5[A]의 전류를 흘릴 때의 철심 내의 자속은 몇 [Wb]인가?

㉮ 1.26×10^{-3} ㉯ 1.26×10^{-4} ㉰ 6.28×10^{-3} ㉱ 6.28×10^{-4}

문제33. 공극(Air gap)을 가진 환상 솔레노이드에서 총 권수 N(회), 철심의 투자율 μ[H/m], 단면적 S[m^2], 길이 l[m]이고 공극의 길이 δ일 때 공극부에 자속 밀도 B[Wb/m^2]를 얻기 위해서는 몇 [A]의 전류를 흘려야 하는가?

㉮ $\dfrac{N}{B}(\dfrac{1}{\mu}+\dfrac{\delta}{\mu_0})$ ㉯ $\dfrac{N}{B}(\dfrac{1}{\mu_0}+\dfrac{\delta}{\mu})$

㉰ $\dfrac{B}{N}(\dfrac{1}{\mu}+\dfrac{\delta}{\mu_0})$ ㉱ $\dfrac{B}{N}(\dfrac{1}{\mu_0}+\dfrac{\delta}{\mu})$

문제34. 자기 인덕턴스 L[H]인 코일에 전류 I를 흘렸을 때 자계의 세기가 H[AT/m]였다. 이 코일을 진공 중에서 자화시키는 데 필요한 에너지 밀도 [J/m^2]는?

㉮ $\dfrac{1}{2}LI^2$ ㉯ LI^2 ㉰ $\dfrac{1}{2}\mu_0H^2$ ㉱ μ_0H^2

문제35. 그림과 같이 진공 중에 자극 면적이 2[cm^2], 간격이 0.1[cm]인 자성체 내에서 포화 자속 밀도가 2[Wb/m^2]일 때 두 자극면 사이에 작용하는 힘의 크기[N]는?

㉮ 0.318 ㉯ 3.18 ㉰ 31.8 ㉱ 318

문제36. 단면적 $S=100\times10^{-4}$[m^2]인 전자석에 자속 밀도 $B=2$[Wb/m^2]인 자속이 발생할 때, 철편을 흡입하는 힘[N]은?

㉮ $\frac{\pi}{2}\times10^5$ ㉯ $\frac{1}{2\pi}\times10^5$ ㉰ $\frac{1}{\pi}\times10^5$ ㉱ $\frac{2}{\pi}\times10^5$

문제37. 10톤의 철을 끌어 올릴 수 있는 전자석을 설계하려고 한다. 자극 표면에서의 자속 밀도를 2[Wb/m^2]로 한다면 필요극의 면적은 약 몇 [m^2]인가?

㉮ 6.15×10^{-2} ㉯ 4.8×10^{-2} ㉰ 3.12×10^{-2} ㉱ 2.2×10^{-2}

09

전자유도

09 전자유도

1 Faraday-Lentz의 전자유도 법칙

[1] 전자유도

회로의 쇄교자속의 변화에 의하여 기전력이 유도되는 현상

[2] Faraday 법칙(노이만의 정리)

전자유도에 의하여 회로에 생기는 유도 기전력의 크기는 쇄교자속의 시간적 감소 비율에 비례한다

[3] Lentz 법칙

유도 기전력은 자속의 변화를 방해하는 방향으로 일어난다.
따라서, Faraday-Lentz의 전자유도 법칙은 다음과 같은 결론을 내릴 수 있다. 자속 Ψ가 시간적으로 변화할 때 자속 Ψ의 증감을 방해하는 방향으로 기전력이 발생한다.

$$e = -\frac{d\Psi}{dt}\,[\mathrm{V}]$$

2 Faraday 전자유도 법칙의 미분형

$$rot\,E = -\frac{\partial B}{\partial t}$$

자속 ψ가 시간적으로 변화할 때 자속 ψ의 증감을 방해하는 방향으로 회전하는 기전력이 발생한다.

3 도체의 운동에 의한 기전력

$e = (v \times B)l$

$e = vBl sin\theta$ [V]

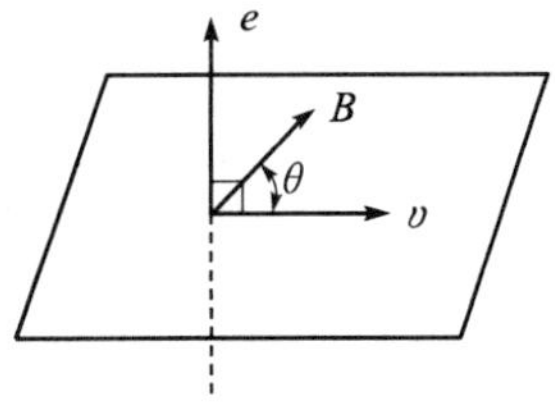

<Fig 9-1>

4 와전류와 표피효과

[1] 와전류

도체를 관통하는 자속이 시간적으로 변화할 때

$$rot\ i = -k\frac{\partial B}{\partial t}$$

즉, 자속 ψ의 시간적 변화율이 회전하는 전류를 발생한다. 도체내에 와전류가 흐르면 Joule 열에 의한 전력 손실이 발생한다. 따라서 성층 철심을 사용한다.

[2] 표피효과(Skin effect)

침투 깊이 $\delta = \sqrt{\frac{2}{\omega\mu k}} = \frac{1}{\sqrt{\pi f \mu k}}$ [m]

여기서, δ가 작을수록 즉, f, μ, k 가 클수록 표피효과가 커진다.

단, ω : 각 주파수

μ : 투자율

k : 도전율

f : 주파수

연 | 습 | 문 | 제

문제1. 패러데이의 법칙에 대한 설명으로 가장 적합한 것은?

㉮ 전자 유도에 의해 회로에 발생되는 기전력은 자속 쇄교수의 시간에 대한 증가율이 비례한다.
㉯ 전자 유도에 의해 회로에 발생되는 기전력은 자속의 변화를 방해하는 반대 방향으로 기전력이 유도된다.
㉰ 정전 유도에 의해 회로에 발생하는 기자력은 자속의 변화 방향으로 유도된다.
㉱ 전자 유도에 의해 회로에 발생하는 기전력은 자속 쇄교수의 시간에 대한 감쇠율에 비례한다.

문제2. 다음에서 전자유도 법칙과 관계가 먼 것은?

㉮ 노이만의 법칙　　㉯ 렌쯔의 법칙
㉰ 암페어의 오른나사의 법칙　　㉱ 패러데이의 법칙

문제3. 자기 인덕턴스가 50[mH]인 코일에 흐르는 전류가 0.01[s] 사이에 5[A]에서 3[A]로 감소하였다. 이 코일에 유기된 기전력은?

㉮ 25[V], 본래 전류와 같은 방향　　㉯ 25[V], 본래 전류와 반대 방향
㉰ 10[V], 본래 전류와 같은 방향　　㉱ 10[V], 본래 전류와 반대 방향

문제4. 그림(a)의 인덕턴스의 전류가 그림 (b)와 같이 흐를 때 2초에서 6초 사이의 인덕턴스 전압 V_L[V]은?

㉮ 0　　㉯ 5　　㉰ 10　　㉱ −5

문제5. 권수 500[T]의 코일 내를 통하는 자속이 다음 그림과 같이 변화하고 있다. $\overline{bc}$기간 내에 코일 단자간에 생기는 유기 기전력[V]은?

㉮ 1.5　　㉯ 0.7　　㉰ 1.4　　㉱ 0

문제6. 자기 인덕턴스 0.05[H]의 회로에 흐르는 전류가 매초 500[A]의비율로 증가할 때 자기유도 기전력[V]은?

㉮ 2.5　　㉯ 25　　㉰ 10^2　　㉱ 10^4

문제7. 100회 감은 코일과 쇄교하는 자속이 $\frac{1}{10}$초 동안 0.5[Wb]에서 0.3[Wb]로 감소했다. 이 때 유기되는 기전력은 몇 [V]인가?

㉮ 20　　㉯ 200　　㉰ 80　　㉱ 800

문제8. $\phi=\phi m\sin\omega t$[Wb]인 정현파로 변화하는 자속이 권수 N인 코일과 쇄교할 때의 유기 기전력의 위상은 자속에 비해 어떠한가?

㉮ $\frac{\pi}{2}$만큼 빠르다.　　㉯ $\frac{\pi}{2}$만큼 늦다.

㉰ π만큼 빠르다.　　㉱ 동위상이다.

문제9. 권수 n, 가로 a[m], 세로 b[m]인 구형 코일이 자속 밀도 B[Wb/m^2]되는 평등 자계 내에서 각속도 ω [rad/s]로 회전할 때 발생하는 유기 기전력의 최대값은?

㉮ ωnB　　㉯ ωabB^2　　㉰ $\omega nabB$　　㉱ $\omega nabB^2$

문제10. 그림과 같은 자속 밀도 B의 평등 자계 내에 한변이 a인 정방향 회로가 자계와 직각인 중심 둘레를 매분 N회 회전하고 있을 때 이 회로의 유기 기전력은 몇 [V]인가?

㉮ $\frac{2\pi N}{60}a^2Bcos\frac{2\pi N}{60}t$　　㉯ $\frac{2\pi N}{60}a^2Bsin\frac{2\pi N}{60}t$

㉰ $\frac{2\pi N}{60}aBcos\frac{2\pi N}{60}t$　　㉱ $\frac{2\pi N}{60}\omega aBsin\frac{2\pi N}{60}t$

문제11. 자속 밀도 B[Wb/m^2]인 자계 내를 속도 v[m/s]로 운동하는 길이 dl[m]의 도선에 유기되는 기전력 [V]은?

㉮ $v\times$B　　㉯ ($v\times$B)·dl　　㉰ v·B　　㉱ (v·B)$\times dl$

문제12. 철도궤도 간 거리가 1.5[m]이며 궤도는 서로 절연되어 있다. 열차가 매시 60[km]의 속도로 달리면서 차축이 지구 자계의 수직분력 B=0.15×10^{-4}[Wb/m^2]를 절단할 때 두 궤도 사이에 발생하는 기전력은 몇 [V]인가?

㉮ 1.75×10^{-4}　　㉯ 2.75×10^{-4}　　㉰ 3.75×10^{-4}　　㉱ 4.75×10^{-4}

문제13. 다음 중 도체 내에서 성립하는 식이 아닌 것은? (단, k는 도전율, μ는 투자율이다.)

㉮ rotE=$-\frac{\partial B}{\partial t}$　　㉯ rotH=i　　㉰ i=E/k　　㉱ B=μH

문제14. 자속 밀도 B[Wb/m^3]의 평등 자계와 평행한 축 둘레에 각속도 ω[rad/s]로 회전하는 반지름 a[m]의 도체 원판에 그림과 같이 브러시를 접촉시킬 때 저항 R[Ω]에 흐르는 전류 [A]는?

㉮ $\frac{\omega Ba^2}{2R}$　　㉯ $\frac{\omega Ba^2}{R}$　　㉰ $\frac{\omega Ba}{2R}$　　㉱ $\frac{\omega Ba}{R}$

문제 15. 그림과 같이 자속 밀도 60[Wb/m^2]의 평등 자계와 평행인 축 주위를 1,000[rpm]의 등각속도로 회전하는 반지름 10[m]의 원판에 브러시를 접촉시키고 그 사이에 2[Ω]의 외부 저항을 연결하였을 때 2[Ω]에 흐르는 전류는? (단, 원판 저항은 무시한다.)

㉮ $\pi \times 10^5$[A]　㉯ $\frac{\pi}{2} \times 10^5$[A]　㉰ 10^5[A]　㉱ $2\pi \times 10^5$[A]

문제 16. 10[A]를 흘리고 있는 도체가 20[Wb/S]의 자속을 끊었을 때 이 기계의 전력[W]은?

㉮ 2　㉯ 200　㉰ 2,000　㉱ 4,000

문제 17. 50[A]의 전류가 흐르고 있는 도선에 0.2초 동안 0.03[Wb]의 자속을 끊었다. 이 때 일률은 얼마인가?

㉮ 3[W]　㉯ 20[W]　㉰ 7.5[W]　㉱ 5.5[W]

문제 18. 도전율 σ, 투자율 μ인 도체에 교류 전류가 흐를 때의 표피 효과에 의한 첨투 깊이 δ는 σ와 μ 그리고 주파수 f에 어떤 관계가 있는가?

㉮ 주파수 f와 무관하다.　㉯ σ가 클수록 작다.
㉰ σ와 μ에 비례한다.　㉱ μ가 클수록 크다.

문제 19. 고유저항 ρ=2×10^{-5}[H/m]인 동선에 50[Hz]의 주파수를 갖는 전류가 흐를 때 표피 두께는 몇 [mm]인가?

㉮ 5.13　㉯ 7.15　㉰ 10.07　㉱ 12.3

10

인덕턴스

10 인덕턴스

인덕턴스 → 자기인덕턴스(L)
→ 상호인덕턴스(M)

1 자기 인덕턴스(Self inductance)

[1] 쇄교자속(ψ)

$$\Phi = N\psi = LI\ [\mathrm{Wb}]$$

[2] 자기 인덕턴스

$$L = \frac{N\psi}{I}\ [\mathrm{H}]$$

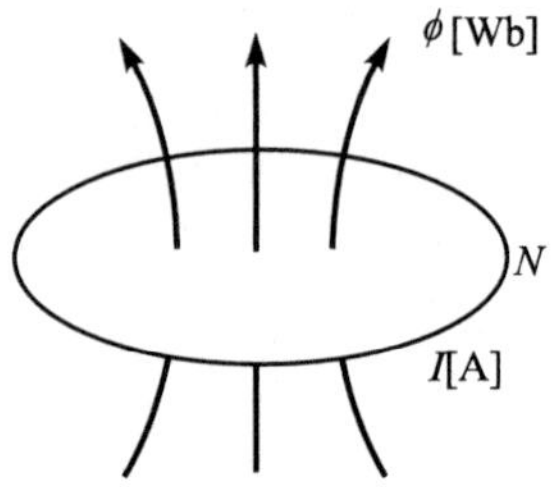

N: 코일의 turn 수
I: 코일에 흐르는 전류

<Fig 10-1>

[3] 기전력

$$e = -L\frac{di}{dt}\ [\mathrm{V}]$$

ex $1[\mathrm{H}] = \dfrac{1[\mathrm{Wb}]}{1[\mathrm{A}]}$

2 상호 인덕턴스(Mutual inductance)

[1] C_2에 쇄교 자속

$$N_2\psi_{21} = M_{21}I_1 \,[\mathrm{Wb}]$$

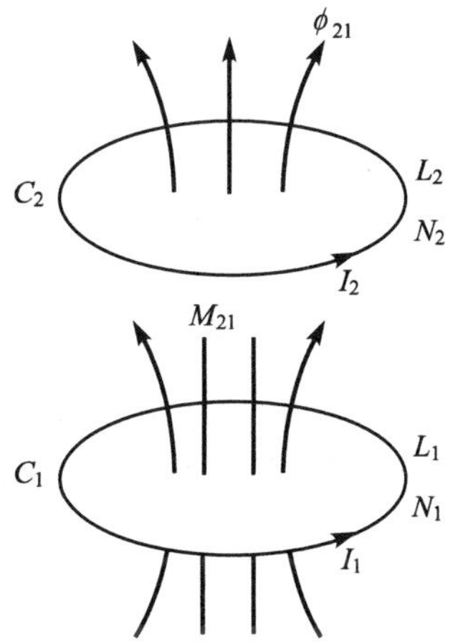

<Fig 10-2>

[2] 상호 인덕턴스

$$M_{21} = \frac{N_2\psi_{21}}{I_1} \,[\mathrm{H}]$$

[3] C_2의 기전력

$$e = -M_{21}\frac{di_1}{dt} \,[\mathrm{H}]$$

[4] C_1과 C_2의 인덕턴스가 $L_1\,[\mathrm{H}]$, $L_2\,[\mathrm{H}]$일 때 상호 인덕턴스

$$M = K\sqrt{L_1L_2} \,[\mathrm{H}]$$

K : 누설 자속에 따라 결정되는 상수, 즉 결합 계수라 한다.

누설자속	결합계수(K)
10%	0.9
20%	0.8
30%	0.7
0%	1(이상 결합)

3 노인만의 공식

$$A = \frac{\mu_0}{4\pi}\oint_{C_1}\frac{I_1}{r}dl_1$$

$$\begin{aligned}\psi &= \int_s B\cdot ds \\ &= \int_s rot\,A\cdot ds \\ &= \oint_{c_1} A\cdot dl\end{aligned}$$

$$\psi_{21} = \oint_{c_2} A \cdot dl_2$$
$$= \frac{\mu_0 I_1}{4\pi} \oint_{c_2} \oint_{c_1} \frac{1}{r} dl_1 \cdot dl_2$$

$$M_{21} = \frac{\psi_{21}}{I_1}$$
$$= \frac{\mu_0}{4\pi} \oint_{c_2} \oint_{c_1} \frac{1}{r} dl_1 \cdot dl_2$$
$$= \frac{\mu_0}{4\pi} \oint_{c_2} \oint_{c_1} \frac{1}{r} dl_1 dl_2 \cos\theta \, [\mathrm{H}]$$

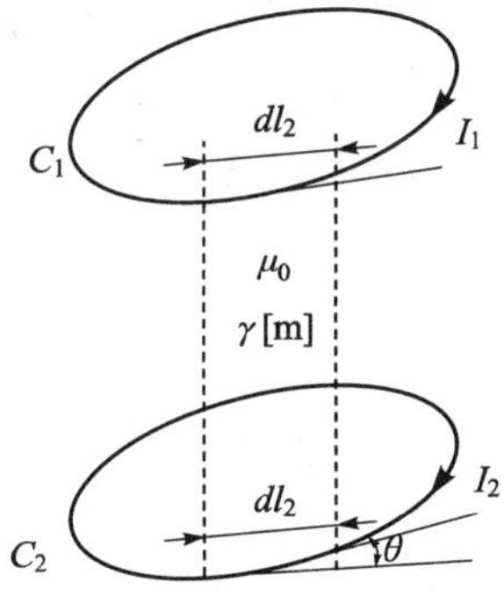

<Fig 10-3>

4 인덕턴스의 접속

[1] 자속이 같은 방향(가동 접속)

$$L = L_1 + L_2 + 2M[\mathrm{H}]$$

[2] 자속이 반대 방향(차동 접속)

$$L = L_1 + L_2 - 2M[\mathrm{H}]$$

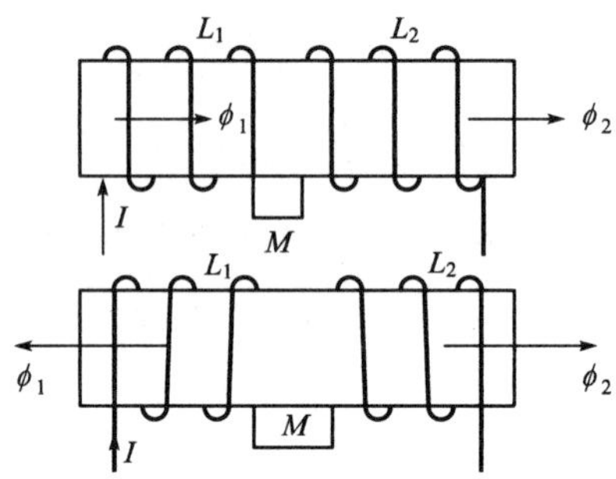

<Fig 10-4>

5 인덕턴스 계산 예

[1] 환상 솔레노이드

$$\psi = \frac{F}{R} = \frac{NI}{R}$$

$$L = \frac{N\psi}{I} = \frac{\mu S N^2}{l} \, [\mathrm{H}]$$

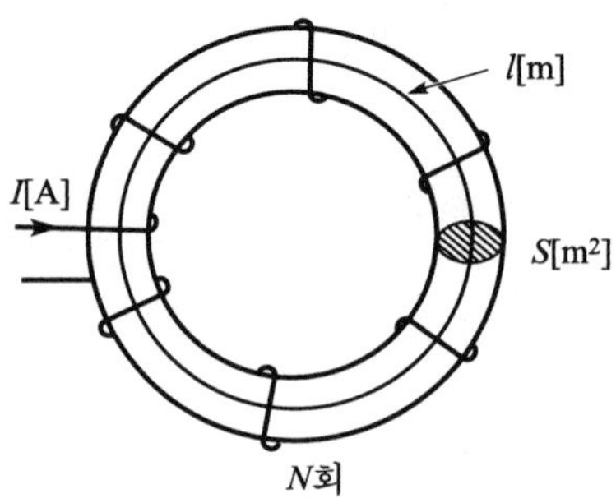

<Fig 10-5>

[2] 무한장 솔레노이드

① 내부 자속 $\psi = \mu n I \pi a^2 [Wb]$

② 단위 길이당 자속 $\psi = \mu n^2 I \pi a^2 [Wb]$

③ 단위 길이당 인덕턴스 $L_i = \mu \pi a^2 n^2 [H/m]$

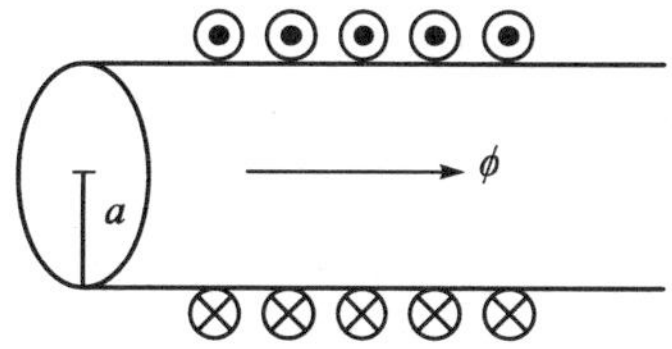

<Fig 10-6>

[3] 평행 왕복노선

① 자속 $\psi = \frac{\mu I l}{\pi} ln \frac{d-a}{a} [Wb]$

② 인덕턴스 $L = \frac{\mu l}{\pi} ln \frac{d}{a} [H] (d \gg a)$

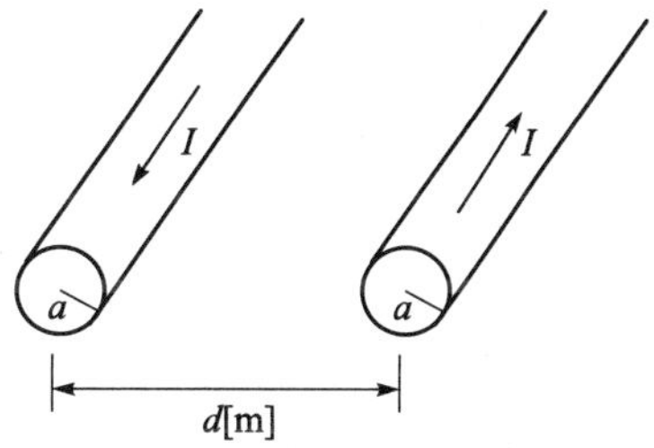

<Fig 10-7>

[4] 동축 케이블

① 자속 $\psi = \frac{\mu I}{2\pi} ln \frac{b}{a} [Wb]$

② 단위 길이당 인덕턴스 $L_i = \frac{\mu}{2\pi} ln \frac{b}{a} [H/m]$

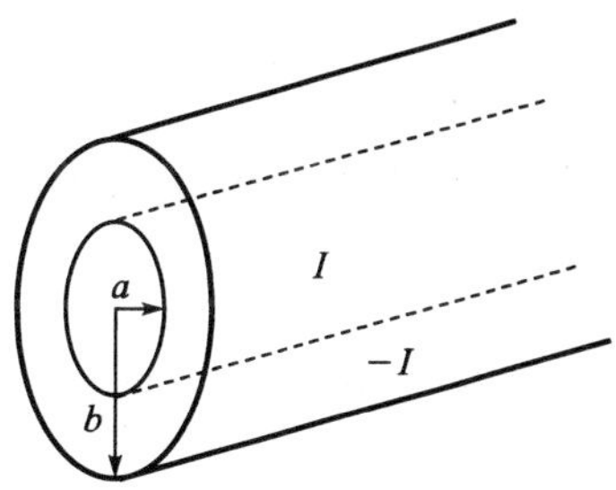

<Fig 10-8>

6 벡터 퍼텐셜(Vector Potential)

[1] 벡터 퍼텐셜

자속 밀도 B와 다음 관계가 있는 벡터 A를 말한다.

$B = rot\,A$

여기서 $\mathrm{rot}H = i$ 에서 위의 관계를 이용하면

$$i = \mathrm{rot}H = \mathrm{rot}\left(\frac{B}{\mu}\right) = \mathrm{rot}\left(\frac{1}{\mu} rot\ A\right)$$

$$= \frac{1}{\mu} rot \cdot rot\ A = -\frac{1}{\mu}\nabla^2 A$$

$$\therefore \nabla^2 A = -\mu i$$

[2] 벡터 퍼텐셜의 해

$$A = \frac{\mu}{4\pi}\oint_c \frac{I}{r} dl$$

7 전류에 의한 자계 에너지와 작용하는 힘

[1] 에너지 $W = \frac{1}{2} L I^2 [\mathrm{J}]$

[2] 힘 $F = -\frac{\partial W}{\partial \chi} [\mathrm{N}]$

연 | 습 | 문 | 제

문제1. 다음 중 자기 인덕턴스의 성질을 옳게 표현한 것은?

㉮ 항상 부이다.
㉯ 항상 정이다.
㉰ 항상 0이다.
㉱ 유도되는 기전력에 따라 정도 되고 부도 된다.

문제2. 다음 중 [ohm·sec]와 같은 단위는?

㉮ [farad] ㉯ [farad/m] ㉰ [henry] ㉱ [henry/m]

문제3. 다음 중 인덕턴스의 단위가 아닌 것은? (단, [Wb]:자속의 단위, [A]:전류의 단위, [V]:전압의 단위, [J]:에너지의 단위, [s]:시간의 단위)

㉮ $\left[\frac{Wb}{A}\right]$ ㉯ $\left[\frac{V}{A}\cdot s\right]$ ㉰ $\left[\frac{J}{A}\cdot\frac{I}{s}\right]$ ㉱ $\left[\frac{J}{A^2}\right]$

문제4. 상호 인덕턴스 200[μH]인 회로의 1차 코일에 3[A]의 전류가 3[s] 동안에 15[A]로 변화했다. 2차 코일에 유기되는 기전력은 몇 [V]가 되는가?

㉮ 2×10^{-4} ㉯ 4×10^{-4} ㉰ 6×10^{-4} ㉱ 8×10^{-4}

문제5. 코일의 권수를 2배로 하면 인덕턴스의 값은 몇 배가 되는가?

㉮ $\frac{1}{2}$배 ㉯ $\frac{1}{4}$배 ㉰ 2배 ㉱ 4배

문제6. 권수 200회, 자기 인덕턴스 20[mH]의 코일에 2[A]의 전류를 흘리면, 쇄교 자속수 [Wb]는?

㉮ 0.04 ㉯ 0.01 ㉰ 4×10^{-4} ㉱ 2×10^{-4}

문제7. 자기 인덕턴스가 각각 L_1, L_2인 A, B 두 개의 코일이 있다. 이 때, 상호 인덕턴스 M= $\sqrt{L_1L_2}$ 라면 다음 중 옳지 않은 것은?

㉮ A코일이 만든 자속은 전부 B 코일과 쇄교된다.
㉯ 두 코일이 만드는 자속은 항상 같은 방향이다.
㉰ A코일에 1초동안에 1[A]의 전류 변화를 주면 B 코일에는 1[V]가 유기된다.
㉱ L_1, L_2는(−) 값을 가질 수 없다.

문제8. 자기 인덕턴스 L_1, L_2와 상호 인덕턴스 M과의 결합 계수는 어떻게 표시되는가?

㉮ $\sqrt{L_1 L_2}/M$　　㉯ $M/\sqrt{L_1 L_2}$　　㉰ $M/L_1 L_2$　　㉱ $L_1 L_2/M$

문제9. 그림과 같이 코일 1과 2가 있고 인덕턴스가 L_1, L_2라 할 때, 상호 인덕턴스 M_{12}는 다음 어느 식이 되는가? (단, k는 결합 계수이다.)

㉮ $M_{12}^2 = kL_1L_2$　　㉯ $M_{12}^2 = k^2L_1L_2$　　㉰ $M_{12}^2 = \dfrac{L_1L_2}{k}$　　㉱ $M_{12}^2 = k\dfrac{L_1}{L_2}$

문제10. 두 자기 인덕턴스를 직렬로 하여 합성 인덕턴스를 측정하였더니 75[mH]가 되었다. 이 때 한 쪽 인덕턴스를 반대로 접속하여 측정하니 25[mH]가 되었다면 두 코일의 상호 인덕턴스 [mH]는 얼마인가?

㉮ 12.5　　㉯ 20.5　　㉰ 25　　㉱ 30

문제11. 철심이 들어 있는 환상 코일이 있다. 1차 코일의 권수 N_1=100회이고 자기 인덕턴스 L_1 =0.01[H]였다. 이 철심에 2차 코일 N_2=200회를 감았을 때 1,2차 코일의 상호 인덕턴스는 몇 [H]인가?

㉮ 0.01　　㉯ 0.02　　㉰ 0.03　　㉱ 0.04

문제12. 원형 단면의 비자성 재료에 권수 N_1=1,000의 코일이 균일하게 감긴 환상 솔레노이드의 자기 인덕턴스가 L_1=1[mH]이다. 그 위에 권수 N_2=1,200의 코일이 감겨져 있다면, 이 때의 상호 인덕턴스[mH]는 얼마인가? (단, 결합 계수 $k \fallingdotseq 1$이다.)

㉮ 1.2　　㉯ 1.44　　㉰ 1.62　　㉱ 1.82

문제13. 자기 인덕턴스가 L_1, L_2인 두 개의 코일이 상호 인덕턴스 M으로 그림과 같이 접속되어 있고 여기에 1[A]의 전류가 흐를 때 합성 인덕턴스[H]를 구하는 식은?

㉮ $L_1 + L_2 + 2M$ ㉯ $(L_1 + L_2)M$ ㉰ $L_1 + L_2 \pm M$ ㉱ $(L_1 + L_2)\ M$

문제14. 그림과 같이 단면적이 균일한 환상 철심에 권수 N_1인 A코일과 권수N_2인 B코일이 있을 때, A코일의 자기 인덕턴스가L_1[H]라면, 두 코일의 상호 인덕턴스 M[H]은? (단, 누설 자속은 0이다.)

㉮ $\frac{L_1 N_1}{N_2}$ ㉯ $\frac{N_2}{L_1 N_1}$ ㉰ $\frac{N_1}{L_1 N_1}$ ㉱ $\frac{L_1 N_1}{N_1}$

문제15. 그림과 같이 단면적 S[m^2], 평균 자로 길이 l[m], 투자율 μ[H/m]인 철심에 N_1, N_2 권선을 감은 무단 솔레노이드가 있다. 누설 자속을 무시할 때 권선의 상호 인덕턴스는?

㉮ $\frac{\mu N_1 N_2 S}{l^2}$[H] ㉯ $\frac{\mu N_1 N_2 S}{l}$[H] ㉰ $\frac{\mu N_1 N_2^2 S}{l}$[H] ㉱ $\frac{\mu N_1 N_2 S^2}{l}$[H]

문제16. 단면적 S[m^2], 자로의 길이 l[m], 투자율 μ[H/m]인 환상 철심에 1[m]당 n회씩 균등하게 코일을 감았을 때의 자기 인덕턴스는 몇 [H]인가?

㉮ μnlS ㉯ $\frac{\mu n^2 l}{S}$ ㉰ $\mu n^2 lS$ ㉱ $\frac{\mu n^2 lS}{l}$

문제17. 그림과 같이 환상 철심에 일정한 권선이 감겨진 건수 N회, 단면적 S[m^2], 평균 자로 길이 l[m]인 환상 솔레노이드에 전류 I[A]를 흘렸을 때 이 환상 솔레노이드의 자기 인덕턴스를 옳게 표현한 식은?

㉮ $\frac{\mu^2 SN}{l}$ ㉯ $\frac{\mu S^2 N}{l}$ ㉰ $\frac{\mu SN}{l}$ ㉱ $\frac{\mu SN^2}{l}$

문제18. 권수 500, 단면적 100[cm^2]의 공심 코일 내 전류 1[A]를 흘릴 때 자계가 1.28[AT/m](극당)이었다. 자기 인덕턴스는 얼마인가?

㉮ 8.04×10^{-6}[H] ㉯ 1.60×10^{-8}[H] ㉰ 6.28×10^{-8}[H] ㉱ 0.64×10^{-8}[H]

문제19. 원형 단면을 가진 비자성 재료에 균일하게 감겨진 권수 N_1=1,000회인 환상 솔레노이드의 자기 인덕턴스가 L_1=2[mH]이다. 그 위에 N_2=1,200회의 코일을 감으면 상호 인덕턴스 [mH]는? (단, 누설 자속은 없는 것으로 본다.)

㉮ 2.0 ㉯ 2.4 ㉰ 3.6 ㉱ 4.5

문제20. 길이 10[cm], 반지름 1[cm]인 원형 단면을 갖는 공심 솔레노이드의 자기 인덕턴스를 1[mH]로 하기 위한 솔레노이드의 권선수는 약 얼마인가? (단, $\mu_s \fallingdotseq 1$)이다.)

㉮ 250회 ㉯ 500회 ㉰ 750회 ㉱ 900회

문제21. 권수 3,000회인 고심 코일의 자기 인덕턴스는 0.06[mH]이다. 지금 자기 인덕턴스를 0.135[mH]로 하자면 권수는 몇 회로 하면 되는가?

㉮ 3,500회 ㉯ 4,500회 ㉰ 5,500회 ㉱ 6,750회

문제22. 단면적 S[m^2], 단위 길이에 대한 권수가 n_0[회/m]인 무한히 긴 솔레노이드의 단위 길이당의 자기 인덕턴스[H/m]를 구하면?

㉮ $\mu S n_0$ ㉯ $\mu S n_0^2$ ㉰ $\mu S^2 n_0^2$ ㉱ $\mu S^2 n_0$

문제23. 그림과 같은 1[m]당 권선수 n, 반지름 a[m]의 무한장 솔레노이드의 자기 인덕턴스 [H/m]는 n과 a사이에 어떠한 관계가 있는가?

㉮ a와 상관없고 n^2에 비례한다. ㉯ a와 n의 곱에 비례한다.

㉰ a^2과 n^2의 곱에 비례한다. ㉱ a^2에 반비례하고 n^2에 비례한다.

문제24. 지상 h[m]의 높이에 가설된 반지름 a[m]인 전서에 교류를 흘렸을 경우 단위 길이당 인덕턴스[H/m]는? (단, 전선의 비투자율은 μ_s이다.)

㉮ $L=\frac{\mu_0}{\pi}(\log\frac{h}{a}+\frac{\mu_s}{2})$ ㉯ $L=\frac{\mu_0}{4\pi}(\log\frac{h}{2a}+\mu_s)$

㉰ $L=\frac{\mu_0}{2\pi}(\log\frac{2h}{a}+\frac{\mu_s}{4})$ ㉱ $L=\frac{\mu_0}{3\pi}(\log\frac{h}{3a}+\frac{\mu_s}{3})$

문제25. 코일의 자기 인덕턴스는 다음 어떤 매질 상수에 따라 변하는가?

㉮ 도전율 ㉯ 투자율 ㉰ 유전율 ㉱ 절연 저항

문제26. 반지름 a[m], 선간거리 d[m]의 평행 왕복 도선간의 자기 인덕턴스는 다음 중 어떤 값에 비례하는가?

㉮ $\frac{\pi\mu_0}{\ln\frac{d}{a}}$ ㉯ $\frac{\pi\mu_0}{\ln\frac{a}{d}}$ ㉰ $\frac{\mu_0}{2\pi}ln\frac{a}{d}$ ㉱ $\frac{\mu_0}{\pi}ln\frac{d}{a}$

문제27. 동축케이블의 단위 길이당 자기 인덕턴스는? (단, 동축선 자체의 내부 인덕턴스는 무시하는 것으로 한다.)

㉮ 두 원통의 반지름의 비에 정비례한다. ㉯ 동축선의 투자율에 비례한다.

㉰ 유전체의 투자율에 비례한다. ㉱ 전류의 세기에 비례한다.

문제28. 인덕턴스 L[H]인 코일에 I[A]의 전류가 흐른다면, 이 코일에 축적되는 에너지[J]는?

㉮ LI^2 ㉯ $2LI^2$ ㉰ $\frac{1}{2}LI^2$ ㉱ $\frac{1}{4}LI^2$

문제29. 다음은 전계와 자계 내의 에너지에 관한 설명이다. 옳지 않은 것은?

㉮ 전계 내의 단위 체적당 축적되는 에너지는 $\frac{1}{2}\epsilon_0 E^2$이다.

㉯ 자계 내의 단위 체적당 축적되는 에너지는 $\frac{1}{2}\frac{B^2}{\mu_0}$이다.

㉰ 자기 인덕턴스 L인 코일에 전류 I[A]가 흐를 때 축적되는 에너지는 $\frac{1}{2}L^2 I$이다.

㉱ 2개의 도체의 전위 및 전하가 각각 V_1, Q_1및 V_2, Q_2일 때 이 도체계의 에너지는 $\frac{1}{2}(Q_1 V_1 + Q_2 V_2)$이다.

문제30. 자기 인덕턴스 1[H]의 코일에 10[A]의 전류를 흘릴 때 저장되는 에너지 [J]는 얼마인가?

㉮ 10　　㉯ 50　　㉰ 100　　㉱ 150

문제31. 그림에서 l=100[cm], S=10[cm^2], μ_s=100, N=1,000회인 회로에 전류 I=10[A]를 흘렸을 때 축적되는 에너지 [J]는?

㉮ $2\pi\times10^{-1}$　　㉯ $2\pi\times10^{-2}$　　㉰ $2\pi\times10^{-3}$　　㉱ 2π

문제32. 반지름 r의 직선상 도체에 전류 I가 고르게 흐를 때 도체 내의 전자 에너지와 관계없는 것은?

㉮ 투자율　　㉯ 도체의 단면적　　㉰ 도체의 길이　　㉱ 전류의 크기

문제33. 무한히 긴 원주 도체의 내부 인덕턴스의 크기는 어떻게 결정되는가?

㉮ 도체의 인덕턴스는 0으로 결정된다.

㉯ 도체의 기하학적 모양에 따라 결정된다.

㉰ 주위의 자계의 세기에 따라 결정된다.

㉱ 도체의 재질에 따라 결정된다.

11

전자계

11 전자계

1 변위 전류

[1] 전도 전류

i_1과 같이 도전체 (R)를 통하여 흐르는 전류 (i_c로 표기)

$i_c = kE[\mathrm{A/m^2}]$

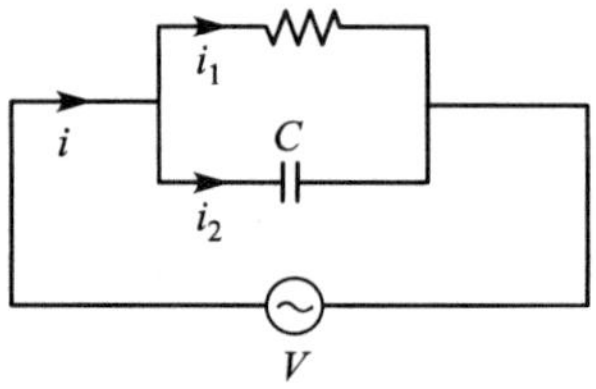

<Fig 11-1>

[2] 변위 전류

i_2와 같이 유전체 (C)를 통하여 흐르는 전류(i_D로 표기)

$$i_D = \frac{\partial D}{\partial t} = \epsilon \frac{\partial E}{\partial t}[\mathrm{A/m^2}]$$

따라서, 그림과 같은 회로에서 전류 i는

$$i = i_C + i_D = kE + \epsilon \frac{\partial E}{\partial t}[\mathrm{A/m^2}]$$

2 유전체 손실각과 임계주파수

[1] 유전체 손실각

$$\tan\delta = \frac{|i_C|}{|i_D|} = \frac{k}{\omega\epsilon} = \frac{k}{2\pi f\epsilon} = \frac{f_c}{f}$$

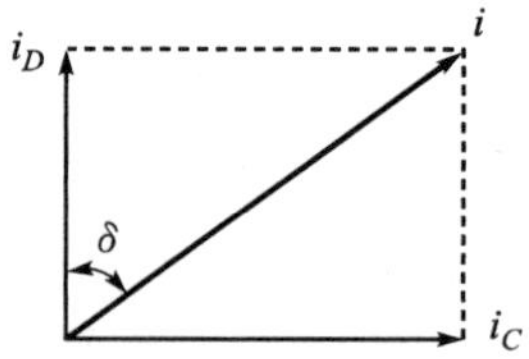

<Fig 11-2>

[2] 임계주파수

$|i_C| = |i_D|$일 때 주파수를 말한다.

$$f_c = \frac{k}{2\pi\epsilon}\ [\mathrm{Hz}]$$

3 Maxwell의 방정식

[1] 제1전자 방정식

① $rot\,E = -\dfrac{\partial B}{\partial t}$ (Faraday의 전자유도 법칙의 미분형)

자속이 시간적으로 변화할 때 자속의 증감을 방해하는 방향으로 회전하는 기전력이 발생한다.

② $rot\,H = kE + \epsilon\dfrac{\partial E}{\partial t}$ (Ampere의 주회적분의 법칙 미분형)

전도전류와 변위전류는 회전자계를 발생한다.

[2] 제2전자 방정식

① $div\ D - \rho$(불연속)

고립된 진전하로부터 전기력선이 발산한다.

② $div\,B = 0$(연속적)

고립된 자극이 존재하지 않는다.

4 전자파동 방정식

[1] $\sigma = 0$(균질공간)

① 전파 $\nabla^2 E = \epsilon\mu\dfrac{\partial^2 E}{\partial t^2}$

② 자파 $\nabla^2 H = \epsilon\mu\dfrac{\partial^2 H}{\partial t^2}$

[2] 전파속도

$$v = \frac{1}{\sqrt{\epsilon\mu}}\,[\mathrm{m/s}]$$

5 Poynting 벡터

전자파는 E와 H에 서로 수직인 상태에서 E와 H에 수직한 방향으로 전파된다. 즉
$P = E \times H$

따라서, 방사전력 P는
$P = EH\ [\mathrm{W/m^2}]$

6 평면 전자파

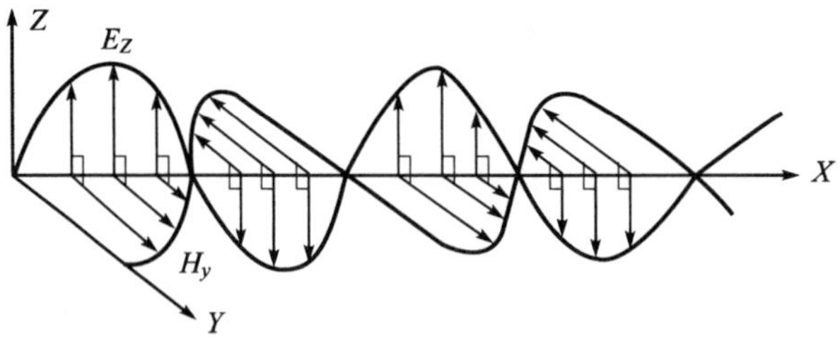

<Fig 11-3>

그림에서 전파와 자파는 서로 가역적이며 평면파의 진행방향은 χ축 방향이다.

즉, $H_y \rightleftarrows H_z$

7 고유 임피던스와 파장

[1] 고유 임피던스 $Z = \dfrac{E}{H} = \sqrt{\dfrac{\mu}{\epsilon}} = \sqrt{\dfrac{\mu_0}{\epsilon_0}}\sqrt{\dfrac{\mu_s}{\epsilon_s}} = 377\sqrt{\dfrac{\mu_s}{\epsilon_s}}\ [\Omega]$

[2] 파장 $\lambda = \dfrac{v}{f} = \dfrac{1}{f\sqrt{\epsilon\mu}}\ [\mathrm{m}]$

8 전자파의 반사와 투과

입사파를 $E_1, H_1,$ 투과파를 $E_2, H_2,$ 반사파를 E_3, H_3 라 하면

$$Z_1 = \frac{E_1}{H_1} = \sqrt{\frac{\mu_1}{\epsilon_1}}$$

$$Z_2 = \frac{E_2}{H_2} = \sqrt{\frac{\mu_2}{\epsilon_2}}$$

$$Z_3 = \frac{E_3}{H_3} = \sqrt{\frac{\mu_3}{\epsilon_3}}\ (= Z_1)$$

[1] 투과계수 $T = \dfrac{E_2}{E_1} = \dfrac{2Z_2}{Z_1 + Z_2}$

[2] 반사계수 $T' = \dfrac{E_3}{E_1} = \dfrac{Z_2 - Z_1}{Z_1 + Z_2}$

9 전송선로

$$\tau = \sqrt{(R + j\omega L)(G + j\omega C)} = a + j\beta$$

여기서, a : 감쇄정수, β : 위상정수

[1] 선로의 특성 임피던스

$$Z_0 = \sqrt{\frac{L}{C}} = \sqrt{\frac{\mu}{\epsilon}}\ [\Omega]$$

① 동축 케이블의 특성 임피던스

$$Z_0 = \sqrt{\frac{L}{C}} = \frac{1}{2\pi}\sqrt{\frac{\mu}{\epsilon}}\ln\frac{\mathrm{b}}{\mathrm{a}} = 138\sqrt{\frac{\mu_s}{\epsilon_s}}\log_{10}\frac{\mathrm{b}}{\mathrm{a}}[\Omega]$$

② 평행 왕복선로의 특성 임피던스

$$Z_0 = \sqrt{\frac{L}{C}} = \frac{1}{\pi}\sqrt{\frac{\mu}{\epsilon}}\ln\frac{\mathrm{d}}{\mathrm{a}} = 276\sqrt{\frac{\mu_s}{\epsilon_s}}\log_{10}\frac{\mathrm{d}}{\mathrm{a}}[\Omega]$$

연 | 습 | 문 | 제

문제1. 맥스웰은 전극 간의 유전체를 통하여 흐르는 전류를 (①) 전류라 하고 이것도 (②)를 발생한다고 가정하였다. ( )안에 알맞은 것은?

㉮ ① 전도 ② 자계　　㉯ ① 변위 ② 자계
㉰ ① 전도 ② 전계　　㉱ ① 변위 ② 전계

문제2. 자유 공간에 있어서 변위 전류가 만드는 것은?

㉮ 전계　　㉯ 전속　　㉰ 자계　　㉱ 자속

문제3. 간격 d[m]인 2개의 평행판 전극 사이에 유전율 ϵ의 유전체가 있다. 전극 사이에 전압 $V_m \cos wt$[V]를 가했을 때 변위 전류 밀도 [A/m²]는?

㉮ $\frac{\epsilon}{d} V_m \cos wt$　　㉯ $-\frac{\epsilon}{d}\omega V_m \sin wt$

㉰ $\frac{\epsilon}{d}\omega V_m \cos wt$　　㉱ $\frac{\epsilon}{d} V_m \cdot \sin wt$

문제4. 간격 d[m]인 두 개의 평행판 전극 사이에 유전율 ϵ의 유전체가 있을 때 전극 사이에 전압 $v = V_m \sin wt$를 가하면 변위 전류 밀도 [A/m²]는?

㉮ $\frac{\epsilon}{d} V_m \cos wt$　　㉯ $\frac{\epsilon}{d}\omega V_m \cos wt$

㉰ $\frac{\epsilon}{d}\omega V_m \sin wt$　　㉱ $-\frac{\epsilon}{d} V_m \cos wt$

문제5. 전극 간격 d[m], 면적 S[m^2], 유전율 ϵ[F/m]이고 정전용량이 C[F]인 평행판 콘덴서에 e= $E_m \sin wt$[V]의 전압을 가할 때 변위 전류는?

㉮ $wCE_m \cos wt$　　　㉯ $\frac{1}{wC}E_m \cos wt$

㉰ $wCE_m \sin wt$　　　㉱ $\frac{1}{wC}E_m \sin wt$

문제6. 유전체에서 임의의 주파수 f에서의 손실각은 $\tan\theta$라 할 때 전도 전류 i_c와 변위 전류 i_d의 크기가 같아지는 주파수를 f_c라 하면 $\tan\theta$ 는?

㉮ f_c/f　　　㉯ $f_c/\sqrt{f}$　　　㉰ $\sqrt{f_c}/f$　　　㉱ $2f_c/f$

문제7. 다음 중 전자계에 대한 맥스웰의 기본 이론이 아닌 것은?

㉮ 자계의 시간적 변화에 따라 전계의 회전이 생긴다.
㉯ 전도 전류와 변위 전류는 자계를 발생시킨다.
㉰ 고립된 자극이 존재한다.
㉱ 전하에서 전속선이 발산된다.

문제8. 다음 방정식에서 전자계의 기초 방정식이 아닌 것은?

㉮ $divB = i + \frac{\partial D}{\partial t}$　　　㉯ $rotH = i + \frac{\partial D}{\partial t}$

㉰ $rotE = i - \frac{\partial B}{\partial t}$　　　㉱ $rotE = -\mu\frac{\partial H}{\partial t}$

문제9. 맥스웰의 전자 방정식(Maxwels equations) 중 패러데이(Faraday) 법칙에 의하여 유도된 방정식은?

㉮ $\nabla \times E = -\frac{\partial B}{\partial t}$　　　㉯ $\nabla \times H = i_c + \frac{\partial D}{\partial t}$

㉰ $divB = \rho$　　　㉱ $divB = 0$

문제10. 다음 중 수평전파에 대한 옳은 설명은?

㉮ 대지에 대해서 전계가 수직면에 있는 전자파
㉯ 대지에 대해서 전계가 수평면에 있는 전자파
㉰ 대지에 대해서 자계가 수직면에 있는 전자파
㉱ 대지에 대해서 자계가 수평면에 있는 전자파

문제11. 전자파의 진행 방향은?

㉮ 전계 E의 방향과 같다.
㉯ 자계 H의 방향과 같다.
㉰ $E\times H$의 방향과 같다.
㉱ $H\times E$의 방향과 같다.

문제12. 전계와 자계가 서로 직각 방향을 갖는 평면 전자파가 있다. 이 때, 공간의 전계 에너지 밀도 W_e와 자계 에너지 밀도 W_m사이에는 어떤 관계가 있는가? (단, η는 고유 임피던스이다.)

㉮ $W_e=\eta W_m$
㉯ $W_e=\frac{2W_m}{\eta}$
㉰ $W_e=\frac{W_m}{\eta}$
㉱ $W_e=W_m$

문제13. 유전율 ϵ, 투자율 μ의 공간을 전파하는 전자파의 속도 v는?

㉮ $v=\sqrt{\epsilon\mu}$
㉯ $v=\sqrt{\frac{\epsilon}{\mu}}$
㉰ $v=\sqrt{\frac{\mu}{\epsilon}}$
㉱ $v=\frac{1}{\sqrt{\epsilon\mu}}$

문제14. 다음중 $\frac{1}{\sqrt{\mu\epsilon}}$의 단위는?

㉮ [m/sec]
㉯ [C/H]
㉰ [Ω]
㉱ [℧]

문제15. 진공 중에서 전자파의 질행 속도 [m/s]는?

㉮ 3×10^{7}
㉯ 3×10^{8}
㉰ 3×10^{9}
㉱ 3×10^{10}

문제 16. 물(비유전율 80, 비투자율 1)속에서 전자파의 전파 속도 [m/s]는?

㉮ 3×10^{10}　　㉯ 3×10^{8}　　㉰ 3.35×10^{10}　　㉱ 3.35×10^{7}

문제 17. 안테나에서 파장 40[cm]의 평면파가 자유 공간에 방사될 때 발신 주파수는?

㉮ 650[kHz]　　㉯ 650[MHz]　　㉰ 750[MHz]　　㉱ 7.5[MHz]

문제 18. 주파수 6[MHz]인 전자파의 파장[m]은?

㉮ 2　　㉯ 10　　㉰ 50　　㉱ 300

문제 19. 어떤 TV 방송의 선사파의 주파수를 190[MHz]의 평면파로 보고 $\mu_s=1$, $\epsilon_s=64$인 물 속에서의 전파 속도 [m/s]와 파장[m]을 구하면?

㉮ $v=0.375 \times 10^{8}$, $\lambda=0.19$　　㉯ $v=2.33 \times 10^{8}$, $\lambda=0.21$
㉰ $v=0.87 \times 10^{8}$, $\lambda=0.17$　　㉱ $v=0.425 \times 10^{8}$, $\lambda=1.2$

문제 20. 유전율 $\epsilon=8.855 \times 10^{-12}$[F/m]인 진공 중을 전자파가 전파할 때 진공 중의 투자율은?

㉮ 12.5×10^{-7}[H/m]　　㉯ 15.2×10^{-9}[H/emu]
㉰ 9.5×10^{-7}[Wb^2/N]　　㉱ 10.5×10^{-7}[Wb^2/N·m]

문제 21. 자유 공간의 특성 임피던스는? (단, ϵ_0는 유전율, μ_0는 투자율이다.)

㉮ $\frac{1}{\sqrt{\epsilon\mu}}$　　㉯ $\sqrt{\frac{\epsilon}{\mu}}$　　㉰ $\sqrt{\frac{\mu}{\epsilon}}$　　㉱ $\sqrt{\epsilon\mu}$

문제 22. $\epsilon_r=81$, $\mu_r=1$인 매질의 전자파의 고유 임피던스(intrinsic impedance)는 얼마인가?

㉮ 41.9[Ω]　　㉯ 33.9[Ω]　　㉰ 21.9[Ω]　　㉱ 13.9[Ω]

문제23. 평면파 전자파의 전계 E와 자계 H사이의 관계식은?

㉮ $E=\sqrt{\frac{\epsilon}{\mu}}\,H$ ㉯ $E=\sqrt{\mu\epsilon}\,H$

㉰ $E=\sqrt{\frac{\mu}{\epsilon}}\,H$ ㉱ $E=\sqrt{\frac{1}{\mu\epsilon}}\,H$

문제24. 다음에서 무손실 전송 회로의 특성 임피던스를 나타낸 것은?

㉮ $Z_0=\sqrt{\frac{C}{L}}$ ㉯ $Z_0=\sqrt{\frac{L}{C}}$ ㉰ $Z_0=\sqrt{\frac{1}{LC}}$ ㉱ $Z_0=\sqrt{LC}$

문제25. 임의의 단면을 가진 2개의 원주상의 무한히 긴 평행 도체가 있다. 지금 도체의 도전율을 무한대라고 하면 C, L, ϵ및 μ사이의 관계는? (단, C는 두 도체간의 단위 길이당 정전용량, L은 두 도체를 한 개의 왕복회로로 한 경우 단위 길이당 자기 인덕턴스, ϵ은 두 도체 사이에 있는 매질이 유전율, μ는 두 도체 사이에 잇는 매질의 투자율이다.)

㉮ $C\epsilon=L\mu$ ㉯ $\frac{C}{\epsilon}=\frac{1}{\mu}$ ㉰ $\frac{1}{LC}=\epsilon\mu$ ㉱ $LC=\epsilon\mu$

문제26. 동축 케이블에서의 특성 임피던스 Z는?

㉮ $138\sqrt{\frac{\mu_s}{\epsilon_s}log\frac{b}{a}}$ ㉯ $64\sqrt{\frac{\epsilon_s}{\mu_s}log\frac{b}{a}}$

㉰ $276\sqrt{\frac{\mu_s}{\epsilon_s}log\frac{b}{a}}$ ㉱ $202\sqrt{\frac{\epsilon_s}{\mu_s}log\frac{b}{a}}$

문제27. 높은 주파수의 전자파가 전파될 때 일기가 좋은 날보다 비오는 날 전자파의 감쇠가 심한 원인은?

㉮ 도전율 관계임 ㉯ 유전율 관계임

㉰ 투자율 관계임 ㉱ 분극률 관계임

문제28. 도체 내의 전자파의 속도 v, 감쇠 정수 α, 위상 정수 β, 각속도 ω일 때 전자파의 속도 v는?

㉮ $\frac{\beta}{\alpha}$ ㉯ $\frac{\omega}{\beta}$ ㉰ $\frac{\alpha}{\omega}$ ㉱ $\frac{\omega}{\alpha}$

문제29. 벡터 마그네틱 퍼텐셜(vector magnetic potential) A는 다음과 같은 식을 만족하여야 한다. 옳은 것은? (단, H:자계의 세기, B:자속 밀도이다.)

㉮ $\nabla \times A=0$ ㉯ $\nabla \times B=0$ ㉰ $H=\nabla \times A$ ㉱ $B=\nabla \times A$

문제30. 벡터 퍼텐셜 A의 각 성분이 다음과 같이 주어졌을 때 그 자속 밀도 B는?

$$A=-i3xyz+j2x^2$$

㉮ $B=i(4x+3xz)-j3xy$
㉯ $B=j3xy+i(4x+3xz)$
㉰ $B=-j3xy+k(4x+3xz)$
㉱ $B=-j3xy+3yz+k(4x+3xz)$

문제31. 진공 중에서 실효값이 E_e인 평면 전자파가 있다. 자계의 실효값 H_e[A/m]는 약 얼마인가?

㉮ $0.13\times10^{-2}E_e$ ㉯ $0.27\times10^{-2}E_e$ ㉰ $0.4\times10^{-2}E_e$ ㉱ $0.54\times10^{-2}E_e$

문제32. 자계 실효값이 a[mA/m]인 평면 전자파가 공기 중에서 이에 수직되는 수직 단면적 10[m²]를 통과하는 전력[W]은?

㉮ 3.77×10^{-3} ㉯ 3.77×10^{-4} ㉰ 3.77×10^{-5} ㉱ 3.77×10^{-6}

문제33. 수신 전계 강도가 15[V/m]인 경우에 실효 높이 2[m]의 도선에 유기되는 전압 [V]은?

㉮ 7.5 ㉯ 15 ㉰ 30 ㉱ 60

문제34. 파장 λ, 주기 T, 진폭 최대값 A_m인 진행파를 나타낸 식은? (단, z는 진행 방향의 거리를 나타내며, 시간 및 거리의 원점에서의 진폭은 0이다.)

㉮ $A_m \sin 2\pi (t - \frac{Tz}{\lambda})$　　㉯ $A_m \sin 2\pi (\frac{\lambda z}{T} - z)$

㉰ $A_m \sin 2\pi (\lambda t - Tz)$　　㉱ $A_m \sin 2\pi (\frac{t}{T} - \frac{z}{\lambda})$

문제35. 상이한 매질의 경계면에서 전자파가 만족해야 할 조건이 아닌 것은?

㉮ 경계면의 양측에서 전계의 세기의 접선성분은 서로 같다.
㉯ 경계면의 양측에서 자계의 접선성분은 서로 같다.
㉰ 경계면의 양측에서 자속밀도의 접선성분은 서로 같다.
㉱ 이상 도체 표면에서는 자계 세기의 접선 성분은 표면 전류 밀도와 같다.

부록

부록 A 연습문제 정답 및 해설

01 Vector의 해석

문제1. 답 ㉮

세 힘 F_1, F_2, F_3 의 평형조건은

$F_1+F_2+F_3=0$

$\therefore\ \ F_3=-(F_1+F_2)=-3i-7j+7k$

문제2. 답 ㉰

$l=(5-1)i+(3-(-2))j+(-4-3)k$

$=4i+5j-7k$

$F=5i+6j-7k$

$W=F\cdot l=20+30+49=99\ [\mathrm{J}]$

문제3. 답 ㉮

$i\cdot i=|i||i|\cos 0°=1$

$i\times i=|i||i|\sin 0°=0$

$i\cdot j=|i||j|\cos 90°=0$

$A\cdot B=AB\cos\theta°$(스칼라 곱)

$A\times B=AB\sin\theta°$(벡터곱)

문제4. 답 ㉯

사이각과 직교조건은 내적공식을 이용하는 것이 편리하다.

$$\cos\theta=\frac{A\cdot B}{|A||B|}$$

$$=\frac{(-7)(-3)+(-1)(-4)}{\sqrt{(-7)^2+(-1)^2}\times\sqrt{(-3)^2+(-4)^2}}$$

$$=\frac{1}{2}$$

$$\therefore\ \ \cos^{-1}\frac{1}{\sqrt{2}}=45°$$

문제5. 답 ㉯

두 Vector의 직교 조건 $A\cdot B=0$에서

$1\times1+(-1)\times0+3\times a=0$

$\therefore\ \ a=-\dfrac{1}{3}$

문제6. 답 ㉰

문제7. 답 ㉱

$k\times A=k\times(2i-5j+3k)$

$=2(k\times i)-5(k\times j)+3(k\times k)$

$=2j+5i$

문제8. 답 ㉰

두 Vector의 면적

$$|A\times B|=\begin{vmatrix} i & j & k\\ 10 & -10 & 5\\ 4 & -2 & 5\end{vmatrix}$$

$$=|-40i-30j+20k|$$

$$=10\sqrt{29}$$

문제9. 답 ㉯

$$\mathrm{grad}\,V=\left(i\frac{\partial}{\partial x}+j\frac{\partial}{\partial y}+k\frac{\partial}{\partial z}\right)V$$

$$=i\frac{\partial v}{\partial x}+j\frac{\partial v}{\partial y}+k\frac{\partial v}{\partial z}$$

문제10. 답 ㉮

가우스의 발산정리는 면적 적분을 체적 적분으로 변환하는 공식이다.

문제 11. **답** ㉰

문제 12. **답** ㉮

i) $\nabla \times \nabla = 0$ 이므로 $\nabla \times \nabla f = 0$이다.

ii) $\Delta \times \Delta f = \text{rot}(\text{grad}\, f)$

$$= \begin{vmatrix} i & j & k \\ \frac{\partial}{\partial x} & \frac{\partial}{\partial y} & \frac{\partial}{\partial z} \\ \frac{\partial f}{\partial x} & \frac{\partial f}{\partial y} & \frac{\partial f}{\partial z} \end{vmatrix}$$

$$= \begin{vmatrix} i & j & k \\ \frac{\partial}{\partial x} & \frac{\partial}{\partial y} & \frac{\partial}{\partial z} \\ 2x & 2y & 2z \end{vmatrix}$$

$$= 0$$

02 진공중의 정전계

문제 1. **답** ㉰

전계 중의 전하는 안정된 전하분포를 가지려 한다. 즉, 전계 에너지가 최소가 되는 상태를 정전계라 한다(톰슨(Thomson)의 정리).

문제 2. **답** ㉱

전기력선은 전하가 없는 곳에서 교차하지 않는다.

문제 3. **답** ㉰

임의의 점에서 전기력선의 밀도는 전계의 세기와 같다.

문제 4. **답** ㉯

전기력선은 정전하에서 시작하여 부전하에서 그친다.

문제 5. **답** ㉯

도체 내에 있는 공동면에는 전하가 존재하지 않는다.

문제 6. **답** ㉮

도체 내부에는 전하가 분포하지 않으므로 내부전계는 zero이다.

문제 7. **답** ㉯

전기력선은 양전하에서 나와서 음전하에서 끝난다. 따라서 3[μC]과 −7[μC]은 서로 무시할 수 없는 관계, 즉 3[μC]≫ −7[μC]가 성립하지 않으므로 −7[μC]에서 전기력선이 끝난다.

문제 8. **답** ㉮

각 점전하가 3쌍으로 맞서있고, 각 쌍의 중심 전계의 세기는 크기가 같고 방향이 정반대이므로 0이 되고, 합성 전계의 세기도 0이 된다.

문제 9. **답** ㉮

정,부동량이다.

문제10. 답 ㉰

쿨롱의 법칙은 두 전하 사이에 작용하는 힘의 크기는 두 전하의 크기의 곱에 비례하고, 두 전하 사이의 거리의 제곱에 반비례한다.

$$F=\frac{Q_1Q_2}{4\pi\epsilon_0 r^2}=9\times10^9\times\frac{Q_1Q_2}{r^2}\,[\mathrm{N}]$$

문제11. 답 ㉰

B구에 작용하는 힘

$F_B=F_{BA}+F_{BC}$에서

$$F_B=F_{BA}+F_{BC}=\frac{Q_BQ_A}{4\pi\epsilon_0 r_A^2}-\frac{Q_BQ_C}{4\pi\epsilon_0 r_B^2}$$

$$=9\times10^9\times2\times10^{-6}\left(\frac{4\times10^{-6}}{2^2}-\frac{5\times10^{-6}}{3^3}\right)$$

$$=0.8\times10^{-2}\,[\mathrm{N}]$$

문제12. 답 ㉰

점A와B사이의 거리 $r=\sqrt{3^2+4^2}=5$이므로

$$F=9\times10^9\times10\frac{Q_1Q_2}{r^2}$$

$$=9\times10^9\times\frac{(5\times10^{-6})\times(-4\times10^{-6})}{5^2}$$

$$=-7.2\times10^{-3}\quad(\text{흡인력})$$

문제13. 답 ㉯

[esu] : 정전단위

1[esu] 전하의 크기 : 1[cm]의 거리에서 1[dyne]의 힘이 작용할 때의 전하의 크기 CGS 정전 단위계에서 쿨롱의 법칙은

$$F=1\times\frac{Q_1Q_2}{r^2}=\frac{1\times(-2)}{10^2}$$

$$=-2\times10^{-2}\,[\mathrm{dyne}]$$

$$=-2\times10^{-7}[\mathrm{N}]\quad(\text{흡인력})$$

문제14. 답 ㉮

$C=\dfrac{1}{\sqrt{\epsilon_0\mu_0}}$에서 $C^2=\dfrac{1}{\epsilon_0\mu_0}$이므로

$$\epsilon_0=\frac{10^7}{4\pi C^2}$$

문제15. 답 ㉯

중화현상에 의하여 $\dfrac{Q}{2}$[C]의 전하가 $\dfrac{R}{2}$인 작은 구로 이동한다.

문제16. 답 ㉯

문제17. 답 ㉯

두 도체구는 가는 도선으로 연결되어 크기가 같기 때문에 같은 전기량을 양분하여 가지게 된다. 따라서 연결 후의 도체의 전하는

$Q'=\dfrac{0.2+(-0.6)}{2}=-0.2\,[\mu\mathrm{C}]$이다.

따라서

$$F=\frac{Q'^2}{4\pi\epsilon_0 r^2}$$

$$=\frac{9\times10^9\times(-0.2\times10^{-6})^2}{(0.2)^2}$$

$$=9\times10^{-3}\,[\mathrm{N}]$$

문제18. 답 ㉮

전계의 세기 E는 단위 정전하에 작용하는 쿨롱의 힘이다.

문제19. 답 ㉱

$$E=9\times10^9\frac{Q}{r^2}=9\times10^9\frac{1\times10^{-6}}{3^2}$$

$$=10^3\,[\mathrm{V/m}]$$

문제20. 답 ㉱

그림에서 E_A와 E_B를 각각 구하면

$$E_A = 9\times10^9 \times \frac{3\times10^{-6}}{1^2}$$
$$= 27\times10^3 \text{ [V/m]}$$

$$E_B = 9\times10^9 \times \frac{-4\times10^{-6}}{1^2}$$
$$=-36\times10^3 \text{ [V/m]}$$

$$\therefore \quad E_P = \sqrt{E_Z^2 + E_B^2} = 4.5\times10^4 \text{ [V/m]}$$

문제21. 답 ㉮

중점 P에 작용하는 전계의 세기 E_P는

E_A와 E_B가 서로 반대 방향이므로

$$E_P = E_B \quad E_A$$
$$= 9\times10^9 \times \frac{1}{1^2}(2\times10^{-6} - 1\times10^{-6})$$
$$= 9\times10^3 \text{ [V/m]}$$

문제22. 답 ㉮

$+1$ [μC]이 존재하는 점과 점 P간의 거리는 $\sqrt{2^2+(-2)^2+4^2} = \sqrt{24}$ 이므로 전계 세기의 크기

$$E = 9\times10^9 \times \frac{1\times10^{-6}}{(\sqrt{24})^2}$$
$$= \frac{9}{24}\times10^3 \text{ [V/m]}$$

전계 방향의 단위 벡터

$$r_0 = \frac{r}{r} = \frac{1}{\sqrt{24}}(sa_x - 2a_y + 4a_z)$$
$$= 0.41a_x - 0.41a_y + 0.82a_z$$

문제23. 답 ㉱

문제24. 답 ㉯

뉴튼의 법칙을 적용하여

$$F = qE = m\alpha \text{ [N]}$$

$$\therefore \quad E = \frac{m}{q}\alpha = \frac{10^{-8}}{10^{-6}}\times(10^2 i + 10^3 j)$$
$$= i + 10j \text{ [V/m]}$$

문제25. 답 ㉮

임의의 점 P에서 전위는 무한 원점에서부터 단위 정전하를 점 P까지 운반하는데 요하는 전기적인 위치에너지는

$V_P = -\int_{\infty}^{P} Edl$ 이다.

따라서 점 B에서 점 A까지 점전하를 옮기는데 필요한 전기적인 위치에너지는

$V_A = -\int_{B}^{A} Edl$ 이다.

문제26. 답 ㉱

미소길이 dl에 의한 $z=h$인 점의 미소 전위

$dv = \dfrac{\rho_L dl}{4\pi\epsilon_0\sqrt{a^2+h^2}}$ 이다.

따라서

$$V = \int_0^{2\pi\alpha} \frac{\rho_L dl}{4\pi\epsilon_0\sqrt{a^2+h^2}} = \frac{\rho_L}{4\pi\epsilon_0\sqrt{a^2+h^2}}\int_0^{2\pi\alpha} dl$$

$$\frac{= \dfrac{\rho_L}{4\pi\epsilon_0}\cdot\dfrac{2\pi\alpha}{\sqrt{a^2+h^2}} = \rho_L\alpha}{2\epsilon_0\sqrt{a^2+h^2}} \text{ [V]}$$

문제27. 답 ㉯

단위[m]당50[V]이므로

$$V_{BA} = 50\times0.8 = 40 \text{ [V]}$$

$$\therefore \quad V_B = 80 - 40 = 40 \text{ [V]}$$

문제 28. 답 ㈐

$$15 = \frac{1}{4\pi\epsilon_0 \times 2} + k \cdots\cdots ①$$

$$30 = \frac{1}{4\pi\epsilon_0 \times 0.5} + k \cdots\cdots ②$$

$$V_C = \frac{1}{4\pi\epsilon_0 \times 1} + k \cdots\cdots ③$$

(단, k는 1[C]의 전하 외에 임의의 점하에 의한 전위 식 ①, ②에서 $k = 10$ [V] 식 ①에서

$$\frac{1}{4\pi\epsilon_0} = (15 - 10) \times 2 = 10$$

$$\therefore \quad V_C = 10 + 10 = 20 \text{ [V]}$$

문제 29. 답 ㈐

정전계에서 $\text{rot}E = \nabla \times E = 0$가 성립한다.

문제 30. 답 ㈑

$W = QV$에서 등전위면이라면 $V = 0$이므로 $W = 0$이 된다.

문제 31. 답 ㈑

y축은 전기력선과 수직인 등전위(평등전계)이므로 전위차는 0이다. 따라서 P점의 전위는 0점의 전위와 같다. 그러므로 10[V]이다.

문제 32. 답 ㈎

$$\begin{aligned} W &= QV \\ &= Q(V_2 - V_1) \\ &= 2 \times 10^{-10}(10{,}000 - 6{,}000) \\ &= 8 \times 10^{-7} \text{ [J]} \end{aligned}$$

문제 33. 답 ㈎

미소전하 q[C]을 점 A에서 점 B까지 이동시키는 데 요하는 일의 양(즉, AB의 전위차)은

$$\begin{aligned} W = QV_{BA} &= -q\int_{r_1}^{r_2} Edr \\ &= -\int_{r_1}^{r_2} \frac{Qq}{4\pi\epsilon} - \frac{1}{r^2} dr \\ &= -\frac{Qq}{4\pi\epsilon}\left[-\frac{1}{r}\right]_{r_1}^{r_2} = \frac{Qq}{4\pi\epsilon}\left[\frac{1}{r_2} - \frac{1}{r_1}\right] \text{ [V]} \end{aligned}$$

$$Q\oint E \cdot dl = 0 \quad (\because V = 0)$$

문제 34. 답 ㈐

$W = QV$에서

$$V = \frac{W}{Q} = \frac{120}{5} = 24 \text{ [V]}$$

$$\therefore \quad E = \frac{V}{r} = \frac{24}{0.3} = 80 \text{ [V/m]}$$

문제 35. 답 ㈐

정전기력 = 중력 이므로

$eE = mg$ [N]에서

$e\left(\frac{V}{d}\right) = mg$이다.

따라서, $V = \frac{mgd}{e}$ [V]

문제 36. 답 ㈐

$W = eV = \frac{1}{2}mv^2$에서 $v^2 = \sqrt{\frac{2eV}{m}}$

$$\begin{aligned} \therefore \quad v &= \sqrt{\frac{2eV}{m}} \\ &= \sqrt{\frac{2 \times 1.602 \times 10^{-19}}{9.107 \times 10^{-31}}}\sqrt{V} \\ &= 5.95 \times 10^5 \sqrt{V} \text{ [m/s]} \end{aligned}$$

문제37. 답 ㉰

전기력선은 (+)전하에서 시작하여 (−)전하에서 끝난다. 전하가 존재할 때에는 불연속적이다.

문제38. 답 ㉯

$$E=-\frac{dV}{dr}\ [\text{V/m}]$$

문제39. 답 ㉰

전계의 방향, 즉 전기력선 방향은 전위가 높은 점에서 낮은 점으로 향한다.

문제40. 답 ㉰

$$E=\frac{V}{r}=\frac{10}{0.1}=100\ [\text{V/m}]$$

문제41. 답 ㉱

$$E=-\text{grad}\,V$$
$$=-\left(i\frac{\partial V}{\partial x}+j\frac{\partial V}{\partial y}+k\frac{\partial V}{\partial z}\right)$$

$$\frac{\partial V}{\partial x}\bigg|_{\substack{x=1\\y=2\\z=3}}$$
$$=\left[10(x-2)(y+2)^2(z-1)^3\right]\bigg|_{\substack{x=1\\y=2\\z=3}}$$
$$=-10\times(4)^2\times(2)^3=-1{,}280$$

$$\frac{\partial V}{\partial y}\bigg|_{\substack{x=1\\y=2\\z=3}}$$
$$=\left[5(x-2)^2 2(y+2)(z-1)^3\right]\bigg|_{\substack{x=1\\y=2\\z=3}}$$
$$=5\times2(4)\times(2)^3=320$$

$$\frac{\partial V}{\partial z}\bigg|_{\substack{x=1\\y=2\\z=3}}$$
$$=\left[5(x-2)^2(y+2)^2(z-1)^2\right]\bigg|_{\substack{x=1\\y=2\\z=3}}$$
$$=5\times4^2\times3\times2^2=960$$
$$\therefore\ E=320(4i-j-3k)\ [\text{V/m}]$$

문제42. 답 ㉮

$$\begin{cases}\dfrac{\partial V}{\partial y}=\dfrac{\partial}{\partial x}\left(\dfrac{10}{x^2+y^2}\right)=\dfrac{-10.2x}{(x^2+y^2)^2}=\dfrac{-20x}{(x^2+y^2)^2}\\[2ex]\dfrac{\partial V}{\partial y}=\dfrac{\partial}{\partial x}\left(\dfrac{10}{x^2+y^2}\right)=\dfrac{-20y}{(x^2+y^2)^2}\\[2ex]\dfrac{\partial V}{\partial y}=0\end{cases}$$

V는 Z의 함수가 아니기 때문에

$$\text{grad}\,V=-\frac{20}{(x^2+y^2)^2}(xi+yj)$$

$x=2,\ y=1$에서 전위 경도

$$\text{grad}\,V\bigg|_{\substack{x=2\\y=1}}$$
$$=\frac{-20}{(2^2+1^2)^2}(2i+j)$$
$$=\frac{-20}{25}(2i+j)$$
$$=\frac{-20}{25}\sqrt{2^2+1^2}\angle\tan^{-1}0.5$$
$$=\frac{20}{25}\sqrt{2^2+1^2}\angle\tan^{-1}0.5+180°$$
$$=1.79\angle206°\ [\text{V/m}]$$

문제43. 답 ㉯

$$\frac{1}{7x}dx = -\frac{1}{7y}dy$$

$$\frac{1}{x}dx = -\frac{1}{y}dy$$

$$\ln x = -\ln y + k$$

$$xy = k$$

$$k = 10$$

$$\therefore \quad y = \frac{10}{x}$$

문제44. 답 ㉮

문제45. 답 ㉮

문제46. 답 ㉯

$$N = \int_s E \cdot dS = \frac{Q}{\epsilon_0} \text{ [개]}$$

문제47. 답 ㉱

$E \cdot \Delta S = \dfrac{\sigma \cdot \Delta S}{\epsilon_0}$ 에서

$E = \dfrac{\sigma}{\epsilon_0}$ 이다.

문제48. 답 ㉮

도체 표면에서 전계의 세기

$$E = \frac{\sigma}{\epsilon_0} \text{ [V/m]}$$

$$\sigma = \epsilon_0 E = 8.855 \times 10^{-12}(3a_x + 4a_y)$$

$$= 8.855 \times 10^{-12} \times \sqrt{3^2 + 4^2}$$

$$= 44.28 \times 10^{-12}$$

$$= 0.4428 \times 10^{-10} \text{ [C/m}^2\text{]}$$

문제49. 답 ㉯

$$E = \frac{\sigma}{\epsilon_0} \text{ [V/m]}$$

$$V = Ed = \frac{\sigma}{\epsilon_0} d \text{ [V]}$$

문제50. 답 ㉱

구의 전위 V는

$$V = E \cdot d = \frac{\sigma}{\epsilon_0} \times d$$

$$= \frac{10^{-10}}{8.855 \times 10^{-12}} = 1.129 \text{ [V]}$$

문제51. 답 ㉮

$x > a$ 인 영역에서

$E = 0$이다.

문제52. 답 ㉱

$$V_A = V_{ab} + V_c$$

$$= -\int_b^a E_1 dr - \int_\infty^c E_2 \cdot dr$$

$$= \frac{Q}{4\pi\epsilon_0}\left(\frac{1}{a} - \frac{1}{b} + \frac{1}{c}\right)$$

여기서,

$E_1 = \dfrac{Q}{4\pi\epsilon_0 r^2}$, $E_2 = \dfrac{Q}{4\pi\epsilon_0 r^2}$ 이다.

문제53. 답 ㉯

무한장 직선 전하에 의한 전계의 세기는

$$E = \frac{\lambda}{2\pi\epsilon_0 r} \text{ [V/m]}$$

문제54. 답 ㉣

축대칭 전하분포, 즉 선, 원통의 표면에서 전계의 세기는 $\frac{\lambda}{2\pi\epsilon_0 r}$ [V/m]

문제55. 답 ㉮

$$E=\frac{\lambda}{2\pi\epsilon_0 r}\overline{a_r}$$
$$=18\times10^9\frac{10^{-9}}{\sqrt{4^2+3^2}}\times\left(\frac{4}{5}\overline{a_x}+\frac{3}{5}\overline{a_y}\right)$$
$$=2.88\overline{a_x}+2.16\overline{a_y}[V/m]$$

문제56. 답 ㉰

$$V=-\int_{\infty}^{r}E\cdot dl\ (\because\ E=\frac{\rho}{2\pi\epsilon_0 r})=\infty$$

문제57. 답 ㉣

$$V_0=\frac{1}{4}(V_1+V_2+V_3+V_4)$$

문제58. 답 ㉮

$$\nabla^2 V=-\frac{\rho}{\epsilon_0}$$

$\nabla^2 V=4$이므로

$$4=-\frac{\rho}{\epsilon_0}$$

$$\rho=-4\epsilon_0=-4\times8.855\times10^{-12}\,[\mathrm{C/m^3}]$$

문제59. 답 ㉰

그림에서 P점의 전위

$$V_P=\frac{M}{4\pi\epsilon_0}\omega$$
$$=\frac{M}{4\pi\epsilon_0}2\pi(1-\cos\theta)$$
$$=\frac{M}{2\epsilon_0}\left(1-\frac{x}{\sqrt{a^2+x^2}}\right)$$

문제60. 답 ㉮

전기 쌍극자의 전위

$V_C=\frac{M\cos\theta}{4\pi\epsilon_0 r^2}$ [V]이다.

여기서, $\theta=0°$일 때 가장 높다.

$\therefore 0 \leqq \theta \leqq 90°$

문제61. 답 ㉰

$$E=\frac{M}{4\pi\epsilon_0 r^3}\sqrt{1+3\cos^2\theta}$$

따라서, $E\propto\frac{1}{r^3}$이다.

문제62. 답 ㉣

㉮ $E=\frac{Q}{4\pi\epsilon_0 r^2}$

㉯ $\frac{Q}{4\pi\epsilon_0 r^2}$

㉰ $E=\frac{M\sqrt{1+3\cos^2\theta}}{4\pi\epsilon_0 r^3}$

㉣ $E=\frac{\lambda}{2\pi\epsilon_0 r}$

문제63. 답 ㉣

$$f=\frac{1}{2}\epsilon_0 E^2=\frac{1}{2}\frac{\sigma^2}{\epsilon_2}\,[\mathrm{N/m^2}]$$

$\therefore f\propto\sigma^2=E^2$

문제64. 답 ㉣

$$f=\frac{1}{2}\epsilon_0 E^2=\frac{1}{2}\epsilon_0\left(\frac{V}{d}\right)^2\,[\mathrm{N/m^2}]$$

03 도체계와 정전용량

문제1. 답 ㉰

극판 사이의 절연물은 절연 내력을 크게 하며 동시에 용량도 크게 하는 역할을 한다. 즉,

$C = \frac{\epsilon_0 \epsilon_s S}{d}$ 이다.

문제2. 답 ㉮

지구는 정전용량이 매우 커서 전하가 축적되어도 지구의 전위는 일정하다.

문제3. 답 ㉱

$Q = CV$ 에서 $C = \frac{Q[\mathrm{C}]}{V[\mathrm{V}]}$ 이다.

문제4. 답 ㉰

$$\text{엘라스턴스} = \frac{1}{\text{정전용량}} = \frac{\text{전위차}}{\text{전기량}}$$

$$daraf = \frac{1}{[\mathrm{F}]}$$

문제5. 답 ㉮

병렬접속에서 전위차는 일정하다.

문제6. 답 ㉯

등가회로에서 대각의 곱이 같으므로 가능하다.

$$\therefore C_{ab} = \frac{9C \times 6C}{9C + 6C} = \frac{54C^2}{15C} = 3.6C$$

문제7. 답 ㉮

병렬회로에 걸린 전압 V_P는

$$V_P = \frac{Q}{C_2} = \frac{100 \times 10^{-6}}{2 \times 10^{-6}} = 50\,[\mathrm{V}]$$

문제8. 답 ㉱

합성용량은 $C_0 = C_1 + C_2\,[\mathrm{F}]$이고

전위차는 $V_0 = \frac{Q_1}{C_1 + C_2}\,[\mathrm{V}]$이므로

C_2가 분배받는 전기량은 Q_2는

$$\therefore \quad Q_2 = C_2 V_0 = \frac{C_2}{C_1 + C_2} Q_1$$

$$= \frac{C_1 C_2}{C_1 + C_2} V_1\,[\mathrm{V}]$$

문제9. 답 ㉱

$$V = \frac{r_1 V_1 + r_2 V_2}{r_1 + r_2}$$

$$= \frac{3 \times 5 + 4 \times 8}{3 + 4} \fallingdotseq 6.71\,[\mathrm{V}]$$

문제10. **답** ㉰

$Q = C_1 V_0 = 0.01 \times 10^{-6} \times 1 \times 10^3$이므로

$V_1 = \frac{Q}{C_2} = 1{,}000\ [\mathrm{V}]$

$V_2 = \frac{Q}{C_2} = 500\ [\mathrm{V}]\quad V_3 = \frac{Q}{C_3} = 200\ [\mathrm{V}]$

$\therefore V = V_1 + V_2 + V_3 = 1{,}700\ [\mathrm{V}]$

문제11. **답** ㉯

$Q_1 = 4 \times 10^{-6} \times 500$

$Q_2 = 5 \times 10^{-6} \times 450$

$Q_3 = 6 \times 10^{-6} \times 350$이므로

Q가 가장 작은 Q_1이 제일 먼저 파괴된다.

문제12. **답** ㉯

$V_1 = P_{11}Q_1 + P_{12}Q_2 + \ldots + P_{1n}Q_n$에서

각 전하를 n배 하면 V_1은 n배된다.

문제13. **답** ㉮

$V_1 = P_{11}Q_1 + P_{12}Q_2$

$V_2 = P_{21}Q_1 + P_{22}Q_2$에서

$Q_2 = 0,\ Q_1 = 1$일 때

$V_1 = P_{11},\ V_2 = R_{21}$

Ⅱ 도체가 Ⅰ 도체 내에 있다면 $Q_1 = 0$ 이므로 $V_1 = V_2$가 되며 $P_{11} = P_{21}$의 조건이 성립한다.

그러므로 Ⅱ 도체는 Ⅰ 도체로 포위되어 있다.

문제14. **답** ㉮

Ⅰ 도체 전위

$V_1 = V_{12} + V_2 = \frac{Q}{4\pi\epsilon_0}\left(\frac{1}{a} - \frac{1}{b} + \frac{1}{c}\right)$에 서

$Q = 1$일 때 전위계수 P_{11}은

$P_{11} = \frac{1}{4\pi\epsilon_0}\left(\frac{1}{a} - \frac{1}{b} + \frac{1}{c}\right)$

문제15. **답** ㉰

$V_1 = P_{11} \times 1 + P_{12} \times 1 = 5,$

$V_2 = P_{21} \times 1 + P_{22} \times 1 = 12$이고,

$P_{12} = P_{21} = 0.5$이므로 $P_{11} + 0.5 = 5$에서

$P_{11} = 4.5,\ P_{22} = 12 - 0.5 = 11.5$

$\therefore C = \frac{1}{P_{11} - 2P_{12} + P_{22}} = 0.07\ [\mathrm{F}]$

문제16. **답** ㉰

문제17. **답** ㉮

$C = \frac{Q}{V} = \frac{Q}{\frac{Q}{4\pi\epsilon_0 a}} = 4\pi\epsilon_0 a\ [\mathrm{F}]$

문제18. **답** ㉯

$V = \frac{Q}{4\pi\epsilon_0}\left(\frac{1}{a} - \frac{1}{b}\right)$

$C = \frac{Q}{V} = \frac{4\pi\epsilon_0}{\frac{1}{a} - \frac{1}{b}} = \frac{4\pi\epsilon_0 ab}{b-a}\ [\mathrm{F}]$

문제19. **답** ㉰

도체 a, b사이의 정전용량

$C = \frac{4\pi\epsilon_0 ab}{b-a} = \frac{\frac{1}{9 \times 10^9} \times 0.05 \times 0.09}{0.09 - 0.05}$

$= 0.0125 \times 10^{-9}\ [\mathrm{F}] = 12.5\ [\mathrm{pF}]$

문제20. 답 ㉣

$$C=\frac{\lambda\cdot 1}{V}$$

$$=\frac{\lambda}{-\int_{d-a}^{a}Edr}$$

$$=\frac{\lambda}{\frac{-\lambda}{2\pi\epsilon_0}\int_{d-a}^{a}\left(\frac{1}{r}+\frac{1}{d-r}\right)dr}$$

$$=\frac{\pi\epsilon_0}{\ln\frac{d-a}{a}}$$

$$\fallingdotseq\frac{\pi\epsilon_0}{\ln\frac{d}{a}}(\because d\gg a)$$

$$=\frac{12.08\times10^{-12}}{\log_{10}\frac{d}{a}}\ [\mathrm{F/m}]$$

문제21. 답 ㉢

$V=E\cdot d\,[\mathrm{V}]$일 때 단위 면적당 정전용량

$$C=\frac{\sigma\cdot 1}{V}=\frac{\sigma}{E\cdot d}$$

$$=\frac{\sigma}{\frac{\sigma}{\epsilon_0}\cdot d}=\frac{\epsilon_0}{d}\ [\mathrm{F/m^2}]$$

문제22. 답 ㉣

$$C_0=\frac{\epsilon_0 A}{d}=\frac{\epsilon_0(3A)}{\left(\frac{1}{2}\right)d}=6\frac{\epsilon_0 A}{d}$$

$$\therefore C=6\frac{\epsilon_0 A}{d}=6C_0$$

따라서, 정전용량은 6배가 된다.

문제23. 답 ㉮

전원 제거시 $Q=$일정이다. 따라서, 에너지는 $W=\frac{Q^2}{2C}$에서 C가 $\frac{1}{2}$배로 되기 때문에 에너지는 2배가 된다.

문제24. 답 ㉮

$$C=\frac{\epsilon_0 A}{d}$$

$$=\frac{8.855\times10^{-12}\times(50\times10^{-2})^2}{5\times10^{-3}}$$

$$\fallingdotseq 443\ [\mathrm{pF}]$$

문제25. 답 ㉢

한 쪽 전극이 30° 회전하였을 때, 콘덴서 용량은 tan30°만큼이 된다.

즉, $\frac{C'}{C}=\frac{1}{\sqrt{3}}\fallingdotseq 58\ [\%]$

문제26. 답 ㉢

$$n=\frac{Cd}{\frac{\epsilon_0\pi r^2}{2}}+1=11.27\fallingdotseq 12\text{매}$$

문제27. 답 ㉯

콘덴서에 축적되는 에너지는

$$W=\int_0^Q dw=\int_0^Q VdQ$$

$$=\int_0^Q PQdQ=P\int_0^Q QdQ$$

$$=P\times\frac{Q^2}{2}=\frac{1}{2}PQ^2=\frac{1}{2}\frac{1}{VQ}$$

$$(\because V=PQ)=\frac{1}{2}CV^2\ (\because Q=CV)$$

$$=\frac{Q^2}{2C}\ [\mathrm{J}]\ (\because V=\frac{Q}{C})$$

문제28. 답 ㉮

각 도체의 에너지는

$W = \frac{1}{2}QV$[J]이므로

$W' = W_1 + W_2$

$= \frac{1}{2}(Q_1V_1 + Q_2V_2)$ [J]

문제29. 답 ㉱

에너지

$W = \frac{1}{2}CV^2$

$= \frac{1}{2} \times 200 \times 10^{-6} \times 500^2$

$= 25$ [J]

열량 $H = 0.24Pt$ [cal] $= 0.24W$ [cal]

$\therefore H = 0.24 \times 25 = 6$ [cal]

문제30. 답 ㉯

직렬연결과 같다. 따라서, 합성정전용량은 감소하기 때문에 $W = \frac{Q^2}{2C}$에서 에너지는 증가한다. 즉 $W > W_1 + W_2$

문제31. 답 ㉮

대전 도체구 정전용량 C, 무대전구 도체의 정전용량 C'라 하면

$C' = 4\pi\epsilon_0 2a = 2C$ ($\because Q$: 반지름)

따라서, 대전 도체구 정전에너지

$W = \frac{Q^2}{2C}$

연결후 에너지 $W' = \frac{Q^2}{2(C+2C)} = \frac{Q^2}{6C}$

$\therefore$ 손실비 $= \frac{W - W'}{W}$

$= \left(\frac{Q^2}{2C} - \frac{Q^2}{6C}\right) / \left(\frac{Q^2}{2C}\right) = \frac{2}{3}$

문제32. 답 ㉯

고립된 반구 도체구의 정전용량 C는

$C = 2\pi\epsilon_0 a$ 따라서, 평균 전력 P는

$P = \frac{W}{t} = \frac{\frac{1}{2}CV^2}{t}$

$= \frac{\frac{1}{2} \times 2\pi \times 8.855 \times 10^{-12} \times 0.5 \times (10^6)^2}{10^{-5}}$

$= 1{,}389$ [KW]

문제33. 답 ㉮

정전 용량 $C = \frac{\epsilon_0 S}{d}$

정전에너지

$W = \frac{Q^2}{2C} = \frac{Q^2}{2\left(\frac{\epsilon_0 S}{d}\right)} = \frac{Q^2 d}{2\epsilon_0 S}$ [J]

정전력 $F = -\frac{\partial W}{\partial d} = -\frac{Q^2}{2\epsilon_0 S}$ [N]

($\because$ "−" 흡인력)

문제34. 답 ㉱

회전각도 θ일 때 정전용량과 에너지는

$C_\theta = C_0\frac{\theta}{\pi}$

$W_\theta = \frac{1}{2}\left(C_0\frac{\theta}{\pi}\right)V^2 = \frac{C_0V^2}{2\pi}\theta$

따라서, 회전력

$T = \frac{\partial W_\theta}{\partial_\theta} = \frac{\partial}{\partial_\theta}\left(\frac{C_0V_\theta^2}{2\pi}\right) = \frac{C_0V^2}{2\pi}$ [N.m]

문제35. 답 ㉮

$$C=\frac{\pi}{\ln\frac{d}{r}}\ [\mathrm{F/m}]$$

$$W=\frac{1}{2}CV^2=\frac{1}{2}\left(\frac{\pi\epsilon_0}{\ln\frac{d}{r}}\right)V^2$$

따라서

$$F=\frac{-\partial W}{\partial d}=\frac{1}{2}\frac{-\left(\frac{1}{Vr}\right)\cdot\frac{1}{r}\pi\epsilon V^2}{\left(\ln\frac{d}{r}\right)^2}$$

$$=-\frac{\pi\epsilon_0 V^2}{2d\left(\ln\frac{d}{r}\right)^2}\ [\mathrm{N/m}]$$

04 유전체

문제01. 답 ㉱

수소 $\epsilon_s=1$, 고무 $\epsilon_s=2.0$,

운모 $\epsilon_s=5.5$, 물$\epsilon_s=80$

문제02. 답 ㉱

변위 전류는 유전체(콘덴서)에서 흐르는 전류로서 전계의 시간적 변화율을 의미한다.

문제03. 답 ㉯

$$i_D=\epsilon\frac{\partial E}{\partial t}=\frac{\partial D}{\partial t}$$

문제04. 답 ㉯

$F=\frac{1}{\epsilon_s}F_0$에서 $2=\frac{1}{\epsilon_s}\times 10$

$$\therefore \epsilon_s=\frac{10}{2}=5$$

문제05. 답 ㉮

$$C=\epsilon_s C_0$$

$$\therefore \epsilon_s=\frac{C}{C_0}\ (\because s=r)$$

문제06. 답 ㉮

$$C=\epsilon_s C_0$$

$$\therefore C=4C_0$$

문제07. 답 ㉮

$C=\epsilon_s C_0$이고 일정전하에서

$$E=\frac{\sigma}{\epsilon_0\epsilon_s}=\frac{1}{\epsilon_s}E_0$$

문제08. 답 ㉮

$Q=CV$에서 $C=\epsilon_s C_0$이므로 $Q=\epsilon_s C_0 V$

∴극판간의 전하량은 ϵ_s가 된다.

문제09. 답 ㉱

전속밀도

$$D=\epsilon_0\epsilon_s E$$

$$=8.855\times 10^{-12}\times 10\times 5\times 10^3$$

$$=44.275\times 10^{-8}\ [\mathrm{C/m^2}]$$

문제10. 답 ㉰

- 직접효과 : 결정을 어떤 방향으로 압축 또는 응력을 가할 경우 내부에 전기분극이 일어나고 그 단면에 분극 전하가 발생한다. 이 현상을 압전기 직접 효과 (또는 압전효과)라 한다.

- 역효과 : 직접 효과의 역현상으로 결정체에 전기를 가하면 기계적 편형이 일어나는 현상을 말한다.
- 종효과, 횡효과 : 응력과 분극이 동일 방향으로 발생할 경우 종효과와 서로 수직 방향으로 발생할 경우를 횡효과라고 한다.

문제 11. **답** ㉰

전계는 $\epsilon_1 \neq \epsilon_2$이므로 $E_1 \neq E_2$가 되므로 불연속이다.

문제 12. **답** ㉮

평행판 도체에서

$$E = E_0 - \frac{P}{\epsilon_0} \ \cdots \ ①$$

$$E = \frac{1}{\epsilon_s} E_0 \ \cdots\cdots \ ②$$

식 ②를 ①에 대입하여 정리하면

$$\therefore \ P = \epsilon_0(\epsilon_s - 1)E$$

문제 13. **답** ㉮

분극의 세기 P는

$$P = \epsilon_0(\epsilon_s - 1)E$$

$$= \frac{10^{-9}}{36\pi} \times (5-1) \times 10^4$$

$$= \frac{10^{-5}}{9\pi} [\mathrm{C/m^2}]$$

문제 14. **답** ㉯

$$N = \int_s E \cdot dS = \frac{Q}{\epsilon_0 \epsilon_s} \ [\text{개}]$$

문제 15. **답** ㉯

$$P = \epsilon_0(\epsilon_s - 1)E = \sigma^r$$

$$E = \frac{\sigma^r}{\epsilon_0(\epsilon_s - 1)} \ [\mathrm{V/m}]$$

문제 16. **답** ㉰

$$P = D\left(1 - \frac{1}{\epsilon_s}\right)$$

$$= 4.5 \times 10^{-6}\left(1 - \frac{1}{4}\right)$$

$$= 3.375 \times 10^{-6} \ [\mathrm{C/m^2}]$$

문제 17. **답** ㉰

엘라스턴스는 정전용량의 역수를 말한다.

$$\frac{1}{C} = \frac{1}{\frac{\epsilon_0 \epsilon_s S}{d}} = \frac{d}{\epsilon_0 \epsilon_s S} \qquad \therefore C = \frac{Q}{V}$$

문제 18. **답** ㉯

$E = \dfrac{1}{\epsilon_s} E_0$에서

전계의 세기는 $\dfrac{1}{\epsilon_s}$배가 된다.

문제 19. **답** ㉰

패러데이관은 양단에 단위 정, 부 전하가 존재하며 단위 정, 부 전하에서는 1개의 역관이 존재한다. 즉 전속수가 Q[C]일 경우 Q개로 해석된다.

문제 20. **답** ㉮

$\epsilon_1 < \epsilon_2$ 이면 $\theta_1 < \theta_2$ 이고, 전계의 세기는 유전율에 반비례하므로 $E_1 > E_2$가 된다.

문제21. 답 ㉰

정전력은 유전율이 큰 쪽에서 작은 쪽으로 작용한다.

문제22. 답 ㉯

$E=\epsilon E$에서 ϵ이 커지면 D는 커진다.

문제23. 답 ㉯

굴적의 법칙에서

$$\frac{\tan\theta_1}{\tan\theta_2}=\frac{\epsilon_1}{\epsilon_2}=\frac{2\sqrt{3}\,\epsilon_0}{2\epsilon_0}=\sqrt{3}$$

$$\tan\theta_2=\frac{1}{\sqrt{3}}tan\theta_1=\frac{1}{\sqrt{3}}tan60°=1$$

$$\theta_2=\tan^{-1}1=45°$$

그러므로, $E_1\sin\theta_1=E_2\sin\theta_2$

$$\therefore E_2=\frac{\sin\theta_1}{\sin\theta_2}E_1=\frac{\sin60°}{\sin45°}\times E_1$$

$$=100\sqrt{3}\ [\mathrm{V/m}]$$

문제24. 답 ㉮

(1) 전계가 경계면에 수직인 경우
$(D_1=D_2=D)$

$$f=\frac{1}{2}(E_2-E_1)\cdot D$$
$$=\frac{1}{2}(\frac{1}{\epsilon_2}-\frac{1}{\epsilon_1})D^2\ [\mathrm{N/m^2}]$$

(2) 전계가 경계면에 평행인 경우
$(E_1=E_2=E)$

$$f=\frac{1}{2}(E_2D_2-E_1D_1)$$
$$=\frac{1}{2}(\epsilon_1-\epsilon_2)E^2\ [\mathrm{N/m^2}]$$

(1), (2)는 유전율이 큰 쪽에서 유전율이 작은 쪽으로 끌려 들어가는 정전력이 작용한다.

문제25. 답 ㉯

① $\epsilon_1>\ \epsilon_2$ 이면 $\theta_1>\ \theta_2$ 이다.

② $\epsilon_1<\ \epsilon_2$ 이면 $\theta_1<\ \theta_2$ 이다.

문제26. 답 ㉮

$\epsilon_1\neq\ \epsilon_2$ 이므로 $E_1\neq\ E_2$ 이다.

문제27. 답 ㉰

수직으로 도달할 때 전계의 세기는 불연속이다.

문제28. 답 ㉰

$$\frac{E_1}{E_2}=\frac{\epsilon_2}{\epsilon_1}=4$$

$$\therefore E_2=\frac{1}{4}E_1$$

문제29. 답 ㉱

맥스웰 응력은 유전율이 큰 쪽에서 작은 쪽으로 끌려가면서 작용한다.

문제30. 답 ㉮

문제31. 답 ㉮

전위차 $V=-\int_b^a E_1dr-\int_c^b E_2dr$

$$=\frac{\lambda}{2\pi}\left(\frac{1}{\epsilon_1}ln\frac{b}{a}+\frac{1}{\epsilon_2}ln\frac{c}{b}\right)[\mathrm{V}]$$

정전용량 $C=\frac{\lambda\cdot 1}{V}$

$$=\frac{2\pi}{\frac{1}{\epsilon_1}ln\frac{b}{a}+\frac{1}{\epsilon_2}ln\frac{c}{b}}\ [\mathrm{F/m}]$$

문제32. 답 ㉰

문제33. 답 ㉯

정전용량은 유전율에 비례하므로

$C_1=6$, $C_2=9$라 하면

$Q=C_1V_1=C_2V_2=CV$

$CV=C_2V_2$이므로

$$V_2=\frac{C}{C_2}V=\frac{\frac{6\times 9}{6+9}}{9}\times 100=40\ [\mathrm{J}]$$

문제34. 답 ㉱

$$E=\frac{\lambda}{2\pi\epsilon_0}\left(\frac{1}{x}+\frac{1}{d-r}\right)[\mathrm{V/m}]$$

$$V_d=\frac{\lambda}{\pi\epsilon_0}lm\frac{d-r}{r}\ [\mathrm{V}]$$

$$C_d=\frac{\lambda\cdot 1}{Vd}=\frac{\pi\epsilon_0}{\ln\frac{d-r}{r}}$$

$$\fallingdotseq\frac{\pi\epsilon_0}{\ln\frac{d}{r}}\ (d\gg r)\ [\mathrm{F/m}]$$

문제35. 답 ㉰

$$C=\frac{2C_0}{1+\frac{1}{\epsilon_s}}$$

$$C=\frac{2\times 0.03\times 10^{-6}}{1+\frac{1}{10}}=0.055\ [\mu\mathrm{F}]$$

문제36. 답 ㉯

S_1, S_2, S_3부분의 정전용량을

각각 C_1, C_2, C_3라 하면

$$C_1=\epsilon_0\epsilon_{s1}\frac{S_1}{d}$$

$$C_2=\epsilon_0\epsilon_{s2}\frac{S_2}{d}$$

$$C_3=\epsilon_0\epsilon_{s3}\frac{S_3}{d}$$

그림에서 병렬 합성 정전용량 C는

$$\therefore C=C_1+C_2+C_3$$

$$=\frac{\epsilon_0}{d}(\epsilon_{s1}S_1+\epsilon_{s2}S_2+\epsilon_{s3}S_3)$$

문제37. 답 ㉱

정전용량 $C=\frac{Q}{V}$에서

$Q=\sigma\cdot S\,[\mathrm{C}]$이고

$V=E\cdot d=\frac{\sigma}{\epsilon_0\epsilon_s}\cdot d$이므로

$$\therefore C=\frac{Q}{V}=\frac{\epsilon_0\epsilon_s S}{d}\ [\mathrm{F}]$$

문제38. 답 ㉰

유전율이 ϵ_1, ϵ_2인 각 유전체의 정전용량을 C_1, C_2라 하면

$$C_1=\epsilon_1\frac{S}{l_1},\ C_2=\epsilon_2\frac{S}{l_2}$$

그림에서 직렬 합성용량 C는

$$\therefore C=\frac{1}{\frac{1}{C_1}+\frac{1}{C_2}}$$

$$=\frac{C_1C_2}{C_1+C_2}$$

$$=\frac{\epsilon_1\epsilon_2 S}{\epsilon_2 l_1+\epsilon_1 l_2}$$

문제39. **답** ㉮

유전율이 ϵ_1, ϵ_2인 각 유전체의 정전용량을 C_1, C_2라 하면

$C_1 = \frac{\epsilon_1 S}{d_1}$, $C_2 = \frac{\epsilon_2 S}{d_2}$이다.

이때 직렬 합성용량 C는 다음과 같다.

$$\therefore C = \frac{1}{\frac{1}{C_1} + \frac{1}{C_2}} = \frac{C_1 C_2}{C_1 + C_2}$$

$$= \frac{\frac{\epsilon_1 S \epsilon_2 S}{d_1 d_2}}{\frac{\epsilon_1 S}{d_1} + \frac{\epsilon_2 S}{d_2}}$$

$$= \frac{\epsilon_1 \epsilon_2 S}{\epsilon_2 d_1 + \epsilon_1 d_2} = \frac{S}{\frac{d_1}{\epsilon_1} + \frac{d_2}{\epsilon_2}}$$

문제40. **답** ㉯

$$E = \frac{\sigma S}{\epsilon_0} \text{ [V/m]}$$

$$V = E \cdot d = \frac{\sigma}{\epsilon_0} d$$

$$C = \frac{Q}{V} = \frac{\sigma}{\frac{\sigma}{\epsilon_0} S} = \frac{\epsilon_0}{d} \text{ [V/m}^2\text{]}$$

문제41. **답** ㉰

ϵ_0에서 정전용량

$$C_1 = \frac{1}{3} C_0$$

에보나이드판으로 채워진 부분의 정전용량 (ϵ_s에서)

$$C_2 = \frac{2}{3} \epsilon_s C_0$$

$$\therefore C = C_1 + C_2 = \frac{(1 + 2\epsilon_s)}{3} C_0 \text{ [}\mu\text{F]}$$

문제42. **답** ㉮

공기중 (ϵ_0)에서 구의 정전용량

$C_1 = 4\pi\epsilon_0 a$ [F]

기름중($\epsilon_0 \epsilon_s$)에서 구의 정전용량

$C_1 = 4\pi\epsilon_0 \epsilon_s a$ [F]이므로

각각의 에너지를 W_1, W_2라 하면

$$W = W_1 - W_2 = \frac{Q^2}{2C} - \frac{Q^2}{2C'}$$

$$= \frac{Q^2}{8\pi\epsilon_0 a}\left(1 - \frac{1}{\epsilon_s}\right) \text{ [J]}$$

문제43. **답** ㉰

에너지 밀도 ω

$$\omega = \frac{1}{2} ED = \frac{\epsilon E^2}{2} = \frac{D^2}{2\epsilon} \text{ [J/m}^3\text{]}$$

문제44. **답** ㉰

정전용량 $C = \frac{\epsilon_0 \epsilon_s S}{d}$

따라서, 정전에너지는

$$\therefore W = \frac{1}{2} C V^2$$

$$= \frac{1}{2}(0.2656 \times 10^{-10}) \times 100^2$$

$$\fallingdotseq 1.3 \times 10^{-7} \text{ [J]}$$

05 전기영상법

문제1. 답 ㉣

도체 접지구에 관한 점전하 Q에 대응하는 영상전하 Q'는

$Q' =-\frac{a}{d}Q$[C]이다.

d : 도체구의 중심과 점전하 Q사이의 거리

a : 도체구의 반지름

문제2. 답 ㉣

접지 구도체에 유도된 영상 전하 Q'의 크기는 $Q' =-\frac{-a}{d}Q$이고, 구의 중심과 전하 Q를 잇는 선상에서 중심으로부터 $\frac{Q^2}{d}$인 점에 Q'가 놓여 있으므로,

Q, Q' 사이에 작용하는 힘 F는

$$F=\frac{QQ'}{4\pi\epsilon_0\left(d-\frac{a^2}{d}\right)^2}=\frac{Q\left(-\frac{a}{d}Q\right)}{4\pi\epsilon_0\left(\frac{d^2-a^2}{d}\right)^2}$$

$$=-\frac{adQ^2}{4\pi\epsilon_0(d^2-a^2)^2}\ [\mathrm{N}]$$

문제3. 답 ㉯

$$\frac{a+b}{d+a}=\frac{a-b}{d-a}$$

$$\therefore b=\frac{a^2}{d}\ [\mathrm{m}]$$

그리고, $\frac{a+b}{d+a}=-\frac{Q}{Q}$에

$b=\frac{a^2}{d}$을 대입하여 정리하면

$$Q' =-\frac{a}{d}Q[\mathrm{C}]$$

문제4. 답 ㉯

접지 구도체에는 항상 점전하 Q와 반대 극성인 Q' 전하가 유도되므로 항상 흡인력이 작용한다.

문제5. 답 ㉯

전속은 유전율이 큰 쪽으로 모이는 성질이 있으므로 그림에서와 같은 경우는 $\epsilon_2 > \epsilon_1$ 가 된다. 즉, $D_1 > D_2$ 이다.

문제6. 답 ㉯

문제7. 답 ㉣

무한 도체판에 의한 영상 전하는 $-Q$로서 1개 존재하며, 도체구에 의한 영상 전하는 도체구 중심에 $+\frac{a}{d}Q$ 전하와 중심으로부터 $\frac{a^2}{d}$의 거리에 $\frac{-a}{d}Q$의 영상 전하가 존재하므로 총 3개의 영상 전하가 존재한다.(d는 구의 중심에서 P점까지의 거리).

문제8. 답 ㉮

접 A의 전위

$$V_A=\frac{Q}{4\pi\epsilon_0}\left(\frac{1}{r_1}-\frac{1}{r_2}\right)=0$$

그런데, $r_1=r_2$이므로 $V_A=0$[V]이다.

문제9. **답** ㉮

$$\sigma_{x=0} = -\epsilon_0 E_{x=0}$$

$$= -\frac{Q \cdot a}{2\pi(a^2+x^2)^{3/2}}\ {}_{x=0}$$

$$= -\frac{Q}{2\pi a^2}\ [\mathrm{C/m^2}]$$

문제10. **답** ㉱

점전하 Q[C]과 무한 평면 도체간의 작용력[N]은 영상전하 $-Q$[C]과의 작용력[N]이므로

$$F = \frac{-Q^2}{4\pi\epsilon(2a)^2} = \frac{-Q^2}{16\pi\epsilon a^2} = [\mathrm{N}]$$

여기서, (-)는 흡인력을 뜻한다.

매질이 공기(또는 진공)가 아니므로 매질의 유전율 ϵ을 사용해야 한다.

문제11. **답** ㉰

그림에서 점전흡인력은

$$F = \frac{Q^2}{4\pi\epsilon_0(2d)^2} = \frac{Q^2}{16\pi\epsilon_0 d62}\ [\mathrm{N}]$$

이 때 필요한 일은 (0에서 d까지)

$$W = \int_d^\infty F dr = \frac{Q^2}{16\pi\epsilon_0}\int_d^\infty \frac{1}{d^2}$$

$$= \frac{Q^2}{16\pi\epsilon_0}\left[-\frac{1}{d}\right]_d^\infty = \frac{Q^2}{16\pi\epsilon_0 d}\ [\mathrm{J}]$$

문제11. **답** ㉯

$$f = -\frac{\lambda^2}{4\pi\epsilon_0 h} \propto \frac{1}{h}$$

그러므로 h에 반비례한다.

06 전 류

문제1. **답** ㉮

상온(20℃)에서 고유저항은

구리는$1.69\times10^{-8}\ [\Omega\cdot\mathrm{m}]$,

백금 $10.5\times10^{-8}\ [\Omega\cdot\mathrm{m}]$

도체의 저항$R = \rho\frac{l}{S}\ [\Omega\cdot\mathrm{m}]$

문제2. **답** ㉮

$R = \rho\frac{l}{S}\ [\Omega\cdot\mathrm{m}]$에서

고유저항 :

$$\rho = \frac{R\cdot S}{l}\left[\frac{\Omega\cdot\mathrm{m}^2}{\mathrm{m}}\right] = \frac{S}{l}R\ [\Omega\cdot\mathrm{m}]$$

도 전 율 : $k = \frac{1}{\rho}\ [\mho\cdot\mathrm{m}]$

문제3. **답** ㉮

연동선 고유저항 :

$$\rho = \frac{1}{58}\ [\Omega\cdot\mathrm{mm^2/m}]$$

경동선 고유저항 :

$$\rho = \frac{1}{55}\ [\Omega\cdot\mathrm{mm^2/m}]$$

$$R = \rho\frac{l}{S} = \frac{1}{55}\times\frac{500}{\pi\times\left(\frac{3.2}{2}\right)^2} \fallingdotseq 1.13\ [\Omega]$$

문제4. **답** ㉰

콘덕턴스의 단위는 mho와 Siemens가 사용된다.

즉, $G = \frac{1}{R}\ [\mho]$ or $[S]$

문제5. 답 ㉮

금속 도체는 온도가 증가하면 저항이 증가하고 반도체는 온도가 증가하면 저항이 감소한다.

문제6. 답 ㉱

$R_T = R_t\{1-\alpha_1(T-t)\}$에서

$R_{80} = R_{20}\{1+\alpha_{20}(T-t)\}$

$= 100\{1+0.04(80-20)\}$

$= 124\ [\Omega]$

문제7. 답 ㉱

전류의 크기는 단위시간당 이동한 전기량이다.

$I = \frac{Q}{t} = \frac{30}{3} = 10\ [\mathrm{A}]$

문제8. 답 ㉮

총전기량은

$Q = 1.602 \times 10^{-19} \times 10^{10}$

$= 1.602 \times 10^{-9}\ [\mathrm{C}]$

$\therefore I = \frac{Q}{t} = \frac{1.602 \times 10^{-9}}{1}$

$= 1.602 \times 10^{-9}\ [\mathrm{A}]$

문제9. 답 ㉯

$n = \frac{I}{evs} = \frac{I}{ev\pi r^2}$

$= \frac{20}{1.602 \times 10^{-19} \times 4.74 \times 10^{-4} \times 3.14 \times (1 \times 10^{-3})^2}$

$= 8.38 \times 10^{28}\ [\text{개}/\mathrm{m}^3]$

문제10. 답 ㉰

$i = kE = 10^4 \times 3.5 \times 10^{-2}$

$= 3.5 \times 10^{-2}\ [\mathrm{A/m^2}]$

문제11. 답 ㉰

$i = \frac{I}{S} = nev$에서

$v = \frac{I}{nes}$

$= \frac{20}{8.38 \times 10^{28} \times 1.602 \times 10^{-19} \times 3.14 \times (1 \times 10^{-3})^2}$

$\fallingdotseq 4.74 \times 10^{-4}\ [\mathrm{m/s}]$

문제12. 답 ㉰

$R_1 + R_2 = 10$ …… ①

$\frac{1}{R_1} + \frac{1}{R_2} = \frac{1}{2.4}$ … ②

$R = 4,\quad 6\ [\Omega]$

문제13. 답 ㉱

$I = \frac{E}{R}$에서

$I' = \frac{E}{0.9R} = 1.11\frac{E}{R}$

∴전류는 11[%] 증가

문제14. 답 ㉮

$\frac{50}{250} = \frac{E}{250+R}$

$E = 50 + 0.2R$ … ①

$\frac{75}{750} = \frac{E}{750+R}$

$E = 75 + 0.1R$ … ②

따라서, 식 ①, ②에서

$\therefore R = 250$

$\therefore E = 50 + 0.2 \times 250 = 100\ [\mathrm{V}]$

문제15. 답 ㉰

최대 전력 전달 조건

내부저항=부하저항

문제16. 답 ㉮

$r = NR$에서

$\therefore R = \frac{r}{N}$

문제17. 답 ㉱

등가회로는 다음과 같다.

그림에서 브리지는 평형이므로

$R_{ab} = \frac{20 \times 10}{20+10} = 6.67\ [\Omega]$

문제18. 답 ㉮

$$R = 50 + \frac{100\left(\frac{100 \cdot 100}{100+100} + 50\right)}{100 + \left(\frac{100 \cdot 100}{100+100} + 50\right)}$$

$= 100\ [\Omega]$

$P = \frac{V^2}{R} = \frac{10^2}{100} = 1\ [\text{W}]$

문제19. 답 ㉯

문제20. 답 ㉱

$\text{div}\, i = \frac{\partial \rho}{\partial t}$에서 정상전류가 흐를 때 전하의 축적이나 소멸이 없다면 $\frac{\partial \rho}{\partial t} = 0$이다. 즉, 전류의 연속성을 나타낸다.

문제21. 답 ㉯

$\text{div}\, i = 0$, 전류의 연속성 즉, 키르히호프의 제1법칙

문제22. 답 ㉮

$RC = \rho\epsilon$에서 $R = \frac{\rho\epsilon}{C}$

문제23. 답 ㉯

$RC = \rho\epsilon$에서 $R = \frac{1}{G}$, $\rho\frac{1}{k}$을 대입하면

$\therefore \frac{C}{G} = \frac{\epsilon}{k}$

문제24. 답 ㉯

$R = \frac{\rho\epsilon}{C} = 97.4\ [\text{k}\Omega]$

$\therefore I = \frac{V}{R} = \frac{500 \times 10^3}{97.4 \times 10^3} = 5.13\ [\text{A}]$

문제25. 답 ㉮

$RC = \rho\epsilon$에서

$\therefore \epsilon \frac{RC}{\rho} = \frac{10^{-2} \times 50 \times 10^{-12}}{0.05}$

$= 10^{-11}\ [\text{F/m}]$

문제26. 답 ㉰

$$C = \frac{Q}{V_a - V_b} = \frac{4\pi\epsilon}{\frac{1}{a} + \frac{1}{b}}$$

$$R = \frac{\rho}{4\pi}\left(\frac{1}{a} + \frac{1}{b}\right) = \frac{1}{4\pi k}\left(\frac{1}{a} + \frac{1}{b}\right)$$

문제27. 답 ㉰

반구 정전용량 $C=\frac{4\pi\epsilon a}{2}=2\pi\epsilon a$ [F]

$\therefore R=\frac{\rho\epsilon}{C}=\frac{\rho}{2\pi a}$

문제28. 답 ㉯

$C=4\pi\epsilon a$ [F]

$R=\frac{\rho}{4\pi a}$ [Ω]

문제29. 답 ㉯

$C=\pi\epsilon a$ [F]

$R=\frac{\rho\epsilon}{C}=\frac{\rho}{\pi a}$ [Ω]

문제30. 답 ㉯

$1\,[\text{KWh}]=1{,}000\,[\text{W}]\times 3{,}600\,[\text{S}]$

$=3.6\times 10^6\,[J]$

$H=0.24\times 3.6\times 10^6 \fallingdotseq 860$ [kcal]

문제31. 답 ㉯

$H=0.24\,W$에서

$W=\frac{H}{0.24}=\frac{106}{0.24\times 3{,}600}=1.16$ [KWh]

문제32. 답 ㉮

문제33. 답 ㉱

온도차에 의해서 전류가 흐른다.

문제34. 답 ㉰

반도체의 극성 판별

07 정자계

문제1. 암페어의 오른나사 법칙 답 ㉱

문제2. 엄지 손가락 : 힘의 방향 [F]

둘째 손가락 : 자장의 방향 [B]

셋째 손가락 : 전류의 방향 [I] 답 ㉱

문제3. 답 ㉮

암페어의 오른나사(주회적분의 법칙),

문제4. 답 ㉯

$1\,[\text{Wb}]=10^8\,[\text{max}well]$

$1\,[\text{Wb/m}^2]=10^4\,[\text{Gauss}]$

문제5. 답 ㉯

$1\,[\text{Gauss}]=10^{-4}\,[\text{Wb/m}^2]$

따라서 $4\pi\times 10^4$ [Gauss]는

$\therefore 4\pi\times 10^4\times 10^{-4}=4\pi\,[\text{Wb/m}^2]$

문제6. 답 ㉱

문제7. 답 ㉰

쿨롱의 힘 $F=6.33\times 10^{-4}\frac{m_1 m_2}{r^2}$ 에서

$r^2=\frac{6.33\times 10^4 m_1 m_2}{F}$

$\therefore r=\sqrt{\frac{6.33\times 10^4\times m_1 m_2}{F}}$

문제8. 답 ㉮

$F=mH$ [N] 에서

$\therefore F=5\times 10^{-3}\times 10=5\times 10^{-2}$ [N]

문제 9. 답 ㉮

자극이 자계 중에서 받는 힘 $F=mH$ 이고, 자속밀도 $B=\mu H$에서 $H=\dfrac{B}{\mu}$이므로

$$\therefore F=m\frac{B}{\mu}=\frac{mB}{\mu_0\mu_s}\ [\mathrm{N}]$$

문제 10. 답 ㉰

$$U=-\int_{\infty}^{r}H\cdot dl$$

$$=\frac{m}{4\pi\mu_0 r}=6.33\times10^4\frac{m}{r}\text{에서}$$

$$\therefore U\propto\frac{1}{r}$$

문제 11. 답 ㉱

그림에서

$$H_A=\frac{I}{2\pi r_1},\ H_B=\frac{I}{2\pi r_2}$$

따라서, $F=\sqrt{F_A^2+F_B^2}$ 이므로

$$\therefore F=\sqrt{\left(\frac{I}{2\pi r_1}\right)^2+\left(\frac{I}{2\pi r_2}\right)^2}$$

$$=\frac{I}{2\pi r_1 r_2}\sqrt{r_1^2+r_2^2}$$

$$=\frac{Id}{2\pi r_1 r_2}\ [\mathrm{AT/m}]$$

문제 12. 답 ㉮

$$W=I\phi\ [\mathrm{J}]=1\times11\ [\mathrm{J}]$$

문제 13. 답 ㉮

내원통에 흐르는 전류 I',

단면적 $S'=\pi r^2\ [\mathrm{m}^2]$

외원통에 흐르는 전류 I,

단면적 $S=\pi a^2\ [\mathrm{m}^2]$

따라서, 내원통의 자계의 세기

$$H_i=\frac{\frac{r^2}{a^2}I}{2\pi r}=\frac{rI}{2\pi a^2}\ [\mathrm{AT/m}]$$

문제 14. 답 ㉰

$$H=\frac{I}{2\pi r}\ [\mathrm{AT/m}]$$

$$H=\frac{10}{2\pi\times0.1}=15.9\ [\mathrm{AT/m}]$$

문제 15. 답 ㉯

$$N=\frac{m}{\mu_0}=\frac{4\pi}{\mu_0}=\frac{4\pi}{4\pi\times10^{-7}}=10^{-7}\ [\text{개}]$$

문제 16. 답 ㉮

$$H=\frac{rI}{2\pi a^2}\ [\mathrm{AT/m}]$$

$$H\propto r$$

문제 17. 답 ㉯

폭 dr부분의 미소 면적을 $ds=bdr\ [\mathrm{m}^2]$라 하면 전류로부터 $r\ [\mathrm{m}]$ 떨어진 점의 자계의 세기 $H=\dfrac{I}{2\pi r}\ [\mathrm{AT/m}]$이고, ds 면을 통과하는 자속 $d\phi=Bds=\mu_0 Hds=\dfrac{\mu_0 Ib}{2\pi r}dr\ [\mathrm{Wb}]$가 된다. 따라서, 구형면적을 통과하는 총 자속은

$$\phi=\int_{d}^{d+a}d\phi$$

$$=\frac{\mu_0 Ib}{2\pi}\int_{d}^{d+a}\frac{1}{r}dr$$

$$=\frac{\mu_0 Ib}{2\pi}ln\frac{d+a}{d}\ [\mathrm{Wb}]$$

문제18. 답 ㉣

$n=50\times 10^2=5{,}000$ [회/m]

$\therefore H=nI=5{,}000\times 10\times 10^{-3}$

$=50$ [AT/m]

문제19. 답 ㉢

$dH=\dfrac{Idl\sin\theta}{4\pi r^2}$ [AT/m]

문제20. 답 ㉢

$H=\dfrac{NI}{2\pi r}$ [AT/m]

$N=\dfrac{2\pi rH}{I}=\dfrac{2\pi\times 0.1\times 1{,}600}{5}=200$ [회]

문제21. 답 ㉢

$H\cdot l=NI$에서 $n=\dfrac{N}{l}$을 이용하면

$\therefore H=nI$[AT/m]

문제22. 답 ㉮

내부 자장(계)의 세기

$H_i=nI$[AT/m]

문제23. 답 ㉯

주회 적분의 법칙을 적용하면

$H\cdot l=NI$에서 $H\cdot 2\pi a=NI$

$\therefore H=\dfrac{NI}{2\pi a}$ [AT/m]

따라서, 솔레노이드 내부 자계는 평등 자계이고, 외부 자계의 세기는 zero이다.

문제24. 답 ㉮

$H=\dfrac{NI}{2\pi r}$ [AT/m]

$I=\dfrac{2\pi rH}{N}=\dfrac{2\pi\times 0.5\times 200}{100}=6.28$ [A]

문제25. 답 ㉮

P점 자계의 세기 H는

$H=\dfrac{I}{2\pi a}(\cos\beta_1+\cos\beta_2)$

$=\dfrac{I}{4\pi a}(\sin\theta_1+\sin\theta_2)$

문제26. 답 ㉮

유한장 직선 도체의 자계의 세기는

$H=\dfrac{I}{4\pi r}(\cos\theta_1+\cos\theta_2)$

여기서,

$\cos\theta_1=\dfrac{\sqrt{3}}{2}$, $\cos\theta_2=0$이므로

$\therefore H=\dfrac{\pi}{4\pi\times 1}\left(\dfrac{\sqrt{3}}{2}+0\right)$

$=\dfrac{\sqrt{3}}{8}$ [AT/m]

문제27. 답 ㉮

그림에서 P점의 자위 U_P, Q점의 자위 U_Q라 하면

$U_P=\dfrac{M}{4\pi\mu_0}\omega_1$, $U_Q=\dfrac{M}{4\pi\mu_0}\omega_2$

따라서,

$U_{PQ}=U_P-U_Q=\dfrac{M}{4\pi\mu_0}\{\omega_1-(-\omega_2)\}$

$=\dfrac{M}{4\pi\mu_0}\times 4\mu$

$=\dfrac{M}{\mu_0}$ [A]

문제28. 답 ㉯

자위 $U_P = \frac{I}{4\pi}\omega$에서

$\omega = 2\pi(1-\cos\theta)$ 이므로

$U_P = \frac{I}{2}\left(1 - \frac{x}{\sqrt{a^2+x^2}}\right)$ 이다.

따라서, $H_x = -\frac{\partial y}{\partial x}$ 이므로

$H_x = \frac{a^2 I}{2(a^2+x^2)^{3/2}}[AT/m]$ 이다.

문제29. 답 ㉮

원형 코일 중심에서 자계의 세기

$$H_0 = H_{xIx=0} = \left|\frac{a^2 I}{2(a^2+x^2)^{\frac{3}{2}}}\right|_{x=0}$$

$$= \frac{I}{2a}\ [\mathrm{AT/m}]$$

문제30. 답 ㉮

$$U_P = \frac{I}{4\pi}\omega = \frac{I}{4\pi}2\pi\left(1 - \frac{x}{\sqrt{a^2+x^2}}\right)$$

$$= \frac{I}{2}\left(1 - \frac{x}{\sqrt{a^2+x^2}}\right)\ [\mathrm{A}]$$

문제31. 답 ㉮

원형 코일 중심에서 자계의 세기는

$H_0 = \frac{I}{2a}\ [\mathrm{AT/m}]$

반원형이므로 원형의 $\frac{1}{2}$이 된다.

$\therefore H_{\frac{1}{2}} = \frac{I}{2a} \times \frac{1}{2} = \frac{I}{4a}\ [\mathrm{AT/m}]$

문제32. 답 ㉱

$$H = \frac{I}{2a} \times \frac{3}{4} = \frac{3I}{8a}$$

문제33. 답 ㉱

그림에서 P점의 자계의 세기는

$$H_P = \frac{I}{4\pi a}(\cos\theta_1 + \cos\theta_2)$$

$$= \frac{I}{4\pi\left(\frac{l}{2}\right)}(\cos 45° + \cos 45°)$$

$$\therefore H_0 = 4H_P$$

$$= 4 \cdot \frac{I}{4\pi\left(\frac{l}{2}\right)}\left(\frac{1}{\sqrt{2}} + \frac{1}{\sqrt{2}}\right)$$

$$= \frac{2\sqrt{2}}{\pi l} I$$

문제34. 답 ㉱

쌍극자 이론에서 조건 $r \gg l$ 의 관계가 성립해야 한다.

$$U_P = \frac{M}{4\pi\mu_0 r^2} cos\theta$$

$$= 6.33 \times 10^4 \frac{M}{r^2} cos\theta\ [\mathrm{A}]$$

문제35. 답 ㉱

위 문제에서

이므로

$$H_P = -\left(\frac{\partial U}{\partial r} + \frac{1}{r}\frac{\partial U}{\partial \theta}\right)\ (\because H = -\nabla u)$$

$$U_P = \frac{M\cos\theta}{4\pi\mu_0 r^2}$$

$$= \frac{M\cos\theta}{4\pi\mu_0 r^3} a_r + \frac{M\sin\theta}{4\pi\mu_0 r^3} a_\theta\ [\mathrm{AT/m}]$$

$$H_P = \frac{M}{4\pi\mu_0 r^3}\sqrt{1 + 3\cos^2\theta}\ [\mathrm{AT/m}]$$

문제36. 답 ㉮

그림에서 도체의 길이를 dL [m]라 하면 Vector로는 다음과 같다.

$F = IdL \times B$

문제37. 답 ㉰

$F = IBl\sin\theta$ [N]

문제38. 답 ㉯

$F = IBl\sin\theta = 10 \times 1 \times 0.1 \times 1 = 1$ [N]

문제39. 답 ㉰

그림에서 두 도체 사이에 작용하는 힘

$F = IBl\sin\theta$ [N]

$\therefore F = IB = I\mu_0 H = \mu_0 I \dfrac{I}{2\pi d}$

$= \dfrac{\mu_0 I^2}{2\pi d} = \dfrac{\mu_0 I^2}{2\pi d}$ [N/m]

문제40. 답 ㉮

$F = I_2 B_1 = I_2 \mu_0 H_1 = I_2 \mu_0 \dfrac{I_1}{2\pi r}$

$= \dfrac{\mu_0 I_1 I_2}{2\pi r} = \dfrac{4\pi \times 10^{-7} I_1 I_2}{2\pi r}$

$= \dfrac{2I_1 I_2}{r} \times 10^{-7}$ [N/m]

문제41. 답 ㉯

그림에서 수직방향 분력 F'는

$F' = F\sin\theta = mH\sin\theta$

따라서, 회전력은

$T = 2 \cdot F' \cdot \dfrac{l}{2}$ [N·m]

$\therefore T = 2 \cdot mH\sin\theta \cdot \dfrac{l}{2}$

$= mlH\sin\theta = MH\sin\theta$ [N·m]

문제42. 답 ㉮

$T = MH\sin\theta = mlH\sin\theta$ [N·m]

$T = 50 \times 0.1 \times 2 \times \dfrac{\sqrt{3}}{2} = 8.66$ [N·m]

문제43. 답 ㉰

10[A]에 의한 10[cm] 위치의 자계의 세기는

$H = \dfrac{I}{2\pi r} = \dfrac{10}{2\pi \times 0.1} = 15.9$ [AT/m]

회전력 $T = M \times H$에서

$T = MH\sin\theta = MH = mlH$

$= 10^{-6} \times 0.1 \times 15.9$

$= 15.9 \times 10^{-6}$ [N·m]

문제44. 답 ㉯

$T = MH\sin\theta = mlH\sin\theta$ [N·m]

$\therefore T = 8 \times 10^{-6} \times 0.03 \times 120 \times 0.5$

$= 1.44 \times 10^{-5}$ [N·m]

문제45. 답 ㉰

$W = MH(1 - \cos\theta)$ [J]

$= 10 \times 10^{-7} \times 10(1 - 0)$

$= 10^{-5}$ [J]

문제46. 답 ㉱

$W = I\phi$ [J] $= 4 \times 4 = 16$ [J]

문제47. 답 ㉱

$F = qvB = qv\mu_0 H = \mu_0 qvH$ [H]

문제48. 답 ㉰

그림에서 전하 e[C]에 받는 힘은

전계 중에서 받는 힘 $F_e = eE$[N]

자계중에서 받는 힘 $F_m = e(v \times B)$ [N]

따라서, 로렌쯔 힘

$F = F_e + F_m = e\{F + (v \times B)\}$ [N]

여기서, 자계중에 e[C]의 전하가 돌입하면 $F_1 = evB$이고 $F_1' = \frac{mv^2}{r}$이므로 원운동하려면

$F_1 = F_1'$, $evB = \frac{mv^2}{r}$, $r = \frac{mv}{eB}$ [m]

$\therefore r \propto v$

문제49. 답 ㉰

문제50. 답 ㉯

스트레치 효과

문제51. 답 ㉯

08 자성체의 자기회로

문제1. 답 ㉱

문제2. 답 ㉯

상자성체 : $\mu_s > 1 (x > 0)$

반(역)자성체 : $\mu_s < 1 (x < 0)$

x:자화율

문제3. 답 ㉮

문제4. 답 ㉮

물체를 고투자율의 자성체로 포위하면 자기장의 영향을 감소시킬 수 있다. 이러한 현상을 자기자폐라 한다.

문제5. 답 ㉰

문제6. 답 ㉱

지구가 소멸되어 강자성이 상자성으로 변화되는 현상

문제7. 답 ㉱

순철은 690[℃] ~ 870[℃]에서 강자성이 상자성으로 변화된다.

문제8. 답 ㉰

B_r : 잔류자기

H_c:보자력

문제9. 답 ㉱

㉱는 보자철편을 말한다.

문제10. 답 ㉱

잔류 자기와 보자력이 큰 것,

즉, H-Loop가 큰 것을 말한다.

예) 텅스텐강, 코발트강

문제11. 답 ㉰

잔류 자기와 보자력이 작은 것,

즉, 히스테리시스 면적이 작다.

문제12. 답 ㉯

$P_n = \eta f V B_m^{1.6}$ [W]

문제13. 답 ㉯

$$H=0.239\times(2\times2)\times(2\times500)\times\frac{3,000}{60}$$

$$=47,800\ [\text{cal/sec}]$$

$$=47.8\ [\text{kcal/sec}]$$

문제14. 답 ㉱

문제15. 답 ㉱

무한장 솔레노이드, 환상 솔레노이드의 감자력은 "0"이다.

문제16. 답 ㉮

$H=H_0H'=H_0-\dfrac{N}{\mu_0}J$에서

$J=xH,\ x=\mu_0(\mu_s-1)$ 이므로

$$J=\frac{x}{1+\dfrac{xN}{\mu_0}}H_0=\frac{\mu_0(\mu_s-1)}{1+(\mu_s-1)}H_0$$

$$=\frac{\mu_0^2(\mu_s-1)}{\mu_0+U_0(\mu_s-1)N}H_0$$

$$=\frac{\mu_0(\mu-\mu_0)}{\mu_0+(\mu-\mu_0)N}H_0$$

문제17. 답 ㉰

전기저항 $R=\rho\dfrac{l}{S}=\dfrac{1}{k}\cdot\dfrac{l}{S}\ [\Omega]$

자기저항 $R=\dfrac{l}{\mu S}\ [\text{AT/Wb}]$

따라서, k와 μ는 대응관계에 있다.

문제18. 답 ㉰

그림에서 $B=\mu_0H+J\fallingdotseq J[\text{Wb/m}^2]$

$\therefore J$ 는B보다 약간 작다.

문제19. 답 ㉱

$J=xH$

문제20. 답 ㉯

$$J=\mu_0(\mu_s-1)H$$

$$=4\pi\times10^{-7}(400-1)\times400$$

$$=0.2\ [\text{Wb/m}^2]$$

문제21. 답 ㉯

자기 저항의 역수, 즉 [Wb/AT]를 퍼미언스라 한다. 따라서, 전기저항의 역수는 콘덕턴스이다.

문제22. 답 ㉯

자기저항에서는 손실이 없다.

문제23. 답 ㉯

자화의 세기 J는

$$J=xH=\mu_0(\mu_s-1)H$$

$$=4\pi\times10^{-7}\times(400-1)\times3,000$$

$$=1.5\ [\text{Wb/m}^2]$$

문제24. 답 ㉱

$$B=\mu_0\mu_sH$$

$$=4\pi\times10^{-7}\times800\times150$$

$$=15\times10^{-2}\ [\text{Wb/m}^2]$$

문제25. 답 ㉮

경계조건에서 굴절의 법칙은

$$\frac{\tan\theta_1}{\tan\theta_2}=\frac{\mu_1}{\mu_2}$$

문제26. 답 ㉯

자기저항 $R_m \frac{l}{\mu S}$ [AT/Wb]

자기저항의 역수를 퍼미언스라 한다.

문제27. 답 ㉯

$$R_m = \frac{l}{\mu S}$$

$$R' = \frac{\left(\frac{1}{2}\right)\ell}{\left(\frac{1}{2}\mu\right)\left(\frac{1}{2}S\right)} = \frac{\frac{1}{2}}{\frac{1}{4}} \cdot \frac{l}{\mu S} = 2\frac{l}{\mu S}$$

$\therefore R'$ 는 2배가 된다.

문제28. 답 ㉮

$F = R\phi = NI$[AT]에서

$R\phi = NI$이므로

$$\therefore R = \frac{NI}{\phi} = \frac{250 \times 1.2}{1.5 \times 10^{-3}}$$

$$= 2 \times 10^5 \text{ [AT/Wb]}$$

문제29. 답 ㉮

기자력 $F = NI = 500 \times 4 = 2{,}000$ [AT]

자화력 $H = \frac{F}{l} = \frac{NI}{l} = \frac{2{,}000}{0.8}$

$$= 2{,}500 \text{ [AT/m]}$$

문제30. 답 ㉱

$$R_m = \frac{l_2}{\mu_0 \mu_s S},\ R_g = \frac{l_1}{\mu_0 S}$$

$$R = R_g + R_m$$

$$= \left(\frac{l_1}{\mu_0 S} + \frac{l_2}{\mu_0 \mu_s S}\right) \text{ [AT/Wb]}$$

$$F = R\phi = RBS = \left(\frac{l_1}{\mu_0 S} + \frac{l_2}{\mu_0 \mu_s S}\right)BS$$

$$= \frac{B}{\mu_0}\left(l_1 + \frac{l_2}{\mu_s}\right) \text{ [AT]}$$

문제31. 답 ㉰

자기 회로의 오옴의 법칙

$$\phi = \frac{F}{R} = \frac{NI}{R} = \frac{NI}{\frac{l}{\mu S}} = \frac{\mu SNI}{l} \text{ [Wb]}$$

문제32. 답 ㉱

자속 $\phi = \frac{\mu SNI}{l}$

$$\phi = \frac{\mu_0 \mu_s SNI}{l}$$

$$= \frac{4\pi \times 10^{-7} \times 1{,}000 \times 2{,}000 \times 0.5 \times 10 \times 10^{-4}}{2}$$

$$= 6.28 \times 10^{-4} \text{ [Wb]}$$

문제33. 답 ㉰

자속 $\phi = \dfrac{NI}{\frac{\delta}{\mu_0 S} + \frac{l}{\mu S}} = BS$ [Wb]

전류 $I = \frac{BS}{N}\left(\frac{\delta}{\mu_0 S} + \frac{l}{\mu S}\right)$

$$= \frac{B}{N}\left(\frac{\delta}{\mu_0} + \frac{l}{\mu}\right) \text{ [A]}$$

문제34. 답 ㉰

$$W = \int_0^B H dB = \frac{1}{\mu_0}\int_0^B B dB$$

$$= \frac{B^2}{2\mu_0} \text{ [J/m}^3\text{]}$$

$$\therefore W = \frac{B^2}{2\mu_0} = \frac{1}{2}\mu_0 H^2 = \frac{1}{2}BH \text{ [J/m}^3\text{]}$$

문제35. 답 ㉣

$$F=\frac{B^2}{2\mu_0}\times S=\frac{2^2\times2\times10^4}{2\times4\pi\times10^{-7}}\fallingdotseq 318\,[\mathrm{N}]$$

문제36. 답 ㉢

$$F=\frac{B^2}{2\mu_0}\times 2S$$

$$=\frac{2^2}{2\times4\pi\times10^{-7}}\times2\times100\times10^{-4}$$

$$=\frac{1}{\pi}\times10^5\,[\mathrm{N}]$$

문제37. 답 ㉮

$$F=\frac{B^2}{2\mu_0}\times S\,[\mathrm{N}]$$

$$S=\frac{2\mu_0F}{B^2}$$

$$=\frac{2\times4\pi\times10^{-7}\times9.8\times10\times10^3}{2^2}$$

$$=6.15\times10^{-2}\,[\mathrm{m}^2]$$

09 전자유도

문제1. 답 ㉣

페러데이 법칙은

$e=-N\dfrac{d\phi}{dt}$ 에서 크기를 말한다.

문제2. 답 ㉢

문제3. 답 ㉢

$$e=-L\frac{di}{dt}$$

$$=-50\times10^{-3}\times\frac{3-5}{0.01}$$

($e=-N\dfrac{d\phi}{dt}$ 에서 크기를 말한다.)

$$=10\,[\mathrm{V}]$$

문제4. 답 ㉮

$$e=-L\frac{di}{dt}=-L\frac{(20-20)}{6-2)}=0$$

문제5. 답 ㉣

패러데이 법칙은

$$e=-N\frac{d\phi}{dt}=-500\times\frac{(6-6)}{(7-3)}=0$$

∴자속의 변화가 없으므로 $e=0$이다.

문제6. 답 ㉯

$$e=0.05\times\frac{500}{1}=25\,[\mathrm{V}]$$

문제7. 답 ㉯

$$e=-N\frac{d\phi}{dt}=-100\times\frac{0.3-0.5}{\frac{1}{10}}=200\,[\mathrm{V}]$$

문제8. 답 ㉯

$$e=-N\frac{d\phi}{dt}=-N\frac{d}{dt}(\phi_m\sin\omega t)$$

$$=-N\omega\phi_m\cos\omega t$$

$$=\omega N\phi\sin\left(\omega t-\frac{\pi}{2}\right)\,[\mathrm{V}]$$

문제9. 답 ㉰

쇄교 사속 ϕ는

$$\phi=\phi_m \sin\omega t = BS\sin\omega t = Bab\omega t \text{ [Wb]}$$

유기 기전력 e는

$$e=-n\frac{d\phi}{dt}=-n\frac{d}{dt}(Bab\sin\omega t)$$

$$=-n\omega abB\cos\omega t$$

$$=-E_m\cos\omega t$$

$$\therefore E_m=n\omega abB\text{[V]}$$

문제10. 답 ㉯

$$e=-\frac{d\phi}{dt}=-\frac{d}{dt}(Ba^2\cos\theta)$$

$$=-\frac{d}{dt}(Ba^2\cos\omega t)$$

$$=\omega Ba^2\sin\omega t$$

$$\therefore e=\frac{2\pi N}{60}Ba^2\sin\frac{2\pi N}{60}t \quad (\because \omega=\frac{2\pi N}{60})$$

문제11. 답 ㉯

$$e=v\times B$$

$$e=(v\times B)\cdot dl$$

문제12. 답 ㉰

속도

$$v=\frac{l}{t}=\frac{60\times10^3}{3{,}600}=16.7\text{ [m/s]}$$

유기 기전력

$$e=vBl\sin\theta$$

$$=16.7\times0.15\times10^{-4}\times1.5\times1$$

$$=3.75\times10^{-4}\text{[V]}$$

문제13. 답 ㉰

전도 전류 $i=kE$[A/m^2]이다.

문제14. 답 ㉮

중심 0에서 dr [m] 떨어진 점에 유기되는 유기 기전력 $de=vBdr=(\omega r)Bdr$ [V]

따라서, 0 a간에 유기되는 기전력 e는

$$e=\int_0^a de=\omega B\int_0^a dr$$

$$=\omega B\left[\frac{r^2}{2}\right]_0^a=\frac{\omega Ba^2}{2}\text{ [V]}$$

$$\therefore i=\frac{e}{R}=\frac{\omega Ba^2}{2R}$$

문제15. 답 ㉯

유기 기전력 e는

$$e=\frac{\omega Ba^2}{2}=\frac{\frac{(2\pi N)}{60}Ba^2}{2}$$

$$=\frac{2\pi\times1{,}000\times10^2}{2}$$

$$=\pi\times10^5\text{ [V]}$$

전류 i는

$$\therefore i=\frac{e}{R}=\frac{\pi\times10^5}{2}=\frac{\pi}{2}\times10^5\text{ [A]}$$

문제16. 답 ㉯

$$e=\frac{d\phi}{dt}=\frac{20}{1}=20\text{ [V]}$$

$$p=ei\text{ [W]}$$

$$\therefore p=20\times10=200\text{ [W]}$$

문제17. 답 ㉰

$$\text{일률}=\frac{\text{일}}{\text{시간}}$$

$$P=\frac{W}{t}=\frac{O\phi}{t}=\frac{50\times0.03}{0.2}=7.5\text{ [W]}$$

문제18. 답 ㉯

$\delta = \frac{1}{\sqrt{\pi f \mu k}}$ [mm]에서 f, μ, k가 클수록 작다.

문제19. 답 ㉰

$$\delta = \frac{1}{\sqrt{\pi f \mu k}}$$

$$= \frac{1}{\sqrt{3.14 \times 50 \times 4\pi \times 10^{-7} \times \frac{10^8}{2}}}$$

$$= 10.07\ [\text{mm}]$$

10 인덕턴스

문제1. 답 ㉯

L : 상수

문제2. 답 ㉰

$$e = L\frac{di}{dt} \qquad L = \frac{e}{I}t$$

$$\therefore [\text{H}] = \left[\frac{\text{V}}{\text{A}} \cdot \text{S}\right] = [\Omega \cdot \text{S}]$$

문제3. 답 ㉰

$$[\text{H}] = \left[\frac{\text{Wb}}{\text{A}}\right] = \left[\frac{\text{V} \cdot \text{S}}{\text{A}}\right]$$

$$= \left[\frac{\text{V} \cdot \text{S}}{\text{A}} \cdot \frac{\text{A}}{\text{A}}\right] = \left[\frac{\text{J}}{\text{A}^2}\right]$$

문제4. 답 ㉱

$$e = M\frac{di_1}{dt} = 200 \times 10^{-6} \times \frac{15-3}{3}$$

$$= 8 \times 10^{-4}\ [\text{V}]$$

문제5. 답 ㉱

$$L = \frac{\mu S N^2}{l}$$

$$L \propto N^2 = (2)^2 = 4$$

문제6. 답 ㉱

$$N\phi = LI$$

$$\phi = \frac{LI}{N} = \frac{20 \times 10^{-3} \times 2}{200} = 2 \times 10^{-4}\ [\text{Wb}]$$

문제7. 답 ㉰

$e = -L\frac{di}{dt}$에서 A 코일과 B코일의 권수와 L이 일치하며, $k=1$일 때만 성립한다.

문제8. 답 ㉯

$$M = k\sqrt{l_1, l_2}$$

$$k = \frac{M}{\sqrt{L_1,\ L_2}}$$

문제9. 답 ㉯

$$M = k\sqrt{L_1 L_2}$$

$$M^2 = k^2 L_1 L_2$$

문제10. 답 ㉮

$L_+ = L_1 + L_2 + 2M = 75$ ⋯ ①

$L_- = L_1 + L_2 - 2M = 25$ ⋯ ②

식 ① - ②는

$$M = \frac{75-25}{4} = 12.5\ [\text{mH}]$$

문제11. **답** ㉯

$$M=\frac{L_1N_2}{N_1}=0.01\times\frac{200}{100}=0.02\ [\text{H}]$$

문제12. **답** ㉮

$$\left(\frac{L_2}{L_1}\right)=\left(\frac{N_2}{N_1}\right)^2$$

$$L_2=L_1\left(\frac{N_2}{N_1}\right)^2$$

$$=1\times10^{-3}\left(\frac{1{,}200}{1{,}000}\right)^2$$

$$=1.44\ [\text{mH}]$$

$$\therefore M=k\sqrt{L_1L_2}=1\times\sqrt{1\times1.44}$$

$$=1.2\ [\text{mH}]$$

문제13. **답** ㉮

$$L=L_1+L_2+2M[\text{H}]$$

문제14. **답** ㉱

$$L_1=\frac{N_1^2}{R},\ L_2=\frac{N_2^2}{R}$$

$k=1$일 때,

$$M=\sqrt{L_1L_2}=\sqrt{\frac{N_1^2}{R}\cdot\frac{N_2^2}{R}}=\frac{N_1N_2}{R}\ [\text{H}]$$

$$\therefore M=\frac{N_1N_2}{R}=\frac{N_1N_2}{\dfrac{N_1^2}{L_1}}=\frac{L_1N_2}{N_1}\ [\text{H}]$$

문제15. **답** ㉯

$$L_1=\frac{\mu SN_1^2}{l},\ L_2=\frac{\mu SN_2^2}{l}$$

누설자속을 무시하면,

$$M=\sqrt{L_1L_2}=\frac{\mu SN_1N_2}{l}\ [\text{H}]$$

문제16. **답** ㉰

$$L=\frac{\mu SN^2}{l}=\frac{\mu S(nl)^2}{l}=\mu Sn^2l\ [\text{H}]$$

문제17. **답** ㉱

$$L=\frac{N\phi}{I}=\frac{N}{I}\times\frac{\mu SNI}{l}=\frac{\mu SN^2}{l}\ [\text{H}]$$

문제18. **답** ㉮

$$L=\frac{N\mu_0\mu_sHS}{I}=8.04\times10^{-6}\ [\text{H}]$$

문제19. **답** ㉯

$$L\propto N^2$$

$$\frac{L_2}{L_1}=\left(\frac{N_2}{N_1}\right)^2$$

$$L_2=\left(\frac{N_2}{N_1}\right)^2L_1=\left(\frac{1{,}200}{1{,}000}\right)^2\times2\times10^{-3}$$

$$=288\ [\text{mH}]$$

누설자속이 없으므로 $k=1$이다.

따라서,

$$M=k\sqrt{L_1L_2}=1\times\sqrt{2\times2.88}$$

$$=2.4\ [\text{mH}]$$

문제20. **답** ㉯

$$L=\frac{\mu SN^2}{l}=\frac{\mu_0\mu_s\pi a^2N^2}{l}$$

$$N=\sqrt{\frac{L\cdot l}{\mu_0\mu_s\pi a^2}}\fallingdotseq500\ [\text{회}]$$

문제21. 답 ㉯

$$L \propto N^2$$

$$\frac{L_2}{L_1} = \left(\frac{N_2}{N_1}\right)^2$$

$$\therefore N_2 = N_1\sqrt{\frac{L_2}{L_1}} = 3{,}000\sqrt{\frac{0.135}{0.06}}$$

$$= 4{,}500\ [\text{회}]$$

문제22. 답 ㉯

$L = \mu S n_0^2$에서

$l = 1\ [\text{m}]$이므로 $L = \mu S n_0^2$

문제23. 답 ㉰

$$L = \mu\pi a^2 n^2\ [\text{H/m}]$$

$$\therefore L \propto a^2 n^2$$

문제24. 답 ㉰

$$L = \frac{\mu_0}{2\pi} ln\frac{2h}{a} + \frac{\mu}{8\pi}$$

$$= \frac{1}{2\pi}\left(\mu_0 \ln\frac{2h}{a} + \frac{\mu}{4}\right)$$

$$= \frac{\mu_0}{2\pi}\left(\ln\frac{2h}{a} + \frac{\mu_s}{4}\right)$$

문제25. 답 ㉯

$$L = \frac{\mu S N^2}{l} \qquad \therefore L \propto N^2$$

문제26. 답 ㉱

$$H = \frac{I}{2\pi}\left(\frac{1}{x} + \frac{1}{d-x}\right)$$

$$d\phi = BS = \mu_0 H l dx$$

$$= \frac{\mu_0 Il}{2\pi}\left(\frac{1}{x} + \frac{1}{d-x}\right)dx$$

$$\phi = \int_a^{d-a} d\phi$$

$$= \frac{\mu_0 Il}{2\pi}\int_a^{d-a}\left(\frac{1}{x} + \frac{1}{d-x}\right)dx$$

$$= \frac{\mu_0 Il}{\pi} ln\frac{d-a}{a}\ [\text{Wb}]$$

$$L = \frac{N\phi}{I} = \frac{\mu_0 l}{\pi} ln\frac{d-a}{a}\ [\text{H}]$$

$$L_i = \frac{\mu_0}{\pi} ln\frac{d}{a}\ [\text{H/m}] \quad (\because \text{d} \gg \text{a})$$

문제27. 답 ㉯

$$L = \frac{\mu}{2\pi} ln\frac{b}{a}\ [\text{H/m}] \qquad \therefore L \propto N^2$$

문제28. 답 ㉰

$$W = \frac{1}{2}LI^2\ [\text{J}]$$

문제29. 답 ㉰

$$W = \frac{1}{2}LI^2\ [\text{J}]$$

문제30. 답 ㉯

$$W = \frac{1}{2}LI^2 = \frac{1}{2}\times 1\times 10^2 = 50\ [\text{J}]$$

문제31. 답 ㉱

$$L = \frac{\mu S N^2}{l}$$

$$= \frac{4\pi\times 10^{-7}\times 100\times 10\times 10^{-4}\times (1{,}000)^2}{1}$$

$$= 4\pi\times 10^{-2}\ [\text{H}]$$

$$\therefore W = \frac{1}{2}LI^2$$

$$= \frac{1}{2}\times 4\pi\times 10^{-2}\times 10^2 = 2\pi\ [\text{J}]$$

문제32. 답 ㉯

$$L_i = \frac{\mu}{8\pi} l \text{ [H]}$$

$$W = \frac{1}{2} L_i I^2 = \frac{1}{2} \times \frac{\mu l}{8\pi} \times I^2 = \frac{\mu I^2}{16\pi} l \text{ [J]}$$

문제33. 답 ㉱

11 전자계

문제1. 답 ㉯

변위전류밀도 $i_D = j\omega\epsilon E$이다.

문제2. 답 ㉰

$$i_D = \frac{\epsilon \partial E}{\partial t}$$

문제3. 답 ㉯

$$i_D = \epsilon \frac{\partial E}{\partial t} = \epsilon \frac{\partial}{\partial t}\left(\frac{V}{d}\right)$$

$$= \frac{\epsilon}{d} \cdot \frac{\partial}{\partial t}(V_m \cos\omega t)$$

$$= -\frac{\epsilon}{d} \omega V_m \sin\omega t \text{ [A/m}^2\text{]}$$

cf) $E = \frac{V}{d}$

문제4. 답 ㉯

$$i_D = \epsilon \frac{\partial E}{\partial t} = \epsilon \frac{\partial}{\partial t}\left(\frac{V}{d}\right)$$

$$= \epsilon \frac{\partial}{\partial t}\left(\frac{V_m \sin\omega t}{d}\right)$$

$$= \frac{\epsilon}{d} \omega V_m \cos\omega t$$

문제5. 답 ㉮

$$i_D = \epsilon \frac{\partial E}{\partial t} = \epsilon \frac{\partial}{\partial t}\left(\frac{e}{d}\right)$$

$$= \frac{\epsilon}{d} \omega (E_m \sin\omega t)$$

$$= \frac{\epsilon}{d} \omega E_m \cos\omega t$$

$$= \omega C E_m \cos\omega t \text{ [A/m}^2\text{]}$$

cf) $C = \frac{\epsilon}{d}$ [F/m²]

문제6. 답 ㉮

전도 전류 $i_C = KE$ 변위 전류 $i_D = j\omega\epsilon E$

$|i_C| = |i_D|$일 때의 주파수를 임계 주파수라 한다.

여기서, $|kE| = |j\omega\epsilon E|$, $kE = \omega\epsilon E$,

$k = \omega\epsilon = 2\pi f_C \epsilon$

따라서, $f_C = \frac{K}{2\pi\epsilon}$ [Hz]

그리고 $\tan\delta = \frac{|i_C|}{|i_D|} = \frac{k}{\omega\epsilon} = \frac{k}{2\pi f\epsilon} = \frac{f_C}{f}$

문제7. 답 ㉰

$\text{div}B = 0$

즉, 고립된 자극은 존재하지 않는다.

문제8. 답 ㉮

$\text{div}B = 0$

문제9. 답 ㉮

Faraday-Lanze 전자유도 방정식의 미분형은

$$\text{rot}E = \frac{-\partial B}{\partial t}$$

문제10. 답 ㉯

㉮는 수직편파이다.

문제11. 답 ㉰

$P = E \times H$ (우수계)

문제12. 답 ㉱

$$\eta = \frac{W_e}{W_m} = \frac{\frac{1}{2}\epsilon E_2}{\frac{1}{2}\mu H^2} = \frac{\epsilon}{\mu}\left(\sqrt{\frac{\mu}{\epsilon}}\right)^2 = 1$$

따라서, $\eta = 1$이다.

$\therefore\ W_e = W_m$

문제13. 답 ㉱

$$\frac{1}{v^2} = \epsilon\mu$$

$$v = \frac{1}{\sqrt{\epsilon\mu}} = \frac{1}{\sqrt{\epsilon_0\mu_0}\sqrt{\epsilon_s\mu_s}}$$

$$= \frac{3\times10^8}{\sqrt{\epsilon_s\mu_s}}\ [\mathrm{m/s}]$$

$$\therefore\ v = \frac{1}{\epsilon\mu}$$

문제14. 답 ㉮

문제15. 답 ㉯

$$v_0 = \frac{1}{\sqrt{\epsilon_0\mu_0}} = 3\times10^8\ [\mathrm{m/s}]$$

문제16. 답 ㉱

$$v = \frac{3\times10^8}{\sqrt{\epsilon_s\mu_s}} = \frac{3\times10^8}{\sqrt{80\times1}}$$

$$\fallingdotseq 1.35\times10^7\ [\mathrm{m/s}]$$

문제17. 답 ㉰

$$f = \frac{v_0}{\lambda} = \frac{3\times10^8}{0.4} = 750\ [\mathrm{MHz}]$$

문제18. 답 ㉰

$$\lambda = \frac{v_0}{f} = \frac{3\times10^8}{6\times10^6} = 50\ [\mathrm{m}]$$

문제19. 답 ㉮

$$v = \frac{3\times10^8}{\sqrt{64\times1}}$$

$$= 0.375\times10^8\ [\mathrm{m/s}]$$

$$\therefore\ \lambda = \frac{v}{f} = \frac{0.375\times10^8}{190\times10^6} \fallingdotseq 0.19\ [\mathrm{m}]$$

문제20. 답 ㉮

$$\mu_0 = 4\pi\times10^{-7}$$

$$= 4\times3.14\times10^{-7}$$

$$= 12.56\times10^{-7}\ [\mathrm{H/m}]$$

문제21. 답 ㉯

$$Z_0 = \frac{E}{H} = \sqrt{\frac{\mu_0}{\epsilon_0}}$$

문제22. 답 ㉮

$$z = \sqrt{\frac{\mu}{\epsilon}} = \sqrt{\frac{\mu_0}{\epsilon_0}} \cdot \sqrt{\frac{\mu_0}{\epsilon_0}}$$

$$= 377\times\sqrt{\frac{1}{81}} = 41.9\ [\Omega]$$

문제23. 답 ㉰

$$\frac{E}{H} = \sqrt{\frac{\mu}{\epsilon}}$$

$$\therefore E = \sqrt{\frac{\mu}{\epsilon}} H$$

문제24. 답 ㉯

$$Z_0 = \sqrt{\frac{\mu}{\epsilon}} = \sqrt{\frac{L}{C}}$$

문제25. 답 ㉱

$$C = \frac{\pi\epsilon}{\ln\frac{d}{a}}$$

$$L = \frac{\mu}{\pi} ln \frac{d}{a}$$

문제26. 답 ㉮

$$Z = \sqrt{\frac{L}{C}} = 138\sqrt{\frac{\mu_s}{\epsilon_s}} log \frac{b}{a}$$

문제27. 답 ㉯

문제28. 답 ㉯

전파 정수

$$r = \sqrt{(R + j\omega L)(G + j\omega C)}$$

$$= \alpha + j\beta$$

도체일 경우 $\alpha = 0$이므로

$$r = j\beta = j\omega\sqrt{LC}$$

전자파의 속도 $v = \frac{1}{\sqrt{LC}} = \frac{\omega}{\beta}$ [m/s]

문제29. 답 ㉱

$$\phi = \oint_c A \cdot dl = \int_s B \cdot dS$$

$$\int_s \text{rot}A \cdot dS = \int_s B \cdot dS$$

$$\therefore \text{rot}A = B$$

문제30. 답 ㉰

$$B = \text{rot}A$$

$$= \text{rot}H = \begin{vmatrix} i & j & k \\ \frac{\partial}{\partial x} & \frac{\partial}{\partial y} & \frac{\partial}{\partial z} \\ -3xyz & 2x^2 & 0 \end{vmatrix}$$

$$= -j3xy + k(4x + 3xz) \text{ [Wb/m}^2\text{]}$$

문제31. 답 ㉯

$$\eta = \frac{E}{H} = \sqrt{\frac{\mu_0}{\epsilon_0}}$$

$$H_e = \sqrt{\frac{\epsilon_0}{\mu_0}} E_e = \frac{1}{120\pi} E_e$$

$$\fallingdotseq 0.27 \times 10^{-2} E_e \text{ [A/m]}$$

문제32. 답 ㉮

$$W = PS = EHS = 377H^2S$$

$$= 377 \times (10^{-3})^2 \times 10$$

$$= 3.77 \times 10^{-3} \text{ [W]}$$

문제33. 답 ㉰

$$V = Eh = 15 \times 2 = 30 \text{ [V]}$$

문제34. **답** ㉣

진행파

$$A_m \sin\omega\left(t-\frac{z}{v}\right)=A_m \sin 2\pi\left(ft-\frac{fz}{v}\right)$$

$$=A_m \sin 2\pi\left(\frac{t}{T}-\frac{z}{\lambda}\right)$$

문제35. **답** ㉢

완전 경계 조건에서는 경계면의 양측에서 자속밀도의 법선 성분은 서로 같다.

부록 B 실전연습문제

실전 연습문제 01

문제 1. 자기 모멘트 9.8×10^{-5} [Wb·m]의 막대자석을 지구자계의 수평 성분 10.5 [AT/m]의 곳에서 지자기 자오면으로부터 90° 회전시키는데 필요한 일은 몇 [J] 인가?

① 9.3×10^{-5} ② 9.3×10^{-3} ③ 1.03×10^{-5} ④ 1.03×10^{-3}

풀이

회전시키는데 필요한 일은

$$W = \int T d\theta = \int_0^{90} MH \cdot \sin\theta \, d\theta = MH[-\cos\theta]_0^{90} = MH[0+1]$$

$$= 9.8 \times 10^{-5} \times 10.5 = 1.029 \times 10^{-3} \text{ [J]}$$

정답 ④

문제 2. 전기력선에 관한 다음 설명 중 틀린 것은?

① 전기력선은 도체 표면에 수직으로 출입한다.
② 도체 내부에는 전기력선이 다수 존재한다.
③ 단위 전하에서는 진공 중에서 $\dfrac{1}{\epsilon_0}$ 개의 전기력선이 출입한다.
④ 전기력선은 전계가 0 이 아닌 곳에서는 등전위면과 직교한다.

풀이

도체내부에는 전기력선이 존재하지 않는다.

정답 ②

문제3. 길이 ℓ[m], 단면적의 지름 d[m] 인 원통이 길이 방향으로 균일하게 자화되어 자화의 세기가 J[Wb/m^2]인 경우 원통 양단에서의 전자극의 세기는 몇 [Wb]인가?

① $\pi d^2 J$　　② $\pi d J$　　③ $\dfrac{4J}{\pi d^2}$　　④ $\dfrac{\pi d^2 J}{4}$

풀이

자화의 세기 $J = \dfrac{M}{V} = \dfrac{m\ell}{\pi a^2 \ell}$　　$\therefore\ m = \pi a^2 J = \pi\left(\dfrac{d}{2}\right)^2 J$　　정답 ④

문제4. 평등자계를 얻는 방법으로 가장 알맞은 것은?

① 길이에 비하여 단면적이 충분히 큰 솔레노이드에 전류를 흘린다.
② 단면적에 비하여 길이가 충분히 긴 솔레노이드에 전류를 흘린다.
③ 단면적에 비하여 길이가 충분히 긴 원통형 도선에 전류를 흘린다.
④ 길이에 비하여 단면적이 충분히 큰 원통형 도선에 전류를 흘린다.

풀이

평등자계는 단면적에 비하여 길이가 충분히 길고 도선을 촘촘하게 감을수록 누설자속의 발생이 감소하기 때문에 양호한 평등자계를 얻을 수 있다.　　정답 ②

문제5. 전선에 흐르는 전류를 1.5배 증가시켜도 저항에 의한 전압강하가 변하지 않으려면 전선의 반지름을 약 몇 배로 하여야 하는가?

① 0.67　　② 0.82　　③ 1.22　　④ 3

풀이

전압강하 $e = I \cdot R = I \cdot \rho \dfrac{\ell}{s} = I \cdot \rho \dfrac{\ell}{\dfrac{\pi}{4} D^2} = \dfrac{4 I \rho \ell}{\pi D^2}$

$D = \sqrt{\dfrac{4 I \rho \ell}{\pi e}}$

$D' = \sqrt{\dfrac{4 \times 1.5 I \rho \ell}{\pi \times e}} = \sqrt{1.5} \times D = 1.22 D$　　정답 ③

문제6. 전계 E[V/m], 전속 밀도 D[C/m^2], 유전율 ϵ[F/m]인 유전체 내에 저장되는 에너지 밀도 [J/m^3]는?

① ED ② $\frac{1}{2}ED$ ③ $\frac{1}{2\epsilon}E^2$ ④ $\frac{1}{2}\epsilon D^2$

풀이

에너지 밀도 $w = \frac{1}{2}\epsilon E^2 = \frac{D^2}{2\epsilon} = \frac{1}{2}ED$ [J/m^3]

정답 ②

문제7. 도전율이 5.8×10^7 [℧/m], 비투자율이 1인 구리에 60 [Hz]의 주파수를 갖는 전류가 흐를 때 표피 두께는 몇 [mm] 인가?

① 8.53 ② 9.78 ③ 11.28 ④ 13.03

풀이

$$\delta = \sqrt{\frac{2}{\omega\sigma\mu}} = \sqrt{\frac{2}{2\pi\times 60\times 5.8\times 10^7\times 4\pi\times 10^{-7}}}\times 10^3 = 8.53\,[\text{mm}]$$

정답 ①

문제8. 자속의 연속성을 나타낸 식은?

① $\text{div}B = \rho$ ② $\text{div}B = 0$ ③ $B = \mu H$ ④ $\text{div}B = \mu H$

풀이

$\text{div}\ B = \nabla\cdot B = 0$

정답 ②

문제9. 그림과 같은 1[m]당 권선수 n, 반지름 a[m]의 무한장 솔레노이드에서 자기 인덕턴스는 n과 a 사이에 어떠한 관계가 있는가?

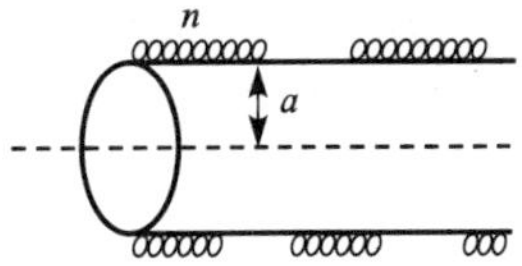

① a와는 상관없고 n^2에 비례한다.　② a와 n의 곱에 비례한다.

③ a^2과 n^2의 곱에 비례한다.　④ a^2에 반비례하고 n^2에 비례한다.

풀이

$L = \frac{\mu S N^2}{\ell}$ [H] $= \mu S n^2 \ell$ [H] $= \mu S n^2$ [H/m] $= \mu \pi a^2 n^2$ [H/m]

정답 ③

문제10. 다음 중 거리 r에 반비례하는 것은?

① 무한장 직선전하에 의한 전계　② 구도체 전하에 의한 전계

③ 전기쌍극자에 의한 전계　④ 전기쌍극자에 의한 전위

풀이

① 무한장 직선 $E = \frac{\lambda}{2\pi\epsilon_0 r}$ [V/m]

② 구(점)전하의 전계세기 $E = \frac{Q}{4\pi\epsilon_0 r^2}$ [V/m]

③ 전기쌍극자 전계세기 $E = \frac{M}{4\pi\epsilon_0 r^3}\sqrt{1+3\cdot\cos^2\theta}$ [V/m]

④ 전기쌍극자의 전위 $V = \frac{M\cos\theta}{4\pi\epsilon_0 r^2}$ [V]

정답 ①

문제11. 간격 3[m]의 평행 무한 평면 도체에 각각 ± 4[C/m^2]의 전하를 주었을 때, 두 도체간의 전위차는 몇 [V]인가?

① 1.5×10^{11}　② 1.5×10^{12}　③ 1.36×10^{11}　④ 1.36×10^{12}

풀이

무한평면의 전계 세기 $E = \frac{\rho}{\epsilon_0}$

전위차 $V = Ed = \frac{\rho}{\epsilon_0} \times d = \frac{4}{8.855 \times 10^{-12}} \times 3 = 1.355 \times 10^{12}$ [V]

정답 ④

문제12. 유전율 ϵ[F/m], 고유저항 ρ[Ω·m] 인 유전체로 채운 정전용량 C[F]의 콘덴서에 전압 V[V]를 가할 때 유전체 중의 t초 동안에 발생하는 열량은 몇 [cal] 인가?

① $4.2\times\dfrac{CV^2t}{\rho\epsilon}$ ② $4.2\times\dfrac{CVt}{\rho\epsilon}$

③ $0.24\times\dfrac{CV^2t}{\rho\epsilon}$ ④ $0.24\times\dfrac{CVt}{\rho\epsilon}$

풀이

열량 $Q=0.24Pt=0.24\dfrac{V^2}{R}t$ [cal]에서

$R=\dfrac{\rho\epsilon}{C}$ 을 대입하면 $=0.24\times\dfrac{CV^2t}{\rho\epsilon}$ [cal]

정답 ③

문제13. 내원통의 반지름 a, 외원통의 반지름 b인 동축원통 콘덴서의 내외 원통사이에 공기를 넣었을 때 정전용량 C_0이었다. 내외 반지름을 모두 3배로 하고 공기대신 비유전률 9인 유전체를 넣었을 경우의 정전용량은?

① $\dfrac{C_0}{9}$ ② $\dfrac{C_0}{3}$ ③ C_0 ④ $9C_0$

풀이

공기콘덴서 $C_0=\dfrac{2\pi\epsilon_0}{\ln\dfrac{b}{a}}$ [F/m]

내외 반지름을 3배로 하고 비유전율이 9인 유전체를 넣었을 경우

정전용량 :

$$C=\frac{2\pi\epsilon_0\epsilon_s}{\ln\dfrac{3b}{3a}}=\frac{\epsilon_s\cdot 2\pi\epsilon_0}{\ln\dfrac{b}{a}}=\epsilon_s C_0=9C_0$$

정답 ④

문제 14. $X > 0$인 영역에서 $\epsilon_1 = 3$인 유전체, $x < 0$인 영역에 $\epsilon_2 = 5$인 유전체가 있다. 유전율 ϵ_2인 영역에서 전계 $E_2 = 20a_x + 30a_y - 40a_z$ [V/m] 일 때, 유전율 ϵ_1인 영역에서의 전계 E_1은 몇 [V/m] 인가?

① $\frac{100}{3}a_x + 30a_y - 40a_z$　　② $20a_x + 90a_y - 40a_z$

③ $100a_x + 10a_y - 40a_z$　　④ $60a_x + 30a_y - 40a_z$

풀이

경계조건에서

$D_{1x} = D_{2x}$, $\epsilon_1 E_{1x} = \epsilon_2 E_{2x}$

$E_{1x} = \frac{\epsilon_2}{\epsilon_1} \times E_{2x} = \frac{5}{3} \times 20a_x = \frac{100}{3}a_x$

$E_{1y} = E_{2y}$, $E_{1z} = E_{2z}$

$\therefore E_1 = \frac{100}{30}a_x + 30a_y - 40a_z$ [V/m]　$(i = a_x, j = a_y, k = a_z)$

정답 ①

문제 15. 점전하 0.5 [C]의 전계 $E = 3a_x + 5a_y + 8a_z$ [V/m] 중에서 속도 $4a_x + 2a_y + 3a_z$ 로 이동할 때 받는 힘은 몇 [N] 인가?

① 4.95　② 7.45　③ 9.95　④ 13.47

풀이

$F = QE = 0.5 \times (3a_x + 5a_y + 8a_z) = 0.5 \times \sqrt{3^2 + 5^2 + 8^2} = 4.95$ [W]

$(i = a_x, j = a_y, k = a_z)$

정답 ①

문제 16. 반지름 a [m] 인 접지 구도체 중심에서 d [m]($> a$)인 곳에 점전하 Q가 있을 때 영상 전하 Q'의 크기는?

① $\frac{a}{d^2}Q$　② $\frac{a^2}{d}Q$　③ $\frac{d}{a}Q$　④ $\frac{a}{d}Q$

풀이

접지도체구일 때 영상전하 $Q' = -\frac{a}{d}Q$ [C]

영상전하 위치 $\overline{OA'} = \frac{a^2}{d}$

정답 ④

문제17. 전자파의 특성에 대한 설명으로 틀린 것은?

① 전파 E_s 를 특성 임피던스로 나누면 자파 H_y 가 된다.

② 매질이 도전성을 갖지 않으면 전파 E_s 와 자파 H_y 는 동위상이 된다.

③ 전파 E_s 와 자파 H_y 의 진동 방향은 진행 방향에 수평인 종파이다.

④ 전자파의 속도는 주파수와 무관하다.

풀이

① 특성 임피던스 $\eta = \dfrac{E_s}{H_g}$, $H_y = \dfrac{E_s}{\eta}$

② 전파 E_s 와 자파 H_y 는 동위상이다.

③ 전파 E_s 와 자파 H_y 의 진동방향은 진행방향에 수직인 횡파이다.

④ 전자파 속도 : $v = \dfrac{1}{\sqrt{\epsilon \mu}}$ [m/sec]

정답 ③

문제18. 그림과 같이 반지름 a 인 무한길이 직선도선에 I인 전류가 도선 단면에 균일하게 흐르고 있다. 이 때 축으로부터 $r(a > r)$ 인 거리에 있는 도선 내부의 점 P의 자계의 세기에 관한 설명으로 옳은 것은?

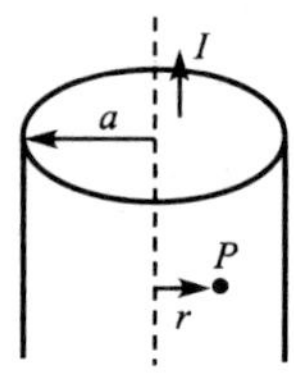

① r 에 비례한다.

② r 에 반비례한다.

③ r^2 에 반비례한다.

④ r 에 관계없이 항상 0이다.

풀이

원주도체 내부의 자계세기 : $H_i = \dfrac{rI}{2\pi a^2}$ [AT/m]

원주도체 외부의 자계세기 : $H = \dfrac{I}{2\pi r}$ [AT/m]

정답 ①

문제19. 전계 $E = i\,2e^{3x}\sin 5y - j\,e^{3x}\cos 5y + k\,3ze^{4z}$ 일 때, 점 $(x=0,\ y=0,\ z=0)$에서의 발산은?

① 0　　② 3　　③ 6　　④ 10

풀이

$$\mathrm{div}\,\mathrm{E} = \nabla \cdot E = \frac{\partial}{\partial x}(2e^{3x}\cdot \sin 5y) + \frac{\partial}{\partial y}(-e^{3x}\cdot \cos 5y) + \frac{\partial}{\partial z}(3z\cdot e^{4z})$$

$$= 6\cdot e^{3x}\sin 5y + 5\cdot e^{3x}\sin 5y + 3\cdot(e^{4z} + z\cdot 4\cdot e^{4z})$$

$(0,0,0)$ 을 대입하면

$$= 3\cdot(1+0) = 3.$$

$\therefore \mathrm{div}\,E = 3$

정답 ②

문제20. C_1, C_2 의 두 폐회로간의 상호 인덕턴스를 구하는 노이만의 공식은?

① $\dfrac{\mu}{2\pi}\oint_{c1}\oint_{c2}\dfrac{dl_1\cdot dl_2}{r^2}$　　② $4\pi\mu\oint_{c1}\oint_{c2}\dfrac{dl_1\cdot dl_2}{r}$

③ $\dfrac{\mu}{4\pi}\oint_{c1}\oint_{c2}\dfrac{dl_1\cdot dl_2}{r}$　　④ $\dfrac{4\pi}{\mu}\oint_{c1}\oint_{c2}\dfrac{dl_1\cdot dl_2}{r}$

풀이

정답 ③

실전 연습문제 02

문제 1. 전계 E[V/m], 자계 H[A/m]의 전자계가 평면파를 이루고 자유공간으로 전파될 때, 단위시간당 전력밀도는 몇 [W/m^2]인가?

① $\frac{1}{2}EH$　　② $\frac{1}{2}E^2H$　　③ E^2H　　④ EH

풀이

포인팅 벡터 $\vec{P} = E \times H = EH = 377H^2 = \frac{1}{377}E^2 = \frac{P}{S}$ [W/m^2]

정답 ④

문제 2. 유도 기전력의 크기는 폐회로에 쇄교하는 자속의 시간적 변화율에 비례하는 정량적인 법칙은?

① 노이만의 법칙　　② 가우스의 법칙
③ 암페어의 주회적분 법칙　　④ 플레밍의 오른손 법칙

풀이

① $M = \frac{\mu}{4\pi}\oint_{c1}\oint_{c2}\frac{d\ell_1 \, d\ell_2}{r}$
노이만의 법칙 : 두 폐회로 간에 쇄교자속에 의한 상호인덕턴스를 구하는 공식
② $\oint E ds = \frac{Q}{\epsilon_0}$
가우스의 법칙 : 전계와 전하량의 관계
③ $\int H d\ell = \sum I$
암페아의 주회적분 법칙 : 자계와 전류와의 관계
④ $e = (v \times B)\ell$
플레밍의 오른손 법칙(도체의 기전력)

정답 ①

문제3. 다음 설명 중 잘못된 것은?

① 초전도체는 임계온도 이하에서 완전 반자성을 나타낸다.
② 자화의 세기는 단위 면적당의 자기 모멘트이다.
③ 상자성체에 자극 N 극을 접근시키면 S 극이 유도된다.
④ 니켈(Ni), 코발트(Co) 등은 강자성체에 속한다.

풀이

자화의 세기 $J = \mu_0(\mu_s - 1)H = x \cdot H = B\left(1 - \dfrac{1}{\mu_s}\right) = \dfrac{M}{V}$ [Wb/m²]

자화의 세기는 단위체적당 자기 Monent와 같다.

정답 ②

문제4. 길이 ℓ[m]인 동축 원통도체의 내외원통에 각각 $+\lambda$, $-\lambda$ [C/m]의 전하가 분포되어 있다. 내외 원통사이에 유전률 ϵ인 유전체가 채워져 있을 때, 전계의 세기는 몇 [V/m]인가? (단, V는 내외 원통간의 전위차, D는 전속밀도이고, a, b는 내외 원통의 반지름이며 원통 중심에서의 거리 r은 $a < r < b$ 인 경우이다.)

① $\dfrac{V}{r \cdot \ln\dfrac{b}{a}}$ ② $\dfrac{V}{\epsilon \cdot \ln\dfrac{b}{a}}$ ③ $\dfrac{D}{r \cdot \ln\dfrac{b}{a}}$ ④ $\dfrac{D}{\epsilon \cdot \ln\dfrac{b}{a}}$

풀이

동축원통의 전위차 $V = \dfrac{\lambda}{2\pi\epsilon_0}\ln\dfrac{r_2}{r_1} = \dfrac{\lambda}{2\pi\epsilon_0}\ln\dfrac{b}{a}$ $\therefore \lambda = \dfrac{2\pi\epsilon_0 V}{\ln\dfrac{b}{a}}$

동축원통의 전계세기 $E = \dfrac{\lambda}{2\pi\epsilon_0 r} = \dfrac{1}{2\pi\epsilon_0 r} \times \dfrac{2\pi\epsilon_0 V}{\ln\dfrac{b}{a}} = \dfrac{V}{r \cdot \ln\dfrac{b}{a}}$ [V/m]

정답 ①

문제5. 어떤 환상 솔레노이드의 단면적이 S이고, 자로의 길이가 ℓ, 투자율이 μ라고 한다. 이 철심에 균등하게 코일을 N회 감고 전류를 흘렸을 때 자기 인덕턴스에 대한 설명으로 옳은 것은?

① 투자율 μ에 반비례한다. ② 권선수 N^2에 비례한다.
③ 자로의 길이 ℓ에 비례한다. ④ 단면적 S에 반비례한다.

풀이

자기인덕턴스 : $L = \dfrac{\mu S N^2}{\ell}$ [H]

정답 ②

문제6. 비유전률 $\epsilon_s = 2.2$, 고유저항 $\rho = 10^{11}$ [Ω·m]인 유전체를 넣은 콘덴서의 용량이 20[μF] 이었다. 여기에 500[kV]의 전압을 가하였을 때의 누설전류는 약 몇 [A]인가?

① 4.2　　② 5.1　　③ 54.5　　④ 61.0

풀이

저항 $R = \dfrac{\rho\epsilon}{C}$

전류 $I = \dfrac{V}{R} = \dfrac{CV}{\rho\epsilon} = \dfrac{CV}{\rho\epsilon_0\epsilon_s} = \dfrac{20\times10^{-6}\times500\times10^3}{10^{11}\times8.855\times10^{-12}\times2.2} = 5.1\,[A]$

정답 ②

문제7. 다음 중 압전효과를 이용하지 않는 것은?

① 수정발진기　　② Crystal pick-up　　③ 초음파발생기　　④ 자속계

풀이

정답 ④

문제8. 정전계에 대한 설명 중 틀린 것은?

① 도체에 주어진 전하는 도체표면에만 분포한다.

② 중공도체(中空導體)에 준 전하는 외부 표면에만 분포하고 내면에는 존재하지 않는다.

③ 단위전하에서 나오는 전기력선의 수는 $\dfrac{1}{\epsilon_0}$ 개이다.

④ 전기력선은 전하가 없는 곳에서는 서로 교차한다.

풀이

전기력선은 서로 반발하는 힘이 작용하여 교차하지 않는다.

정답 ④

문제9. 와전류의 방향에 대한 설명으로 옳은 것은?

① 일정하지 않다. ② 자력선의 방향과 동일하다.
③ 자계와 평행되는 면을 관통한다. ④ 자속과 수직되는 면을 회전한다.

풀이

와전류는 자속의 수직되는 면을 회전한다. 정답 ④

문제10. 투자율이 다른 두 자성체가 평면으로 접하고 있는 경계면에서 전류밀도가 0 일 때 성립하는 경계 조건은?

① $\mu_2 \tan\theta_1 = \mu_1 \tan\theta_2$ ② $H_1 \cos\theta_1 = H_2 \cos\theta_2$
③ $B_1 \sin\theta_1 = B_2 \cos\theta_2$ ④ $\mu_1 \tan\theta_1 = \mu_2 \tan\theta_2$

풀이

경계조건 $\dfrac{\tan\theta_2}{\tan\theta_1} = \dfrac{\mu_2}{\mu_1}$ 에서 $\mu_2 \tan\theta_1 = \mu_1 \tan\theta_2$ 정답 ①

문제11. 공기 중에 $10^{-3}\,[\mu C]$과 $2\times10^{-3}\,[\mu C]$의 두 점전하가 1[m] 거리에 놓여졌을 때 이들이 갖는 전계 에너지는 몇 [J]인가?

① 18×10^{-3} ② 18×10^{-9} ③ 36×10^{-3} ④ 36×10^{-9}

풀이

$$V_1 = \frac{Q_2}{4\pi\epsilon_0 r} = 9\times10^9 \times \frac{2\times10^{-3}\times10^{-6}}{1} = 18[V]$$

$$V_2 = \frac{Q_1}{4\pi\epsilon_0 r} = 9\times10^9 \times \frac{10^{-3}\times10^{-6}}{1} = 9\ [V]$$

$$W = \frac{1}{2}Q_1 V_1 + \frac{1}{2}Q_2 V_2 = \frac{1}{2}(10^{-3}\times10^{-6}\times18 + 2\times10^{-3}\times10^{-6}\times9)$$

$$= 18\times10^{-9}\,[J]$$

정답 ②

문제12. 원통 좌표계에서 같이 d 의 짧고 가는 도선에 일정 전류 I를 흘릴 때, 벡터 전위 A를 구한 값은? (단, $d \ll R$이고, 따라서 $\frac{1}{r} \approx \frac{1}{R}$이라 가정한다.)

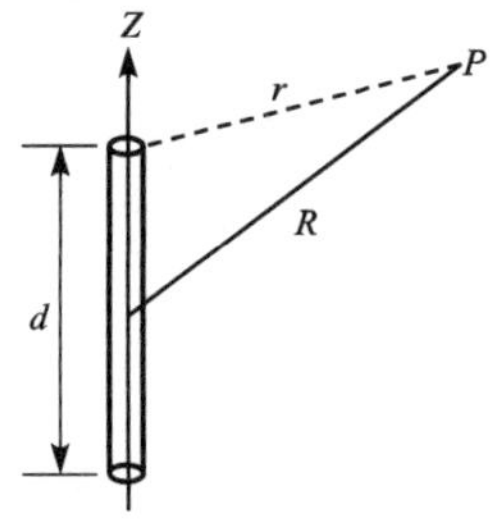

① $\frac{\mu_0 Id}{4\pi r}a_z$　② $\frac{Id}{4\pi\mu_0 r}a_z$

③ $\frac{\mu_0 Id}{4\pi rR}a_z$　④ $\frac{Id}{4\pi\mu rR}a_z$

풀이

벡터 전위 $A = \frac{\mu_0 I}{4\pi}\int_0^d d \cdot az = \frac{\mu_0 Id}{4\pi r} \cdot az$

정답 ①

문제13. 30[V/m]인 전계 내의 50[V] 되는 점에서 1[C]의 전하를 전계 방향으로 70[cm] 이동한 경우, 그 점의 전위는 몇 [V]인가?

① 21　② 29　③ 35　④ 65

풀이

$V_B = V_A - Ed = 50 - 30 \times 0.7 = 29$ [V]

정답 ②

문제14. 자속밀도 30[Wb/m^2]의 자계내에 5[A]의 전류가 흐르고 있는 길이 1[m]의 직선 도체를 자계의 방향에 대해서 60도의 각으로 놓았을 때 이 도체에 작용하는 힘은 약 몇 [N]인가?

① 75　② 120　③ 130　④ 150

풀이

$F = IB\ell\sin\theta = 5 \times 30 \times 1 \times \sin 60^\circ = 130$ [N]

정답 ③

문제15. 그림과 같이 단심연피케이블의 내외도체를 단절연할 경우 두 도체간의 절연내력을 최대로 하기 위한 조건으로 옳은 것은? (단, ϵ_1, ϵ_2는 각각의 유전률이다.)

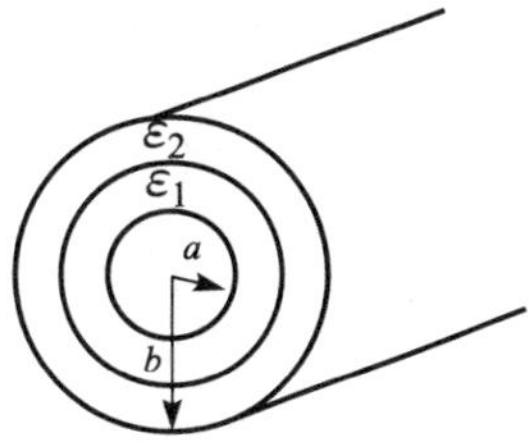

① $\epsilon_1 = \epsilon_2$ 로 한다.　② $\epsilon_1 > \epsilon_2$ 로 한다.

③ $\epsilon_2 > \epsilon_1$ 로 한다.　④ 유전률과는 관계 없다.

풀이

원주(케이블)의 전계의 세기 $E = \dfrac{\lambda}{2\pi\epsilon r}$ 에서

$\epsilon r = \dfrac{\lambda}{2\pi E}$

$\epsilon r = k$ 이므로 $r_1 < r_2$ 이면 $\epsilon_1 > \epsilon_2$ 가 되어야 전계의 강도가 균일하므로 경제적 절연이 된다.

정답 ②

문제16. 어떤 공간의 비유전율은 2 이고 전위 $V(x, y) = \dfrac{1}{x} + 2xy^2$이라고 할 때 점 $\left(\dfrac{1}{2}, 2\right)$에서의 전하밀도 ρ는 약 몇 [pC/m^3]인가?

① −20　② −40　③ −160　④ −320

풀이

포아송의 방정식 $\nabla^2 V = -\dfrac{\rho}{\epsilon}$, $\dfrac{\partial^2 V}{dx^2} + \dfrac{\partial^2 V}{\partial y^2} + \dfrac{\partial^2 V}{dz^2} = -\dfrac{\rho}{\epsilon}$

$\dfrac{2}{x^3} + 4x = -\dfrac{\rho}{\epsilon}$ $\left(\dfrac{1}{2}, 2\right)$, $16 + 2 = -\dfrac{\rho}{\epsilon}$

$\rho = -18\epsilon = -18\epsilon_0\,\epsilon_s = -18 \times 8.855 \times 10^{-12} \times 2$

$= -3.19 \times 10^{-10}[\text{C/m}^3] = -319[\text{pC/m}^3]$

정답 ④

문제17. 전자기파의 기본 성질이 아닌 것은?

① 횡파이며 속도는 매질에 따라 다르다.
② 반사, 굴절현상이 있다.
③ 자계의 방향과 전계의 방향은 서로 수직이다.
④ 완전 도체 표면에서는 전부 흡수된다.

풀이

완전도체 표면에서 전부 반사된다. **정답** ④

문제18. 그림과 같이 무한평면 S 위에 일점 P 가 있다. S가 P 점에 대해서 이루는 입체각은 얼마인가?

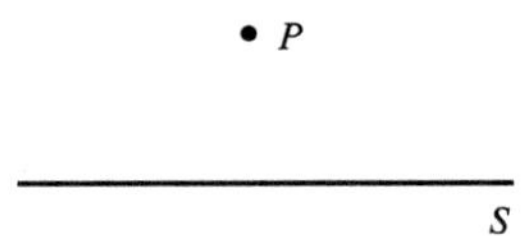

① π ② 2π ③ 3π ④ 4π

풀이

$\omega = 2\pi(1-\cos\theta) = 2\pi(1-\cos 90^\circ) = 2\pi$ **정답** ②

문제19. Z 축상에 놓여 있는 선전하밀도 $\lambda = 2\pi\epsilon$ [C/m]인 균일한 선전하에 의한 점(1, 2, 4)를 통과하는 전기력선의 방정식은 다음 중 어느 것인가?

① $y = 0.5x$　　② $y = x$　　③ $y = 2x$　　④ $y = 4x$

풀이

직각 좌표계 $r = \sqrt{x^2 + y^2}$

원통 좌표계 $E = \dfrac{\lambda}{2\pi\epsilon_0 r} a_r$

$$a_r = \frac{x}{r}i + \frac{y}{r}j = \frac{x}{\sqrt{x^2+y^2}}i + \frac{y}{\sqrt{x^2+y^2}}j$$

$$E = \frac{\lambda \cdot x}{2\pi\epsilon_0(x^2+y^2)}i + \frac{\lambda \cdot y}{2\pi\epsilon_0(x^2+y^2)}j$$

전기력선의 방정식 $\dfrac{dx}{E_x} = \dfrac{dy}{E_y}$

$$\frac{1}{x}dx = \frac{1}{y}dy$$

$$\int \frac{1}{x}\,dx = \int \frac{1}{y}\,dy$$

$$\ln x = \ln y + \ln c$$

$$\ln x - \ln y = \ln c$$

$$\ln\frac{x}{y} = \ln c$$

$c = \dfrac{x}{y} = \dfrac{1}{2}$　　$\therefore x = \dfrac{1}{2}y$,　$y = 2x$

정답 ③

문제20. 대지의 고유저항이 $\rho[\Omega \cdot \text{m}]$일 때 반지름 a[m]인 그림과 같은 반구 접지극의 접지저항은 몇 [Ω]인가?

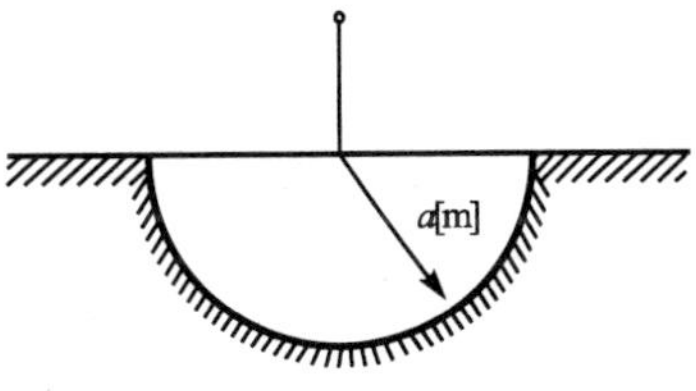

① $\dfrac{\rho}{4\pi a}$　　② $\dfrac{\rho}{2\pi a}$

③ $\dfrac{2\pi\rho}{a}$　　④ $2\pi\rho a$

풀이

$R = \dfrac{\rho\epsilon}{C} = \dfrac{\rho\epsilon}{2\pi\epsilon a} = \dfrac{\rho}{2\pi a}$ [Ω]

구 : $C = 4\pi\epsilon a$ [F]

반구 : $C = 2\pi\epsilon a$ [F]

정답 ②

실전 연습문제 03

문제1. 공기 중에서 1[m] 간격을 가진 두 개의 평행 도체 전류의 단위 길이에 작용하는 힘은 몇 [N]인가? (단, 전류는 1[A]라고 한다.)

① 2×10^{-7}　　② 4×10^{-7}　　③ $2\pi\times 10^{-7}$　　④ $4\pi\times 10^{-7}$

풀이

$$F=\frac{\mu_0 I_1 I_2}{2\pi r}=\frac{2I^2}{r}\times 10^{-7}$$ 에서

$$F=\frac{2\times 1^2}{1}\times 10^{-7}=2\times 10^{-7}\ [\mathrm{N}]$$

정답 ①

문제2. 평행판콘덴서의 극간 전압을 일정하게 하고 극판사이에 극판 간격의 $\frac{2}{3}$ 두께의 유리판 ($\epsilon=10$)을 삽입할 때 극간의 흡인력은 공기가 극간에 있을 때에 비하여 어떻게 되는가?

① 2.5배로 커진다.　　② 1.5배로 커진다.
③ 0.6배로 작아진다.　　④ 0.8배로 작아진다.

풀이

공기콘덴서 정전용량 C_0 는 $C_0=\frac{\epsilon_0 S}{d}$

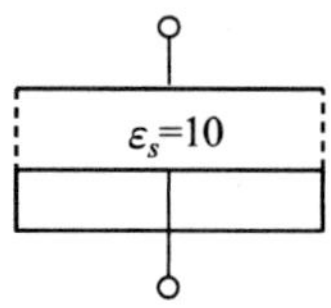

유전체를 넣었을 때 직렬연결이므로 정전용량 C는

$\epsilon_1=10\epsilon_0$,　$d_1=\frac{2}{3}d$

$\epsilon_1=\epsilon_0$,　$d_2=\frac{1}{3}d$

$$C=\frac{\epsilon_1\epsilon_s S}{\epsilon_1 d_2+\epsilon_2 d_1}=\frac{10\epsilon_0\cdot\epsilon_0 S}{(10\epsilon_0+\epsilon_0\times 2)\frac{d}{3}}=\frac{5}{2}\cdot\frac{\epsilon_0 S}{d}=2.5\,C_0$$ 이다.

전압이 일정할 때 에너지 $w=\frac{1}{2}CV^2$ [J]

$$\frac{F}{F_0}=\frac{W}{W_0}=\frac{C}{C_0}=\frac{2.5\,C_0}{C_0}=2.5\ [\text{배}]$$

정답 ①

문제3. 와전류가 이용되고 있는 것은?

① 수중 음파 탐지기 ② 레이더
③ 자기 브레이크(magnetic brake) ④ 사이클로트론(cyclotron)

풀이

정답 ③

문제4. 전기력선에 대한 다음 설명 중 옳은 것은?

① 전기력선은 양전하에서 시작하여 음전하에서 끝난다.
② 전기력선은 전위가 낮은 점에서 높은 점으로 향한다.
③ 전기력선의 방향은 그 점의 전계의 방향과 반대이다.
④ 진계가 0 이 아닌 곳에시 2개의 전기력선은 항상 교치 한다.

풀이

① 전기력선은 정(양)전하에서 부(음)전하에 그친다.
② 전기력선은 전위가 높은 점에서 낮은 점으로 향한다.
③ 전기력선의 방향은 그 점의 전계의 방향과 같다.
④ 전계가 0 이 아닌 곳에서 전기력선은 교차하지 않는다.

정답 ①

문제5. 변위전류 또는 변위전류밀도에 대한 설명 중 틀린 것은?

① 변위전류밀도는 전속밀도의 시간적 변화율이다.
② 자유공간에서 변위전류가 만드는 것은 자계이다.
③ 변위전류는 주파수와 관계가 있다.
④ 시간적으로 변화하지 않는 계에서도 변위전류는 흐른다.

풀이

변위전류밀도 $i_d = \frac{\partial D}{\partial t}$ (전속밀도의 시간적인 변화)

변위전류의 최대값 $I_d = \omega C V_m = 2\pi f\, C V_m$

정답 ④

문제6. 유전율 ϵ_1, ϵ_2인 두 유전체 경계면에서 전계가 경계면에 수직일 때 경계면에 작용하는 힘은 몇 [N/m^2]인가? (단, $\epsilon_1 > \epsilon_2$ 이다.)

① $\left(\frac{1}{\epsilon_1} + \frac{1}{\epsilon_2}\right) D$　② $2\left(\frac{1}{\epsilon_1^2} + \frac{1}{\epsilon_2^2}\right) D^2$

③ $\frac{1}{2}\left(\frac{1}{\epsilon_2} - \frac{1}{\epsilon_1}\right) D$　④ $\frac{1}{2}\left(\frac{1}{\epsilon_2} - \frac{1}{\epsilon_1}\right) D^2$

풀이

경계면에 수직($\theta_1 = \theta_2 = 0^\circ$)

$D_1 = D_2 = D$ 이므로 $f = \frac{1}{2}\left(\frac{1}{\epsilon_2} - \frac{1}{\epsilon_1}\right) D^2$ [N/m^2]

정답 ④

문제7. 평면도체 표면에서 진공내 d[m]의 거리에 점전하 Q[C]이 있을 때, 이 전하를 무한 원까지 운반하는 데 요하는 일은 몇 [J]인가?

① $9 \times 10^9 \times \frac{Q^2}{d}$　② $4.5 \times 10^9 \times \frac{Q^2}{d}$

③ $3 \times 10^9 \times \frac{Q^2}{d}$　④ $2.25 \times 10^9 \times \frac{Q^2}{d}$

풀이

힘 $F = \frac{Q^2}{4\pi\epsilon_0 (2d)^2} = \frac{Q^2}{16\pi\epsilon_0 d^2}$ [N]

일 $W = \int F dr = Fd = \frac{Q^2}{16\pi\epsilon_0 d} = \frac{Q^2}{16\pi \times 8.855 \times 10^{-12} d} = 2.25 \times 10^9 \times \frac{Q^2}{d}$

정답 ④

문제8. 높은 주파수의 전자파가 전파될 때 일기가 좋은 날보다 비 오는 날 전자파의 감쇄가 심한 원인은?

① 도전률 관계임　② 유전률 관계임　③ 투자율 관계임　④ 분극률 관계임

풀이

정답 ①

문제9. 반지름 a[m]의 구 도체에 전하 Q[C]이 주어질 때 구 도체 표면에 작용하는 정전응력은 약 몇 [N/m^2]인가?

① $\dfrac{9Q^2}{16\pi^2\epsilon_0 a^6}$　② $\dfrac{9Q^2}{32\pi^2\epsilon_0 a^6}$　③ $\dfrac{Q^2}{16\pi^2\epsilon_0 a^4}$　④ $\dfrac{Q^2}{32\pi^2\epsilon_0 a^4}$

풀이

구 표면에서 $E=\dfrac{Q}{4\pi\epsilon_0 a^2}$ [V/m]

정전응력 $f=\dfrac{1}{2}\epsilon_0 E^2=\dfrac{1}{2}\epsilon_0\left(\dfrac{Q}{4\pi\epsilon_0 a^2}\right)^2=\dfrac{Q^2}{32\pi^2\epsilon_0 a^4}$ [N/m^2]

정답 ④

문제10. 무한장의 직선 도체에 선전하 밀도 ρ[C/m]로 전하가 충전될 때 이 직선 도체에서 r[m]만큼 떨어진 점의 전위는?

① ρ 이다.　② $\rho\cdot\ r$ 이다.　③ 0(Zero) 이다.　④ 무한대(∞) 이다.

풀이

$V=\displaystyle\int_r^\infty E dx=\int_r^\infty \frac{\lambda}{2\pi\epsilon_0 x}dx=\frac{\lambda}{2\pi\epsilon_0}[\ln x]_r^\infty=\infty$

정답 ④

문제11. 자계의 세기 H[AT/m], 자속밀도 B[Wb/m^2], 투자율 μ[H/m]인 곳의 자계의 에너지 밀도는 몇 [J/m^3]인가?

① BH　② $\dfrac{1}{2\mu}H^2$　③ $\dfrac{1}{2\mu}H$　④ $\dfrac{1}{2}BH$

풀이

에너지 밀도 $w=\dfrac{1}{2}\mu H^2=\dfrac{B^2}{2\mu}=\dfrac{1}{2}HB$ [J/m^3]

정답 ④

문제 12. 그림들은 전자의 자기모멘트의 크기와 배열상태를 그 차이에 따라 배열한 것이다. 강자성체에 속하는 것은?

①  ②  ③  ④ 

> **풀이**
> ① 상자성체 ② 반강자성체 ③ 강자성체 ④ 훼리 자성체 **정답** ③

문제 13. 막대자석의 회전력을 나타내는 식으로 옳은 것은? (단, 막대자석의 자기모멘트 M [Wb·m]와 균등자계 H [A/m]와의 이루는 각 θ 는 $0° < \theta < 90°$라 한다.)

① $M \times H$ [N · m/rad] ② $H \times M$ [N · m/rad]

③ $\mu_0 H \times M$ [N · m/rad] ④ $M \times \mu_0 H$ [N · m/rad]

> **풀이**
> 막대자석에 의한 회전력 $T = MH \cdot \sin\theta = m\ell H\sin\theta = M \times H$ [N·m/rad] **정답** ①

문제 14. Maxwell의 전자기파 방정식이 아닌 것은?

① $\oint_c H \cdot d\ell = nI$ ② $\oint_c E \cdot d\ell = \int_s \left(-\frac{\partial B}{\partial t}\right) ds$

③ $\oint_s D \cdot ds = \int_v \rho \cdot dv$ ④ $\oint_s B \cdot ds = 0$

> **풀이**
> $\oint_c H d\ell = \sum I$: 암페아의 주회적분 법칙 **정답** ①

문제15. 다음의 전위함수에서 라플라스 방정식을 만족하지 않은 것은?

① $V = r\cos\theta + \phi$ ② $V = x^2 - y^2 + z^2$

③ $V = p\cos\phi + Z$ ④ $V = \dfrac{V_0}{d}x$

풀이

라플라스 방정식

$\triangle^2 V = 0$, 보기 ②번의 경우

$$\frac{\partial^2 V}{\partial x^2} + \frac{\partial^2 V}{\partial y^2} + \frac{\partial^2 V}{d z^2} = 0$$

$2 - 2 + 2 \neq 0$ 이므로 $\triangle^2 V = 0$ 을 만족하지 못한다.

정답 ②

문제16. 100[kW]의 전력이 안테나로부터 사방으로 균일하게 방사 되어 나갈 때 안테나로부터 10[km] 떨어진 점에시의 전계의 세기를 실효값으로 니디네면 약 몇 [V/m]인기?

① 0.087 ② 0.173 ③ 0.346 ④ 0.519

풀이

포인팅 벡터 $\vec{P} = \dfrac{1}{377}E^2 = \dfrac{P}{S}$ $\quad \dfrac{1}{377}E^2 = \dfrac{P}{4\pi R^2}$

$$E = \sqrt{\frac{P}{4\pi R^2} \times 377} = \sqrt{\frac{100 \times 10^3}{4\pi \times (10^4)^2} \times 377} = 1.732 \times 10^{-1}\ [\text{V/m}]$$

정답 ②

문제17. 정현파 자속의 주파수를 2배로 높이면 유기 기전력은 어떻게 되는가?

① 변하지 않는다. ② 2배로 증가한다.

③ 4배로 증가한다. ④ $\dfrac{1}{2}$ 이 된다.

풀이

유기기전력의 최대값 $E_m = \omega N\phi_m = 2\pi f N\phi_m$

$E_m \propto f$

정답 ②

문제 **18.** 그림과 같은 두 개의 동심구 도체가 있다. 구사이가 진공으로 되어있을 때 동심구간의 정전용량은 몇 [F]인가?

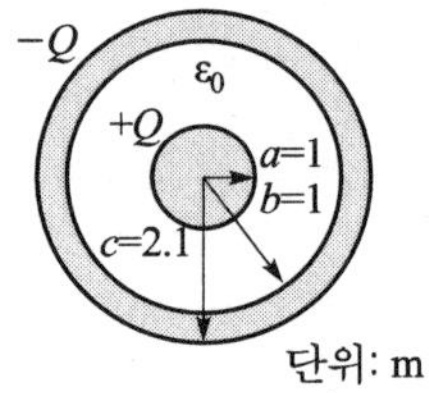

① $2\pi\epsilon_0$　　② $4\pi\epsilon_0$
③ $8\pi\epsilon_0$　　④ $12\pi\epsilon_0$

풀이

$$C = \frac{4\pi\epsilon_0}{\frac{1}{a} - \frac{1}{b}} = \frac{4\pi\epsilon_0}{\frac{1}{1} - \frac{1}{2}} = 8\pi\epsilon_0 \quad [\text{F}]$$

정답 ③

문제 **19.** 단면적 4[cm^2]의 철심에 6×10^{-4}[Wb]의 자속을 통하게 하려면 2,800[AT/m]의 자계가 필요하다. 이 철심의 비투자율은 약 얼마인가?

① 346　② 375　③ 407　④ 427

풀이

자속

$$\phi = BS = \mu HS = \mu_0 \mu_s HS$$

$$\mu_s = \frac{\phi}{\mu_0 HS} = \frac{6\times10^{-4}}{4\pi\times10^{-7}\times2800\times4\times10^{-4}} = 427$$

정답 ④

문제 **20.** 어떤 종류의 결정(結晶)을 가열하면 한 면(面)에 정(正), 반대 면에 부(負)의 전기가 나타나 분극을 일으키며, 반대로 냉각하면 역(逆) 분극이 생긴다. 이것을 무엇이라 하는가?

① 파이로(Pyro) 전기
② 볼타(Volta) 효과
③ 바아크 하우센(Barkhausen) 법칙
④ 압전기(Piezo−electric)의 역효과

풀이

정답 ①

실전 연습문제 04

문제 1. 자유공간에서 변위 전류는 무엇에 의해서 발생하는가?

① 전압에 의해서 ② 자계에 의해서 ③ 전속밀도에 의해서 ④ 자속밀도에 의해서

풀이

변위전류밀도 $i_d = \dfrac{\partial D}{\partial t}$

정답 ③

문제 2. 맥스웰의 전자방정식 중 패러데이 법칙에서 유도된 식은? (단, D : 전속밀도, ρ_v : 공간 전하밀도, B : 자속밀도, E : 전계의 세기, J : 전류밀도, H : 자계의 세기)

① $\mathrm{div}\, D = \rho_v$

② $\mathrm{div}\, B = 0$

③ $\nabla \times H = J + \dfrac{\partial D}{\partial t}$

④ $\nabla \times E = -\dfrac{\partial B}{\partial t}$

풀이

정답 ④

문제 3. 진공중의 도체계에서 유도계수와 용량계수의 성질 중 옳지 않은 것은?

① 용량계수는 항상 0 보다 크다.

② $q_{11} \geqq -(q_{21} + q_{31} + q_{41} + \cdots + q_{n1})$

③ $q_{rs} = q_{sr}$ 이다.

④ 유도계수와 용량계수는 항상 0 보다 크다.

풀이

$q_{44} > 0$ (용량계수)

$q_{rs} = q_{sr} \leqq 0$ (유도계수)

정답 ④

문제4. 전기력선의 성질에 대한 설명으로 옳지 않은 것은?

① 전계가 0이 아닌 곳에서는 2개의 전기력선은 교차하는 일이 없다.
② 전기력선은 도체내부에 존재한다.
③ 전하가 없는 곳에서는 전기력선의 발생, 소멸이 없다.
④ 전기력선은 그 자신만으로 폐곡선을 만들지 않는다.

풀이

도체내부에는 전기력선이 존재하지 않는다.

정답 ②

문제5. 전위 V가 단지 x 만의 함수이며 $x=0$ 에서 $V=0$ 이고, $x=d$ 일 때 $V=V_0$ 인 경계조건을 갖는다고 한다. 라플라스 방정식에 의한 V의 해는?

① $\nabla^2 V=\rho$　② $V_0 d$　③ $\dfrac{V_0}{d}x$　④ $\dfrac{Q}{4\pi\epsilon_0 d}$

풀이

라플라스 방정식

$\nabla^2 V=0$

$\dfrac{\partial^2 V}{dx^2}+\dfrac{\partial^2 V}{dy^2}+\dfrac{\partial^2 V}{\partial z^2}=0$ (V가 x 만의 함수)

$\dfrac{\partial^2 V}{\partial x^2}=0$ (V는 x 의 1차 함수를 만족)

$V=Ax+B$ .... ①

$x=0$ 에서 $V=0$　$\therefore B=0$

$x=d$ 일 때 $V=V_0$, $V_0=A\cdot d$

$\therefore A=\dfrac{V_0}{d}$ .... ②

②번을 ①번에 대입하면 $V=Ax+B=\dfrac{V_0}{d}x$

정답 ③

문제6. 진공 중에 있는 반지름 a[m]인 도체구의 정전용량[F]은?

① $4\pi\epsilon_0 a$　② $2\pi\epsilon_0 a$　③ $\epsilon_0 a$　④ a

풀이

도체구 정전용량 $C=4\pi\epsilon_0 a$ [F]

정답 ①

문제7. 다음 중 자기회로의 자기저항에 대한 설명으로 옳은 것은?

① 자기회로의 단면적에 비례한다.
② 투자율에 반비례한다.
③ 자기회로의 길이에 반비례한다.
④ 단면적에 반비례하고 길이의 제곱에 비례한다.

풀이

자기저항 $R_m = \frac{\ell}{\mu S}$ [AT/Wb]

정답 ②

문제8. N 회 감긴 환상코일의 단면적이 S[m^2]이고 평균 길이가 ℓ [m]이다. 이 코일의 권수를 반으로 줄이고 인덕턴스를 일정하게 하려고 할 때, 다음 중 옳은 것은?

① 단면적을 2배로 한다.
② 길이를 $\frac{1}{4}$ 로 한다.
③ 전류의 세기를 4배로 한다.
④ 비투자율을 2배로 한다.

풀이

$$L = \mu\frac{SN^2}{\ell} \text{ [H]}$$

$$M = \frac{\mu S N_1 N_2}{\ell} \text{ [H]}$$

$$L' = \frac{\mu S\left(\frac{1}{2}N\right)^2}{\ell'} = \frac{\mu S N^2 \times \frac{1}{4}}{\ell \times \frac{1}{4}} = \frac{\mu S N^2}{\ell}$$

즉 길이가 $\frac{1}{4}$ 배로 되면 된다.

정답 ②

문제9. 그림과 같이 직류전원에서 부하에 공급하는 전류는 50[A]이고, 전원전압은 480[V]이다. 도선이 10[cm] 간격으로 평행하게 배선되어 있다면 1[m]당 두 도선사이에 작용하는 힘은 몇 [N]이며, 어떻게 작용하는가?

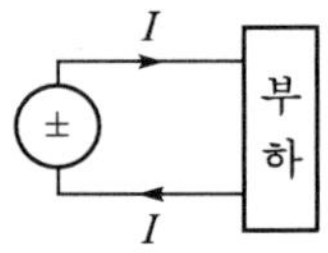

① 5×10^{-3}, 흡인력 ② 5×10^{-3}, 반발력 ③ 5×10^{-2}, 흡인력 ④ 5×10^{-2}, 반발력

풀이

평행한 두 도선전류에 작용하는 힘 $F=\dfrac{\mu_0 I_1 I_2}{2\pi r}=\dfrac{2I_1I_2}{r}\times10^{-7}$ [N/m]

전류가 동일방향 : 흡인력

전류가 반대방향 : 반발력

$F=\dfrac{2I^2}{r}\times10^{-7}=\dfrac{2\times50^2}{0.1}\times10^{-7}=5\times10^{-3}$ [N]

정답 ②

문제10. 최대 전계 $E_m=6$ [V/m]인 평면전자파가 수중을 전파할 때 자계의 최대치는 약 몇 [AT/m]인가? (단, 물의 비유전율 $\epsilon_s=80$, 비투자율 $\mu_s=1$ 이다.)

① 0.071 ② 0.142 ③ 0.284 ④ 0.426

풀이

$\dfrac{E}{H}=\sqrt{\dfrac{\mu}{\epsilon}}=\sqrt{\dfrac{\mu_0}{\epsilon_0}}\times\sqrt{\dfrac{\mu_s}{\epsilon_s}}=377\times\sqrt{\dfrac{\mu_s}{\epsilon_s}}=377\times\sqrt{\dfrac{1}{80}}=42.1$

$\therefore H=\dfrac{E}{42.1}=\dfrac{6}{42.1}=0.142$

정답 ②

문제11. 유전체의 분극도 표현으로 옳지 않은 것은? (단, P : 분극의 세기, D : 전속밀도, E : 전계의 세기, ϵ : 유전율, ϵ_0 : 진공의 유전율, ϵ_r : 비유전율 이다.)

① $P=D-\epsilon_0 E$ ② $P=D-\epsilon_0\left(\dfrac{D}{\epsilon}\right)$ ③ $P=D\left(1-\dfrac{1}{\epsilon_r}\right)$ ④ $P=E-\epsilon_0\left(\dfrac{D}{\epsilon}\right)$

풀이

분극의 세기

$P=\epsilon_0(\epsilon_s-1)\cdot E=\epsilon_0\epsilon_s E-\epsilon_0 E=D-\epsilon_0 E=D-\epsilon_0\left(\dfrac{D}{\epsilon}\right)=D\left(1-\dfrac{1}{\epsilon_s}\right)$ [C/m^2]

정답 ④

문제12. 그림과 같은 수평한 연철봉위에 절연된 동선을 감아 이것에 저항, 전류, 스위치를 접속하여 연철봉의 한 끝에서 알루미늄 링을 축과 일치시켜 움직일 수 있도록 가느다란 실로 매달아 정지시켰을 때 다음 설명 중 옳은 것은?

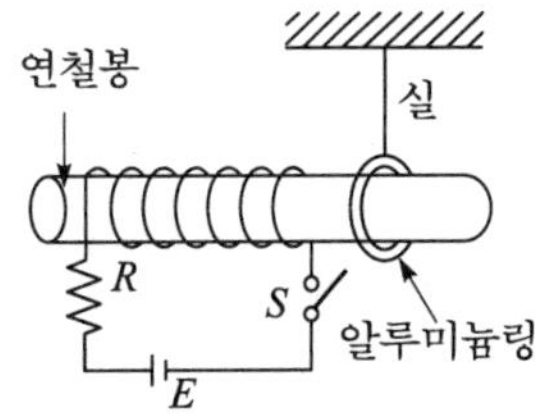

① 전류를 계속하여 흘리고 있을 때 알루미늄링은 왼쪽으로 움직인다.

② 스위치 S를 닫아 전류를 흘리고 있다가 스위치 S 를 개방하는 순간 알루미늄링은 좌우로 진동한다.

③ 스위치 S를 닫는 순간 알루미늄링은 오른쪽으로 움직인다.

④ 전류를 흘리고 있다가 스위치 S를 개방하는 순간 알루미늄링은 오른쪽으로 움직인다.

풀이

정답 ③

문제13. 점전하 Q_1, Q_2 사이에 작용하는 쿨롱의 힘이 F 일 때, 이 부근에 점전하 Q_3 를 놓을 경우 Q_1과 Q_2 사이의 쿨롱의 힘은 F' 이다. F와 F' 의 관계로 옳은 것은?

① $F > F'$ 이다. ② $F < F'$ 이다. ③ $F = F'$ 이다. ④ Q_3의 크기에 따라 다르다.

풀이

점전하 Q_1, Q_2 사이에 작용하는 힘

$F = \dfrac{Q_1 Q_2}{4\pi\epsilon_0 r^2}$ [N] 이므로 Q_3에 영향을 받지 않는다..

정답 ③

문제14. 벡터 $A = i - j + 3k$, $B = i + ak$ 일 때 벡터 A와 벡터 B가 수직이 되기 위한 a의 값은? (단, i, j, k는 x, y, z 방향의 기본벡터이다.)

① -2 ② $-\dfrac{1}{3}$ ③ 0 ④ $\dfrac{1}{2}$

풀이

$\theta = 90^\circ$ 이므로

$A \cdot B = |A| \cdot |B| \cdot \cos 90^\circ$

$A \cdot B = 0$

$A_x \cdot B_x + A_y B_y + A_z B_z = 0$

$1 \times 1 + (-1) \times 0 + 3 \times a = 0$ $\quad \therefore a = -\dfrac{1}{3}$

정답 ②

문제15. 다음 유전체 중 비유전율이 가장 작은 것은?

① 고무 ② 유리 ③ 운모 ④ 물

풀이

고무 : 2.0 ~ 3.5, 유리 : 3.5 ~ 10, 운모 : 5.5 ~ 6.6, 물 : 80.7

정답 ①

문제16. 전계 E[V/m] 및 자계 H[AT/m]인 전자파가 자유공간 중을 빛의 속도로 전파될 때 단위시간에 단위면적을 지나는 에너지는 몇 [W/m²]인가? (단, C는 빛의 속도를 나타낸다.)

① EH ② EH^2

③ E^2H ④ $\frac{1}{2}CE^2H^2$

풀이

포인팅 벡터 $\vec{P} = E\times H = EH = 377H^2 = \frac{1}{377}E^2 = \frac{P}{S}$[W/m²]

정답 ①

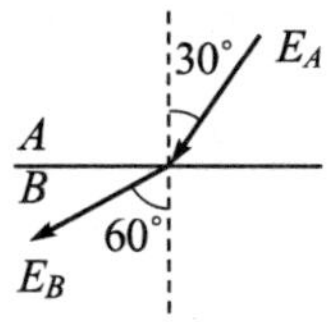

문제17. 유전체 A, B 의 접합면에 전하가 없을 때, 각 유전체 중 전계의 방향이 그림과 같고 $E_A = 100$ [V/m]이면 E_B는 몇 [V/m]인가?

① $\frac{100}{3}$ ② $\frac{100}{\sqrt{3}}$ ③ 300 ④ $100\sqrt{3}$

풀이

$E_1 \cdot \sin\theta_1 = E_2 \cdot \sin\theta_2$

$E_2 = \frac{\sin\theta_1}{\sin\theta_2}\times E_1 = \frac{\sin 30^\circ}{\sin 60^\circ}\times 100 = \frac{100}{\sqrt{3}}$ [V/m]

정답 ②

문제18. 1[μA]의 전류가 흐르고 있을 때, 1초 동안 통과하는 전자수는 약 몇 개인가? (단, 전자 1개의 전하는 1.602×10^{-19}[C]이다.)

① 6.24×10^{10} ② 6.24×10^{11} ③ 6.24×10^{12} ④ 6.24×10^{13}

풀이

전기량 $Q = ne = It$

$$n = \frac{It}{e} = \frac{10^{-6}\times1}{1.602\times10^{-19}} = 6.24\times10^{12}\ [\text{개}]$$

정답 ③

문제19. 그림과 같이 평등자장 및 두 평행 도선이 놓여 있을 때 두 평행 도선상을 한 도선봉이 V[m/s]의 일정한 속도로 이동한다면 부하 $R\,[\Omega]$에서 줄열로 소비되는 전력[W]은 어떻게 표시되는가? (단, 도선봉과 두 평행 도선은 완전도체로 저항이 없는 것으로 한다.)

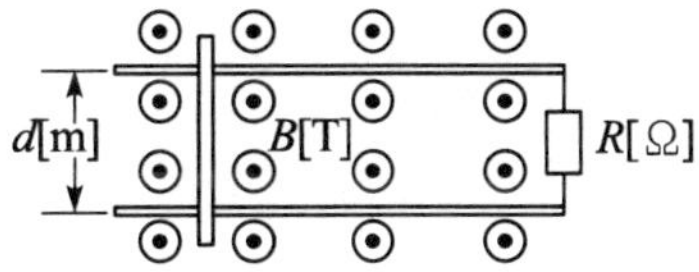

① $\dfrac{Bd^2v^2}{R}$ ② $\dfrac{B^2dv^2}{R}$ ③ $\dfrac{B^2d^2v^2}{R}$ ④ $\dfrac{B^2d^2v^2}{2R}$

풀이

유도 기전력 $e = vB\ell\sin\theta = vBd\sin90^\circ = vBd$ [V]

소비 전력 $P = \dfrac{V^2}{R} = \dfrac{e^2}{R}$ [W]에서

$$P = \frac{(vBd)^2}{R} = \frac{v^2B^2d^2}{R}\ [\text{W}]$$

정답 ③

문제20. 유전체 역률($\tan\delta$)과 무관한 것은?

① 주파수 ② 정전용량 ③ 인가전압 ④ 누설저항

풀이

$I_R = \dfrac{E}{R}$ [A], $I_c = \dfrac{E}{\dfrac{1}{\omega C}} = \omega CE$ [A]에서

유전체 역률 $\tan\delta = \dfrac{I_R}{I_c} = \dfrac{\dfrac{E}{R}}{\omega CE} = \dfrac{1}{R\omega C} = \dfrac{1}{R2\pi f C}$

정답 ③

실전 연습문제 05

문제 1. 자유공간내의 고유 임피던스는? (단, μ_0 : 진공의 투자율, ϵ_0 : 진공의 유전율이다.)

① $\mu_0 \epsilon_0$ ② $\sqrt{\mu_0 \epsilon_0}$ ③ $\frac{\mu_0}{\epsilon_0}$ ④ $\sqrt{\frac{\mu_0}{\epsilon_0}}$

풀이

자유공간의 고유(파동) 임피던스 $Z = \frac{E}{H} = \sqrt{\frac{\mu_0}{\epsilon_0}}$

정답 ④

문제 2. 미분방정식의 형태로 나타낸 멕스웰의 전자계 기초 방정식에 해당되는 것은?

① $\text{rot}\, E = -\frac{\partial B}{\partial t}$, $\text{rot}\, H = \frac{\partial D}{\partial t}$, $\text{div}\, D = 0$, $\text{div}\, B = 0$

② $\text{rot}\, E = -\frac{\partial B}{\partial t}$, $\text{rot}\, H = i + \frac{\partial D}{\partial t}$, $\text{div}\, D = \rho$, $\text{div}\, B = H$

③ $\text{rot}\, E = -\frac{\partial B}{\partial t}$, $\text{rot}\, H = i + \frac{\partial D}{\partial t}$, $\text{div}\, D = \rho$, $\text{div}\, B = 0$

④ $\text{rot}\, E = -\frac{\partial B}{\partial t}$, $\text{rot}\, H = i$, $\text{div}\, D = 0$, $\text{div}\, B = 0$

풀이

① $\text{rot}\, E = -\frac{\partial B}{\partial t}$: 자속밀도의 시간적인 변화에 따라 전계의 회전이 생긴다.

② $\text{rot}\, H = i + \frac{\partial D}{\partial t}$: 전도전류와 변위전류는 자계를 발생시킨다.

③ $\text{div}\, D = \rho$: 전하에서 전속선이 발산된다.

④ $\text{div}\, B = 0$: 고립된 자극은 존재하지 않는다.

정답 ③

문제3. 그림과 같이 반지름 a 인 무한장 평행도체 A, B 가 간격 d 로 놓여 있고, 단위길이당 각각 $+\lambda, -\lambda$ 의 전하가 균일하게 분포되어 있다. A, B 도체간의 전위차는 몇 [V] 인가? (단, $d \gg a$ 이다.)

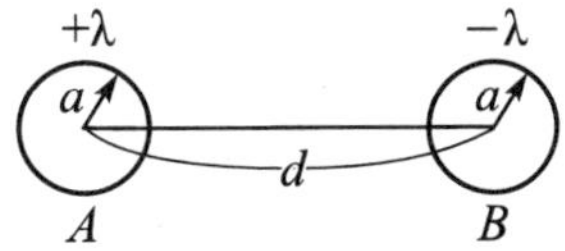

① $\dfrac{\lambda}{\pi\epsilon_0}\log\dfrac{d}{a}$　② $\dfrac{\lambda}{2\pi\epsilon_0}\log\dfrac{d}{a}$　③ $\dfrac{\lambda}{\pi\epsilon_0}\log\dfrac{a}{d}$　④ $\dfrac{\lambda}{2\pi\epsilon_0}\log\dfrac{a}{d}$

풀이

평행도선간에 전위 $V=\dfrac{\lambda}{\pi\epsilon_0}ln\dfrac{d-a}{a}=\dfrac{\lambda}{\pi\epsilon_0}\ln\dfrac{d}{a}\quad(d\gg a)$

정전용량 $C=\dfrac{\lambda}{V}=\dfrac{\pi\epsilon_0}{\ln\dfrac{d}{a}}$ [F/m]

정답 ①

문제4. 유전체의 분극률이 x 일 때 분극벡터 $P=xE$ 의 관계가 있다고 한다. 비유전률 4인 유전체의 분극률은 진공의 유전률 ϵ_0 의 몇배인가?

① 1　② 3　③ 9　④ 12

풀이

분극률 $x=\epsilon_0(\epsilon_s-1)=\epsilon_0(4-1)=3\epsilon_0$

정답 ②

문제5. 어떤 막대철심이 있다. 단면적이 0.5[m^2], 길이가 0.8[m], 비투자율이 20 이다. 이 철심의 자기저항은 약 몇 [AT/Wb]인가?

① 2.56×10^4　② 3.63×10^4　③ 4.45×10^4　④ 6.37×10^4

풀이

자기저항 $R_m=\dfrac{\ell}{\mu S}=\dfrac{\ell}{\mu_0\mu_s S}=\dfrac{0.8}{4\pi\times10^{-7}\times20\times0.5}=6.37\times10^4$ [AT/Wb]

정답 ④

문제6. 길이 1[m]인 철심(μ_r = 1000)의 자기회로에 1[mm]의 공극이 생겼다면 전체의 자기저항은 약 몇 배로 증가되는가? (단, 각 부의 단면적은 일정하다.)

① 1.5 ② 2 ③ 2.5 ④ 3

풀이

$$\frac{R_m'}{R_m} = 1+\frac{\ell_g}{\ell}\times\frac{\mu}{\mu_0} = 1+\frac{10^{-3}}{1}\times\frac{1000\mu_0}{\mu_0} = 1+1 = 2[\text{배}]$$

정답 ②

문제7. 자유공간 중에서 점 P(2, −4, 5)가 도체면상에 있으며 이 점에서 전계 $E = 3a_x - 6a_y + 2a_z$ [V/m]이다. 도체면에 법선성분 E_n 및 접선성분 E_t 의 크기는 몇 [V/m]인가?

① $E_n = 3,\ E_t = -6$ ② $E_n = 7,\ E_t = 0$

③ $E_n = 2,\ E_t = 3$ ④ $E_n = -6,\ E_t = 0$

풀이

전속밀도 $D = \epsilon_0 E = \epsilon_0 \times \sqrt{3^2+(-6)^2+2^2} = 7\epsilon_0\,[\text{C/m}^2]$

전계의 법선성분(표면에 수직) : $E_n = \dfrac{D}{\epsilon_0} = 7\,[\text{V/m}]$

전계의 접선성분(표면에 평행) : $E_t = 0$

정답 ②

문제8. 반지름 50[cm]의 서로 나란한 두 원형코일(헤름홀쯔 코일)을 1[mm] 간격으로 동축상에 평행 배치한 후 각 코일에 100[A]의 전류가 같은 방향으로 흐를 때 코일 상호간에 작용하는 인력은 몇 [N] 정도 되는가?

① 3.14 ② 6.28 ③ 31.4 ④ 62.8

풀이

$$F = \frac{\mu_0 I_1 I_2}{2\pi r}\times\ell = \frac{\mu_0 I_1 I_2}{2\pi r}\times 2\pi a = \frac{4\pi\times10^{-7}\times100^2}{2\pi\times10^{-3}}\times 2\pi\times0.5 = 2\pi$$

정답 ②

문제9. 비유전율이 4인 매질에서 주파수 100[MHz]인 전자파의 파장은 몇 [m]인가?

① 1.5　　② 2　　③ 3　　④ 4

풀이

전파속도 $v = \frac{1}{\sqrt{\epsilon\mu}} = \frac{3\times10^8}{\sqrt{\epsilon_s \cdot \mu_s}} = \lambda f$

∴ 파장 $\lambda = \frac{3\times10^8}{f\sqrt{\epsilon_s\,\mu_s}} = \frac{3\times10^8}{100\times10^6\times\sqrt{4\times1}} = 1.5\,[\mathrm{m}]$

정답 ①

문제10. 반지름이 a[m]이고 단위길이에 대한 권수가 n인 무한장 솔레노이드의 단위 길이당의 자기 인덕턴스는 몇 [H/m]인가?

① $\mu\pi a^2 n^2$　　② $\mu\,\pi\,a\,n$　　③ $\frac{an}{2\mu\pi}$　　④ $4\mu\pi\,a^2 n^2$

풀이

인덕턴스 $L = \frac{\mu S N^2}{\ell}\,[\mathrm{H}] = \mu S n^2\,\ell\,[\mathrm{H}] = \mu S n^2\,[\mathrm{H/m}]\,(S = \pi a^2)$

정답 ①

문제11. 그림과 같이 $q_1 = 6\times10^{-8}$[C], $q_2 = -12\times10^{-8}$[C]의 두 전하가 서로 10[cm] 떨어져 있을 때 전계세기가 0 이 되는 점은?

① q_1과 q_2의 연장선상 q_1으로부터 왼쪽으로 24.1[cm] 지점이다.
② q_1과 q_2의 연장선상 q_1으로부터 오른쪽으로 14.1[cm] 지점이다.
③ q_1과 q_2의 연장선상 q_2으로부터 오른쪽으로 24.1[cm] 지점이다.
④ q_1과 q_2의 연장선상 q_1으로부터 왼쪽으로 14.1[cm] 지점이다.

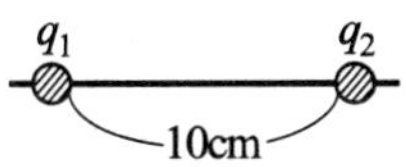

풀이

두 전하의 부호가 틀린 경우 $E = 0$ 이 되는 지점은
두 전하 외부에서 절대값이 작은 쪽에 존재한다.

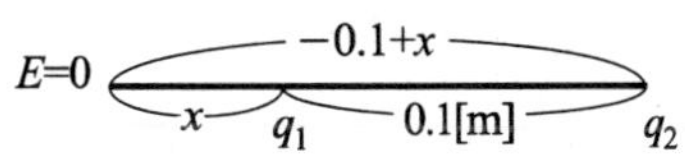

$\frac{q_1}{4\pi\epsilon_0 x^2} = \frac{q_2}{4\pi\epsilon_0(0.1+x)^2}$

$\frac{6\times10^{-8}}{x^2} = \frac{12\times10^{-8}}{(0.1+x)^2}$

$12x^2 = 6(0.1+x)^2$　　$2x^2 = (0.1+x)^2$

$\sqrt{2}\,x = 0.1 + x$　　$(\sqrt{2}-1)x = 0.1$　　$\therefore\ x = \frac{0.1}{\sqrt{2}-1} = 0.241\ [\mathrm{m}]$

정답 ①

문제 12. π [A]가 흐르고 있는 무한장 직선 도체로부터 수직으로 10[cm] 떨어진 점의 자계의 세기는 몇 [A/m]인가?

① 0.05 ② 0.5 ③ 5 ④ 10

풀이

무한장 직선의 자계세기 $H = \frac{I}{2\pi r} = \frac{\pi}{2\pi \times 0.1} = 5$ [AT/m]

정답 ③

문제 13. 면적 A [m²], 간격 d [m]인 평행판콘덴서의 전극판에 비유전률 ϵ_r 인 유전체를 가득히 채웠을 때 전극판간에 V[V]를 가하면 전극판을 떼어내는데 필요한 힘은 몇 [N]인가?

① $\frac{\epsilon_0 \epsilon_r V^2 A}{2d^2}$ ② $\frac{\epsilon_0 \epsilon_r V^2 A}{d^2}$ ③ $\frac{\epsilon_0 \epsilon_r V^2 A}{2\pi d^2}$ ④ $\frac{\epsilon_0 \epsilon_r V^2 A}{2d}$

풀이

전압일정할 때 힘 $F = \frac{\epsilon S V^2}{2d} = \frac{\epsilon A V^2}{2d}$ [N]

정답 ①

문제 14. 그림과 같이 정전용량이 C_0 [F]가 되는 평행판 공기콘덴서에 판면적의 $\frac{1}{2}$ 되는 공간에 비유전률이 ϵ_s 인 유전체를 채웠을 때 정전용량은 몇 [F]인가?

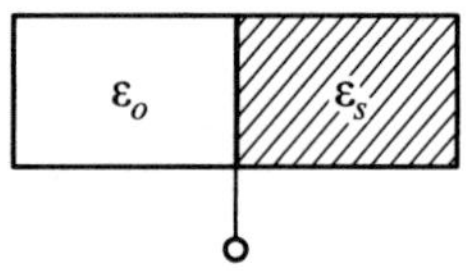

① $\frac{1}{2}(1+\epsilon_s)C_0$ ② $(1+\epsilon_s)C_0$ ③ $\frac{2}{3}(1+\epsilon_s)C_0$ ④ C_0

풀이

공기콘덴서의 정전용량 : $C_0 = \frac{\epsilon_0 S}{d}$ [F]

유전체를 채웠을 때 $C_1 = \frac{1}{2}C_0$, $C_2 = \frac{1}{2}C_0 \times \epsilon_s$

병렬 연결이므로 $C = C_1 + C_2 = \frac{1}{2}(1+\epsilon_s) \cdot C_0$

정답 ①

문제15. 반지름이 10[cm]인 접지 구도체의 중심으로부터 1[m] 떨어진 거리에 한 개의 전자를 놓았다. 접지구도체에 유도된 총 전하량은 몇 [C]인가?

① -1.6×10^{-20} ② -1.6×10^{-21} ③ 1.6×10^{-20} ④ 1.6×10^{-21}

풀이

접지도체구의 영상전하 $Q' = -\frac{a}{d}Q$

$Q' = -\frac{a}{d}Q = -\frac{0.1}{1}\times(-1.602\times10^{-19}) = 1.602\times10^{-20}$ [C]

전자 : $e = -1.602\times10^{-19}$ [C]

$m = 9.109\times10^{-31}$ [kg]

정답 ③

문제16. 다음 중 자기유도계수(self inductance)를 구하는 방법이 아닌 것은?

① 자기에너지법
② 자속쇄교법
③ 벡터포텐셜법(Vector Potential Method)
④ 스칼라포텐셜법(Scalar Potential Method)

풀이

$W = \frac{1}{2}LI^2$, $L = \frac{2W}{I^2}$ [H] : 자기 에너지법

$LI = N\phi$, $L = \frac{N\phi}{I}$ [H] : 자속쇄교법

$W = \frac{1}{2}\int A\cdot i\,dv = \frac{1}{2}LI^2$ $L = \frac{\int A\cdot i\,dv}{I^2}$: 벡터포텐셜법

정답 ④

문제17. 다음 중 정상자계(시불변자계)의 원천이 아닌 것은?

① 도선을 흐르는 직류전류
② 영구자석
③ 가속도를 가지고 이동하는 전하
④ 일정한 속도로 회전하는 대전원반(帶電圓盤)

풀이

정답 ③

문제18. 다음 중 정전계와 정자계의 대응관계가 성립되는 것은?

① $\text{div}\,D = \rho_v \Rightarrow \text{div}\,B = \rho_m$

② $\nabla^2 V = -\dfrac{\rho_v}{\epsilon_0} \Rightarrow \nabla^2 A = -\dfrac{i}{\mu_0}$

③ $W = \dfrac{1}{2}CV^2 \Rightarrow W = \dfrac{1}{2}LI^2$

④ $F = 9\times 10^9 \dfrac{Q_1 Q_2}{R^2} a_R \Rightarrow F = 6.33\times 10^{-4}\dfrac{m_1 m_2}{R^2} a_R$

풀이

① $\text{div}D = \rho$ $\qquad$ $\text{div}\,B = 0$

② $\nabla^2 V = -\dfrac{\rho}{\epsilon_0}$ $\qquad$ $\nabla^2 A = -\mu_0 \cdot i$

③ $w = \dfrac{1}{2}CV^2$ $\qquad$ $w = \dfrac{1}{2}LI^2$

④ $F = \dfrac{Q_1 Q_2}{4\pi\epsilon_0 R^2}\cdot a_R$

$F = \dfrac{m_1 \cdot m_2}{4\pi\mu_0 R^2}\cdot a_R = 9\times 10^9 \times \dfrac{Q_1 Q_2}{R^2}\cdot a_R = 6.33\times 10^4 \times \dfrac{m_1 m_2}{R^2}\cdot a_R$

정답 ③

문제19. 다음 중 전계의 세기를 나타낸 것으로 옳지 않은 것은?

① 선전하에 의한 전계 : $E = \dfrac{Q}{4\pi\epsilon_0 r}$

② 점전하에 의한 전계 : $E = \dfrac{Q}{4\pi\epsilon r^2}$

③ 구전하에 의한 전계 : $E = \dfrac{Q}{4\pi\epsilon r^2}$

④ 전기 쌍극자에 의한 전계 : $E = \dfrac{M}{4\pi\epsilon_0 r^3}\sqrt{1+3\cos^2\theta}$

풀이

선전하의 전계세기 : $E = \dfrac{\lambda}{2\pi\epsilon_0 r}$ [V/m]

정답 ①

문제20. 무한 평면도체에서 r[m] 떨어진 곳에 ρ[C/m]의 전하분포를 갖는 직선도체를 놓았을 때 직선도체가 받는 힘의 크기[N/m]는? (단, 공간의 유전율은 ϵ_0 이다.)

① $\dfrac{\rho_2}{\epsilon_0 r}$ ② $\dfrac{\rho^2}{\pi\epsilon_0 r}$ ③ $\dfrac{\rho^2}{2\pi\epsilon_0 r}$ ④ $\dfrac{\rho^2}{4\pi\epsilon_0 r}$

풀이

무한평면으로부터 r [m] 떨어진 곳에 ρ[C/m]의 직선도체가 받는 힘

$F = \rho \cdot E = \rho \cdot \dfrac{-\rho}{2\pi\epsilon_0(2r)} = -\dfrac{\rho^2}{4\pi\epsilon_0 r}$ [N/m]

정답 ④

실전 연습문제 06

문제 1. 그림과 같은 모양의 자화곡선을 나타내는 자성체 막대를 충분히 강한 평등자계 중에서 매분 3000회 회전시킬 때 자성체는 단위체적당 매초 약 몇 [kcal]의 열이 발생하는가? (단, $B_r = 2[Wb/m^2]$, $H_L = 500[AT/m]$, $B = \mu H$ 에서 μ는 일정하지 않음)

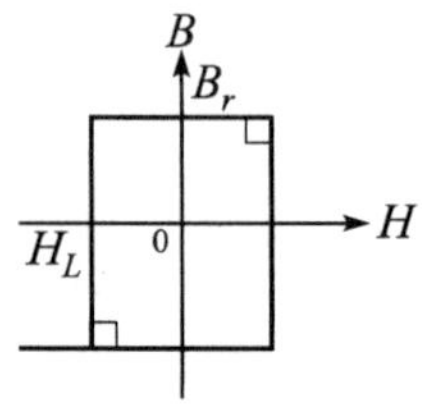

① 11.7　　② 47.6　　③ 70.2　　④ 200

풀이

히스테리시스 곡선의 면적은 단위체적당 전력과 같다.

$B_r \times 2 \times H_L \times 2 = 2 \times 2 \times 500 \times 2 = 4000 \quad [W/m^3]$

열량 : $H = 0.24 \times 4000 \times \frac{3000}{6} = 48 \times 10^3 \quad [cal/sec] = 48\,[kcal/sec]$

정답 ②

문제 2. 절연내력 3000[kV/m]인 공기 중에서 놓여진 직경 1[m]의 구도체에 줄 수 있는 최대전하는 몇 [C]인가?

① 6.75×10^4　　② 6.75×10^{16}　　③ 8.33×10^{-5}　　④ 8.33×10^{-6}

풀이

절연내력 $G = E = \frac{Q}{4\pi\epsilon_0 r^2}$

$Q = 4\pi\epsilon_0 r^2 \times E = \frac{0.5^2 \times 3000 \times 10^3}{9 \times 10^9} = 8.33 \times 10^{-5}\ [C]$

정답 ③

문제 3. 접지된 구도체와 점전하간에 작용하는 힘은?

① 항상 흡인력이다. ② 항상 반발력이다.
③ 조건적 흡인력이다. ④ 조건적 반발력이다.

풀이

접지구도체에서 영상전하 $Q = -\frac{a}{d}Q$

Q 와 $-\frac{a}{d}Q$ 와 작용하는 힘으로 부호가 반대방향이므로 항상 흡인력이다.

∴ 흡인력

정답 ①

문제 4. 간격이 4[cm]인 2개의 평행한 도선에 각각 10[kA]의 전류가 흐르고 있을 때 도선의 단위길이당 힘은 몇 [N/m]인가?

① 400 ② 500 ③ 600 ④ 700

풀이

평행도선 전류간에 작용하는 힘

$F = \frac{\mu_0 I_1 I_2}{2\pi r} = \frac{2 I_1 I_2}{r} \times 10^{-7}$ [N/m] $= \frac{2 \times (10 \times 10^3)^2}{4 \times 10^{-2}} \times 10^{-7} = 500$ [N/m]

정답 ②

문제 5. 자기회로와 전기회로의 대응 관계가 잘못된 것은?

① 투자율 - 도전율 ② 자속밀도 - 전속밀도
③ 퍼미언스 - 컨덕턴스 ④ 기자력 - 기전력

풀이

자속밀도 - 전류밀도

정답 ②

문제6. $E= 2i+j+4k$ [V/m]인 전계가 존재할 때 10^{-5}[C]의 전하를 원점으로부터 $r=4i+j+2k$ [m]까지 움직이는데 필요한 일은 몇 [J]인가?

① 1.7×10^{-4} ② 2.0×10^{-4} ③ 2.4×10^{-4} ④ 2.7×10^{-4}

풀이

에너지 $w=Fr=QEr=10^{-5}\times(2i+j+4k)\cdot(4i+j+2k)$

$=10^{-5}(2\times4+1\times1+4\times2)=17\times10^{-5}$ [J]

정답 ①

문제7. 내원통의 반지름 a, 외원통의 반지름 b인 동축원통 콘덴서의 내외 원통사이에 공기를 넣었을 때 정전용량이 C_0이었다. 내외 반지름을 모두 3배로 하고 공기 대신 비유전율 9 인 유전체를 넣었을 경우의 정전용량은?

① $\dfrac{C_0}{9}$ ② $\dfrac{C_0}{3}$ ③ C_0 ④ $9C_0$

풀이

공기일 때 정전용량 $C_0=\dfrac{2\pi\epsilon_0}{\ln\dfrac{b}{a}}$

내외반지름을 3배로 하고 비유전율이 9 인 유전체로 넣었을 때 정전용량

$C=\dfrac{2\pi\epsilon_0\times9}{\ln\dfrac{3b}{3a}}=9\cdot\dfrac{2\pi\epsilon_0}{\ln\dfrac{b}{a}}=9C_0$

정답 ④

문제8. 도체계에서 임의의 도체를 일정전위(영전위)의 도체로 완전 포위하면 내외공간의 전계를 완전 차단할 수 있다. 이것을 무엇이라 하는가?

① 표피효과 ② 핀치효과 ③ 전자차폐 ④ 정전차폐

풀이

정답 ④

문제9. 길이 ℓ [m], 단면적의 반지름 a [m]인 원통이 길이방향으로 균일하게 자화되어 자화의 세기가 J[Wb/m^2]인 경우, 원통 양단에서의 전자극의 세기 m [Wb]은?

① J　　② $2\pi J$　　③ $\pi a^2 J$　　④ $\dfrac{J}{\pi a^2}$

풀이

자화의 세기 $J = \dfrac{M}{V} = \dfrac{m\ell}{\pi a^2 \cdot \ell}$,　$m = \pi a^2 \cdot J$ [Wb]

정답 ③

문제10. 유전율 ϵ, 투자율 μ인 매질내에서 전자파의 전파속도는?

① $\sqrt{\dfrac{\mu}{\epsilon}}$　　② $\sqrt{\mu\epsilon}$　　③ $\sqrt{\dfrac{\epsilon}{\mu}}$　　④ $\dfrac{1}{\sqrt{\mu\epsilon}}$

풀이

전자파의 전파속도 $v = \dfrac{1}{\sqrt{\epsilon\mu}} = \dfrac{3\times10^8}{\sqrt{\epsilon_s \cdot \mu_s}}$

정답 ④

문제11. 단면적 S, 평균 반지름 r, 권선수 N인 트로이드 코일에 누설자속이 없는 경우, 자기인덕턴스의 크기는?

① 권선수의 자승에 비례하고 단면적에 반비례한다.
② 권선수 및 단면적에 비례한다.
③ 권선수의 자승 및 단면적에 비례한다.
④ 권선수의 자승 및 평균 반지름에 비례한다.

풀이

인덕턴스 : $L = \dfrac{\mu S N^2}{\ell}$ [H]

정답 ③

문제12. 단위길이당 정전용량 및 인덕턴스가 각각 0.2[μF/m], 0.5[mH/m]인 전송선의 특성임피던스는 몇 [Ω]인가?

① 50　　② 75　　③ 125　　④ 250

풀이

특성임피던스 $Z = \sqrt{\frac{L}{C}} = \sqrt{\frac{0.5\times10^{-3}}{0.2\times10^{-6}}} = 50 \ [\Omega]$

정답 ①

문제13. 자유공간에 있어서 포인팅 벡터를 S[W/m^2]라 할 때 전장의 세기의 실효값 E_e [V/m]를 구하면?

① $S\sqrt{\frac{\mu_0}{\epsilon_0}}$　　② $S\sqrt{\frac{\epsilon_0}{\mu_0}}$　　③ $\sqrt{S\sqrt{\frac{\mu_0}{\epsilon_0}}}$　　④ $\sqrt{S\sqrt{\frac{\epsilon_0}{\mu_0}}}$

풀이

포인팅 벡터 $\vec{P} = S = E\times H = EH \ (\sqrt{\epsilon}\cdot E = \sqrt{\mu}\cdot H) = E\sqrt{\frac{\epsilon_0}{\mu_0}}\cdot E = \sqrt{\frac{\epsilon_0}{\mu_0}}\cdot E^2$ 에서

$S = \sqrt{\frac{\epsilon_0}{\mu_0}}\times E_e^2$, $E_e = \sqrt{S\sqrt{\frac{\mu_0}{\epsilon_0}}}$

정답 ③

문제14. 자기회로에서 투자율, 단면적 및 길이를 각각 $\frac{1}{2}$로 하면 자기저항은 몇 배로 되는가?

① $\frac{1}{2}$　　② 2　　③ 4　　④ 8

풀이

자기저항 $R_m = \frac{\ell}{\mu_s}$

$R_m' = \frac{\frac{1}{2}\ell}{\frac{1}{2}\mu\times\frac{1}{2}S} = 2\cdot\frac{\ell}{\mu_s} = 2R_m$

정답 ②

문제 15. 유전율이 서로 다른 두 유전체가 서로 경계면을 이루면서 접해있는 경우 전속 및 전기력선은 작은 유전율을 가진 유전체에서 큰 유전체로 입사할 때 굴절각은 입사각에 비하여 어떻게 되는가?

① 감소한다. ② 불변한다. ③ 증가한다. ④ 90° 증가한다.

> **풀이**
>
> $\epsilon_1 < \epsilon_2 \quad \theta_1 < \theta_2 \quad D_1 < D_2 \quad E_1 > E_2$
>
> **정답** ③

문제 16. 지구는 태양으로부터 $P[\mathrm{kW/m^2}]$의 방사열을 받고 있다. 지구 표면에서의 전계의 세기는 몇 [V/m]인가?

① $377P$ ② $\dfrac{P}{377}$ ③ $\sqrt{\dfrac{P}{377}}$ ④ $\sqrt{377P}$

> **풀이**
>
> 포인팅 벡터 $\vec{P} = P = E \times H = EH = 377H^2 = \dfrac{1}{377}E^2$ 에서 $P = \dfrac{1}{377}E^2$
>
> $\therefore E = \sqrt{377P}$
>
> **정답** ④

문제 17. 유전율이 9 인 유전체내 전계의 세기가 100[V/m]일 때 유전체내에 저장되는 에너지 밀도는 몇 $[\mathrm{J/m^3}]$인가?

① 5.5×10^2 ② 4.5×10^4 ③ 9×10^4 ④ 4.5×10^5

> **풀이**
>
> 에너지 밀도 $w = \dfrac{1}{2}\epsilon E^2 = \dfrac{1}{2} \times 9 \times 100^2 = 4.5 \times 10^4 \quad [\mathrm{J/m^3}]$
>
> **정답** ②

문제 18. 정자계 현상에 대하여 전류에 의한 자계에 관하여 성립하지 않는 식은? (단, H는 자계, B는 자속밀도, A는 자계의 벡터포텐셜, μ는 투자율, i는 전류밀도이다.)

① $H=\dfrac{1}{\mu}\mathrm{rot}A$　② $\mathrm{rot}A=-\mu i$　③ $\mathrm{div}B=0$　④ $\mathrm{rot}H=i$

풀이

$B=\mathrm{rot}\,A=\nabla\times A$

정답 ②

문제 19. 대지면에 높이 h로 평행하게 가설된 매우 긴 선전하가 지면으로부터 받는 힘은?

① h^2에 비례한다.　② h^2에 반비례한다.　③ h에 비례한다.　④ h에 반비례한다.

풀이

대지면으로부터 높이 h로 선전하 밀도 λ [C/m]로부터 받는 힘

$F=\lambda E=\lambda\cdot\dfrac{-\lambda}{2\pi\epsilon_0(2h)}=-\dfrac{\lambda^2}{4\pi\epsilon_0 h}$　[N/m]

정답 ④

문제 20. 자극의 세기 m [Wb]의 점자극이 반지름 a [m]인 원형코일 축상에 그림과 같이 놓여 있을 때, 이 점자극을 d_1 [m] 되는 점에서 d_2 [m] 되는 점까지 t초 동안에 이동시켰다면 코일내에 유기되는 기전력은 몇 [V]로 표시되는가?

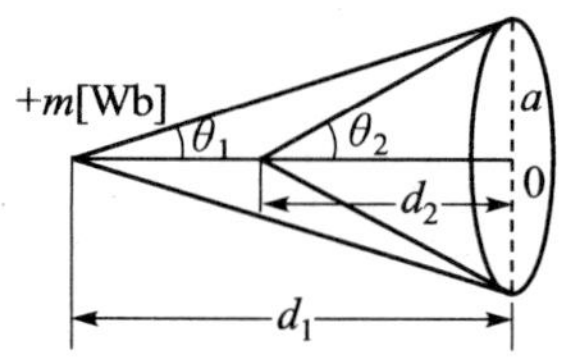

① $\dfrac{m}{2\pi t}(\sin\theta_1-\sin\theta_2)$　② $\dfrac{m}{2\pi t}(\cos\theta_1-\cos\theta_2)$

③ $\dfrac{m}{2t}(\sin\theta_1-\sin\theta_2)$　④ $\dfrac{m}{2t}(\cos\theta_1-\cos\theta_2)$

풀이

코일을 관통하는 자속 $\phi_1=\dfrac{m}{4\pi}\omega_1=\dfrac{m}{4\pi}\cdot 2\pi(1-\cos\theta_1)=\dfrac{m}{2}(1-\cos\theta_1)$

코일을 관통하는 자속 $\phi_2=\dfrac{m}{4\pi}\omega_2=\dfrac{m}{4\pi}\cdot 2\pi(1-\cos\theta_2)=\dfrac{m}{2}(1-\cos\theta_2)$

기자력 $e=\dfrac{d\phi}{dt}=\dfrac{\phi_2-\phi_1}{t}=\dfrac{m}{2t}\times(\cos\theta_1-\cos\theta_2)$

정답 ④

실전 연습문제 07

문제1. 공기중에 놓여진 직경 2[m]의 구도체에 줄 수 있는 최대 전하는 약 몇 [C]인가? (단, 공기의 절연내력은 3000[kV/m]이다.)

① 5.3×10^{-4} ② 3.33×10^{-4} ③ 2.65×10^{-4} ④ 1.67×10^{-4}

풀이

$V = E\cdot r = G\cdot r$ 에서 $G = E = \dfrac{Q}{4\pi\epsilon_0 r^2}$

$Q = G\times4\pi\epsilon_0 r^2 = \dfrac{3000}{9\times10^9\times1^2} = 3.33\times10^{-4}$ C]

정답 ②

문제2. 비투자율 350인 환상철심 중의 평균자계의 세기가 280[A/m]일 때 자화의 세기는 약 몇 [Wb/m^2]인가?

① 0.12[Wb/m^2] ② 0.15[Wb/m^2] ③ 0.18[Wb/m^2] ④ 0.21[Wb/m^2]

풀이

$J = \mu_0(\mu_s - 1)\cdot H = 4\pi\times10^{-7}\times(350-1)\times280 = 0.12\,[Wb/m^2]$

정답 ①

문제3. 평행판 공기콘덴서의 양극판에 $+\rho\,[c/m^2]$, $-\rho\,[c/m^2]$의 전하가 충전되어 있을 때, 이 두 전극사이에 유전율 ϵ [F/m]인 유전체를 삽입한 경우의 전계의 세기는 몇 [V/m]인가? (단, 유전체의 분극전하밀도를 $+\rho_p\,[c/m^2]$, $-\rho_p\,[c/m^2]$라 한다.)

① $\dfrac{\rho+\rho_p}{\epsilon_0}$ ② $\dfrac{\rho-\rho_p}{\epsilon_0}$ ③ $\dfrac{\rho}{\epsilon_0}-\dfrac{\rho_p}{\epsilon}$ ④ $\dfrac{\epsilon_p}{\epsilon_0}$

풀이

유전체를 삽입하면 유전체 내의 속박되어 있던 전하가 변위전류를 일으켜 분극작용이 일어나게 되는데 유전체 내의 전계는 분극전하밀도 $\rho_p\,[c/m^2]$를 고려하여

$E = \dfrac{\rho-\rho_p}{\epsilon_0} = \dfrac{D-p}{\epsilon_0}$ [V/m]이 된다.

정답 ②

문제4. 임의의 단면적을 가진 2개의 원주상의 무한히 긴 평행도체가 있다. 지금 도체의 도전율을 무한대라고 하면 C, L, ϵ 및 μ 사이의 관계는? (단, C는 두 도체간의 단위길이당 정전용량, L은 두 도체를 한 개의 왕복회로로 한 경우의 단위길이당 자기인덕턴스, ϵ은 두 도체사이에 있는 매질의 유전율, μ는 두 도체사이에 있는 매질의 투자율이다.)

① $\dfrac{C}{\epsilon} = \dfrac{L}{\mu}$　　② $\dfrac{1}{LC} = \epsilon \cdot \mu$　　③ $LC = \epsilon \cdot \mu$　　④ $C \cdot \epsilon = L \cdot \mu$

풀이

평행도선의 단위길이당 정전용량, 인덕턴스의 크기

$C = \dfrac{\pi\epsilon}{\ln\dfrac{d}{a}}$ [F/m], $L = \dfrac{\mu}{\pi}\ln\dfrac{d}{a}$ 이므로 $LC = \epsilon\mu$ 이다.

정답 ③

문제5. 극판의 면적이 $4[cm^2]$, 정전용량이 $1[pF]$인 종이콘덴서를 만들려고 한다. 비유전율 2.5, 두께 0.01[mm]의 종이를 사용하면 종이는 약 몇 장을 겹쳐야 되겠는가?

① 87장　　② 100장　　③ 250장　　④ 886장

풀이

$$C = \frac{C_0}{n} = \frac{1}{n} \cdot \frac{\epsilon_0 \epsilon_s S}{d}$$

C_0 : 1개의 정전용량, C : n개 직렬 연결시 합성정전용량

$$n = \frac{\epsilon_0 \epsilon_s S}{d} \times C = \frac{8.855 \times 10^{-12} \times 2.5 \times 4 \times 10^{-4}}{0.01 \times 10^{-3}} \times 10^{-12} = 885.5\,[\text{장}]$$

정답 ④

문제6. 유전체 내의 전계의 세기 E와 분극의 세기 P와의 관계를 나타내는 식은? (단, ϵ_0는 자유공간의 유전율이며, ϵ_s는 상대유전상수이다.)

① $P = \epsilon_0(\epsilon_s - 1)E$　　② $P = \epsilon_0 \epsilon_s E$

③ $P = \epsilon_s(\epsilon_0 - 1)E$　　④ $P = \epsilon(\epsilon_s - 1)E$

풀이

분극의 세기 $P = \epsilon_0(\epsilon_s - 1) \cdot E = x \cdot E = D\left(1 - \dfrac{1}{\epsilon_s}\right)$ $[C/m^2]$

정답 ①

문제7. 다음 (㉠), (㉡) 에 알맞은 것은?

"전자유도에 의하여 발생되는 기전력에서 우변에 (−)의 부호를 가진 것은 암페어의 오른나사 법칙에 의한 (㉠)와(과) (㉡)의 방향을 (+)로 하고 있기 때문이다."

① ㉠ 전압 ㉡ 전류 ② ㉠ 전압 ㉡ 자속
③ ㉠ 전류 ㉡ 자속 ④ ㉠ 자속 ㉡ 인덕턴스

풀이

정답 ③

문제8. 그림에서 축전기를 $\pm Q$로 대전한 후 스위치 k를 닫고 도선에 전류 i를 흘리는 순간의 축전기 두 판 사이의 변위전류는?

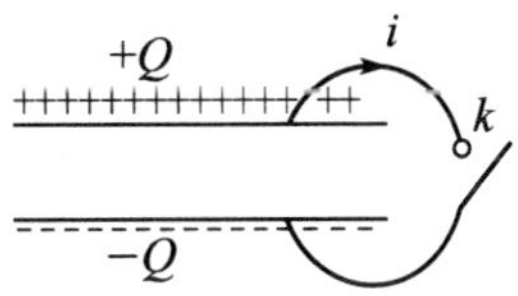

① $+Q$ 판에서 $-Q$판쪽으로 흐른다.
② $-Q$ 판에서 $+Q$ 판쪽으로 흐른다.
③ 왼쪽에서 오른쪽으로 흐른다.
④ 오른쪽에서 왼쪽으로 흐른다.

풀이

변위전류 : 축전지의 한쪽 극판에서 절연체를 통과하여 다른 쪽 극판으로 전하가 흐르지 않으므로 전도전류는 없지만 그 대신 자기효과의 연속성을 설명하기 위해서는 변위전류가 존재해야 한다고 생각된다. 사실 교류에서 충전·방전을 되풀이하는 축전지 양극판 사이의 변위전류를 계산한 크기는 축전지의 양극판으로 들어가고 나오는 전도전류의 크기와 같고 그림에서 변위전류는 $-Q$판에서 $+Q$판쪽으로 흐른다.

정답 ②

문제9. 변위전류에 의하여 전자파가 발생되었을 때 전자파의 위상은?

① 변위전류보다 90° 빠르다. ② 변위전류보다 90° 늦다.
③ 변위전류보다 30° 빠르다. ④ 변위전류보다 30° 늦다.

풀이

정답 ②

문제10. 진공내에서 전위함수가 $V = x^2 + y^2$ 과 같이 주어질 때 점(2, 2, 0)[m]에서 체적전하밀도 ρ 는 몇 [C/m³]인가? (단, ϵ_0는 자유공간의 유전율이다.)

① $-4\epsilon_0$ ② $-2\epsilon_0$ ③ $4\epsilon_0$ ④ $2\epsilon_0$

풀이

포아송의 방정식

$$\nabla^2 V = -\frac{\rho}{\epsilon_0}, \quad \frac{\partial^2 V}{\partial x^2} + \frac{\partial^2 V}{\partial y^2} + \frac{\partial^2 V}{\partial z^2} = -\frac{\rho}{\epsilon_0}, \quad 2 + 2 + 0 = -\frac{\rho}{\epsilon_0}$$

$\therefore \rho = -4\epsilon_0$ [c/m³]

정답 ①

문제11. 유전율 ϵ_1[F/m], ϵ_2[F/m]인 두 유전체가 나란히 접하고 있고, 이 경계면에 나란히 유전체 ϵ_1[F/m] 내에 거리 r[m]인 위치에 선전하 밀도 λ[c/m]인 선상 전하가 있을 때, 이 선전하와 유전체 ϵ_2간의 단위길이당의 작용력은 몇 [N/m]인가?

① $\frac{\lambda^2}{16\pi\epsilon_1 r}\frac{\epsilon_1-\epsilon_2}{\epsilon_1+\epsilon_2}$ ② $\frac{\lambda^2}{16\pi\epsilon_2 r}\frac{\epsilon_1-\epsilon_2}{\epsilon_1+\epsilon_2}$ ③ $\frac{\lambda^2}{4\pi\epsilon_1 r}\frac{\epsilon_1-\epsilon_2}{\epsilon_1+\epsilon_2}$ ④ $\frac{\lambda^2}{4\pi\epsilon_2 r}\frac{\epsilon_1-\epsilon_2}{\epsilon_1+\epsilon_2}$

풀이

$$f = \lambda \cdot E' = \lambda \cdot \frac{\lambda'}{2\pi\epsilon_0(2r)} = \lambda \cdot \frac{1}{2\pi\epsilon_0(2r)} \times \frac{\epsilon_1-\epsilon_2}{\epsilon_1+\epsilon_2} \cdot \lambda = \frac{\lambda^2}{4\pi\epsilon_0 r} \cdot \frac{\epsilon_1-\epsilon_2}{\epsilon_1+\epsilon_2} \text{ [N/m]}$$

정답 ③

문제 12. 자기인덕턴스 L[H]인 코일에 I[A]의 전류를 흘렸을 때 코일에 축적되는 에너지 w [J]와 전류 I[A] 사이의 관계를 그래프로 표시하면 어떤 모양이 되는가?

① 직선 ② 원 ③ 포물선 ④ 타원

풀이

에너지 $w = \frac{1}{2}LI^2$ [J]

정답 ③

문제 13. 자기모멘트 M[Wb·m]인 막대자석이 평등자계 H[A/m] 내에 자계의 방향과 θ의 각도로 놓여 있을 때 이것에 작용하는 회전력 T[N·m/rad]는?

① $MH\cos\theta$ ② $MH\sin\theta$ ③ $MH\tan\theta$ ④ $MH\cot\theta$

풀이

막대자석에 의한 회전력 $T = MH\sin\theta = m\ell H\sin\theta = M \times H$ [N·m]

정답 ②

문제 14. 합성수지($\epsilon_s = 4$)중에서의 전자파의 속도는 몇 [m/s]인가? (단, $\mu_s = 1$ 이다.)

① 1.5×10^7 ② 1.5×10^8 ③ 3×10^7 ④ 3×10^8

풀이

속도 $v = \frac{1}{\sqrt{\epsilon\mu}} = \frac{3 \times 10^8}{\sqrt{\epsilon_s \cdot \mu_s}} = \frac{3 \times 10^8}{\sqrt{4 \times 1}} = 1.5 \times 10^8$

정답 ②

문제15. 그림과 같이 비투자율 $\mu_r = 1000$, 단면적 $10\,[cm^2]$, 길이 $2\,[m]$인 환상철심이 있을 때, 이 철심에 코일을 2000회 감아 $0.5\,[A]$의 전류를 흘릴 때의 철심내 자속은 몇 $[Wb]$인가?

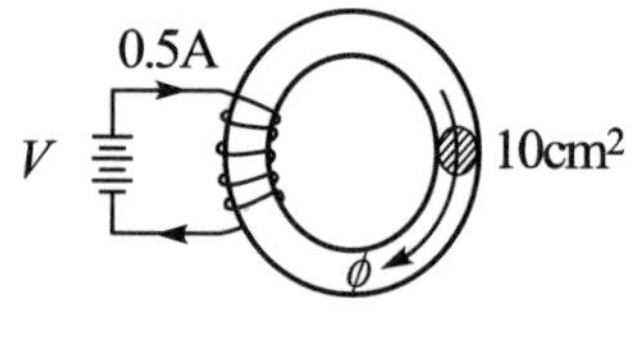

① 1.26×10^{-3}　② 1.26×10^{-4}　③ 6.28×10^{-3}　④ 6.28×10^{-4}

풀이

자속 $\phi = \dfrac{\mu SNI}{\ell} = \dfrac{4\pi\times10^{-7}\times1000\times10\times10^{-4}\times2000\times0.5}{2} = 2\pi\times10^{-4}\,[Wb]$

정답 ④

문제16. 다음 사항 중 옳지 않은 것은?

① 전계가 0이 아닌 곳에서는 전력선과 등전위면은 직교한다.
② 정전계는 정전에너지가 최소인 분포이다.
③ 정전대전상태에서는 전하는 도체표면에만 분포한다.
④ 정전계 중에서 전계의 선적분은 적분경로에 따라 다르다.

풀이

정전계는 보존적이기 때문에 적분경로에 관계없이 항상 0 이다.
즉, $\oint E\cdot d\ell = 0$ 임을 의미한다.

정답 ④

문제17. 정전계에서 도체의 성질을 설명한 것 중 옳지 않은 것은?

① 전하는 도체의 표면에서만 존재한다.
② 대전된 도체는 등전위면이다.
③ 도체 내부의 전계는 0 이다.
④ 도체 표면상에서 전계의 방향은 모든 점에서 표면의 접선 방향이다.

풀이

도체 표면상에서 전계의 방향(전기력선의 방향)은 표면에 수직이다.

정답 ④

문제18. 자기모멘트 9.8×10^{-5} [Wb·m]의 막대자석을 지구자계의 수평 성분 12.5 [AT/m]의 곳에서 지자기 자오면으로부터 90° 회전시키는데 필요한 일은 약 몇 [J]인가?

① 1.25×10^{-3} ② 1.03×10^{-5} ③ 9.23×10^{-3} ④ 9.03×10^{-5}

풀이

자계가 자석에 작용하는 회전력 $T = MH\sin\theta$ [N·m]

각 θ만큼 회전시키는데 필요한 일은

$$w = \int_0^{\theta} Td\theta = MH\int_0^{90}\sin\theta\, d\theta = MH\cdot[-\cos\theta]_0^{90} = MH$$

$$= 9.8\times10^{-5}\times12.5 = 1.225\times10^{-3}\ [\mathrm{J}]$$

정답 ①

문제19. 옴의 법칙(Ohm's law)을 미분형태로 표시하면? (단, i는 전류밀도이고, ρ는 저항률, E는 전계이다.)

① $i = \frac{1}{\rho}E$ ② $i = \rho E$ ③ $i = \mathrm{div}\, E$ ④ $i = \nabla E$

풀이

전류밀도 $i = kE = \frac{1}{\rho}E$ [A/m^2] ($k = \frac{1}{\rho}$, k : 도전율, ρ : 저항율)

정답 ①

문제20. 강자성체의 히스테리시스 루프의 면적은?

① 강자성체의 단위 체적당의 필요한 에너지이다.
② 강자성체의 단위 면적당의 필요한 에너지이다.
③ 강자성체의 단위 길이당의 필요한 에너지이다.
④ 강자성체의 전체 체적의 필요한 에너지이다.

풀이

정답 ①

실전 연습문제 08

문제1. 진공중의 점 A에서 출력 50[kW]의 전자파를 방사하여 이것이 구면파로서 전파할 때 점 A에서 100[km] 떨어진 점 B에 있어서의 포인팅 벡터값은 약 몇 [W/m²]인가?

① 4×10^{-7} [W/m²]
② 4.5×10^{-7} [W/m²]
③ 5×10^{-7} [W/m²]
④ 5.5×10^{-7} [W/m²]

풀이

포인팅 벡터 $\vec{P}= E\times H = E\cdot H= \frac{1}{377}E^2 = 377H^2 = \frac{P}{S}$ [W/m²]에서

$\vec{P}= \frac{P}{S} = \frac{P}{4\pi R^2} = \frac{50\times10^3}{4\pi\times(100\times10^3)^2} = 4\times10^{-7}$ [W/m²]

정답 ①

문제2. 다음 중 유전체에서 전자분극이 나타나는 이유를 설명한 것으로 가장 알맞은 것은?

① 단결정 매질에서 전자운과 핵의 상대적인 변위에 의한다.
② 화합물에서 (+) 이온과 (–) 이온간의 상대적인 변위에 의한다.
③ 단결정에서 (+) 이온과 (–) 이온간의 상대적인 변위에 의한다.
④ 영구 전기 쌍극자의 전계 방향의 배열에 의한다.

풀이

① : 전자분극, ② : 이온분극, ④ : 배향분극

정답 ①

문제3. 반지름 1[cm]인 원형코일에 전류 10[A]가 흐를 때, 코일의 중심에서 코일면에 수직으로 $\sqrt{3}$ [cm] 떨어진 점의 자계의 세기는 몇 [A/m]인가?

① $\frac{1}{16}\times 10^3$ [A/m] ② $\frac{3}{16}\times 10^3$ [A/m] ③ $\frac{5}{16}\times 10^3$ [A/m] ④ $\frac{7}{16}\times 10^3$ [A/m]

풀이

원형코일 중심에서 x 만큼 떨어진 지점의 자계세기

$H=\dfrac{a^2NI}{2(a^2+x^2)^{\frac{3}{2}}}$ 에서

$=\dfrac{(1\times 10^{-2})^2\times 1\times 10}{2\{(1\times 10^{-2})^2+(\sqrt{3}\times 10^{-2})^2\}^{\frac{3}{2}}}=\dfrac{10^{-3}}{2\{4\times 10^{-4}\}^{\frac{3}{2}}}=\dfrac{1}{16}\times 10^3$ [AT/m]

정답 ①

문제4. 자극의 세기가 8×10^{-6} [Wb], 길이가 3[cm]인 막대자석을 120[AT/m]의 평등자계내에 자력선과 30°의 각도로 놓으면 이 막대자석이 받는 회전력은 몇 [N·m]인가?

① 1.44×10^{-4} [N·m] ② 1.44×10^{-5} [N·m]

③ 3.02×10^{-4} [N·m] ④ 3.02×10^{-5} [N·m]

풀이

막대자석의 회전력

$T= MH\sin\theta = m\ell H\sin\theta = 8\times 10^{-6}\times 3\times 10^{-2}\times 120\times \sin 30° = 1.44\times 10^{-5}$ [N·m]

정답 ②

문제5. 다음 중 폐회로에 유도되는 유도기전력에 관한 설명 중 가장 알맞은 것은?

① 렌쯔의 법칙은 유도기전력의 크기를 결정하는 법칙이다.

② 자계가 일정한 공간 내에서 폐회로가 운동하여도 유도 기전력이 유도된다.

③ 유도기전력은 권선수의 제곱에 비례한다.

④ 전계가 일정한 공간 내에서 폐회로가 운동하여도 유도 기전력이 유도된다.

풀이

유도기전력 $e=-N\cdot\dfrac{d\phi}{dt}$

크기 : 패러데이 법칙

방향 : 렌쯔의 법칙

정답 ②

문제6. $\nabla \cdot J = -\dfrac{\partial \rho}{\partial t}$ 에 대한 설명으로 옳지 않는 것은?

① "−" 부호는 전류가 폐곡면에서 유출되고 있음을 뜻한다.
② 단위 체적당 전하 밀도의 시간당 증가 비율이다.
③ 전류가 정상 전류가 흐르면 폐곡면에 통과하는 전류는 영(ZERO) 이다.
④ 폐곡면에서 수직으로 유출되는 전류밀도는 미소체적인 한점에서 유출되는 단위 체적당 전류가 된다.

풀이

정답 ②

문제7. 길이가 1[cm], 지름이 5[mm]인 동선에 1[A]의 전류를 흘렸을 때 전자가 동선을 흐르는 데 걸린 평균 시간은 대략 얼마인가? (단, 동선에서의 전자의 밀도는 1×10^{28} [개/m³]라고 한다.)

① 3초 ② 31초 ③ 314초 ④ 3147초

풀이

전류밀도 : $i = \dfrac{I}{S} = Qv = nev$ [A/m²]

전류 : $I = i \cdot s = nevS = nev\pi\left(\dfrac{D}{2}\right)^2$

속도 : $v = \dfrac{I}{ne\pi\left(\dfrac{D}{2}\right)^2} = \dfrac{1}{10^{28}\times1.602\times10^{-19}\times\pi\times\left(\dfrac{5}{2}\times10^{-3}\right)^2} = 314$ [초]

정답 ③

문제8. 전자유도법칙과 관계가 가장 먼 것은?

① 노이만의 법칙 ② 렌쯔의 법칙
③ 패러데이의 법칙 ④ 앙페르의 오른나사 법칙

풀이

정답 ④

문제9. 전지에 연결된 진공 평행판 콘덴서에서 진공 대신 어떤 유전체로 채웠더니 충전전하가 2배로 되었다면 전기 감수율(susceptibility) x_{er} 은 얼마인가?

① 0　　② 1　　③ 2　　④ 3

풀이

충전전하 : $Q = CV = \dfrac{\epsilon_0 \epsilon_s S}{d} V$ 에서 유전율에 비례하므로 비유전율 $\epsilon_s = 2$ 가 된다.

분극의 세기 : $P = \epsilon_0(\epsilon_s - 1) \cdot E = \epsilon_0 \cdot x_{er} \cdot E$ 이므로 전기감수율 $x_{er} = \epsilon_s - 1 = 2 - 1 = 1$

정답 ②

문제10. 간격 3[cm], 면적 30[cm^2]의 평판콘덴서에 220[V]의 전압을 가하면 양판간에 작용하는 힘은 약 몇 [N]인가? (단, 유전율 $\epsilon_0 = 8.855 \times 10^{-12}$ [F/m]이다.)

① 6.3×10^{-6} [N]　　② 7.14×10^{-7} [N]　　③ 8×10^{-5} [N]　　④ 5.75×10^{-4} [N]

풀이

전전력 $F = \dfrac{\epsilon_0 S V^2}{2d^2} = \dfrac{8.855 \times 10^{-12} \times 30 \times 10^{-4} \times 220^2}{2 \times (3 \times 10^{-2})^2} = 7.14 \times 10^{-7}$ [N]

정답 ②

문제11. 다음 중 전계 E가 보존적인 것과 관계되지 않는 것은?

① $\oint_c E \cdot d\ell = 0$　　② $E = -\text{grad}\, V$　　③ $\text{rot}\, E = 0$　　④ $\text{div}\, E = 0$

풀이

정답 ④

문제 **12.** 점전하에 의한 전위함수가 $V=x^2+y^2$ [V]로 주어진 전계가 있을 때 이 전계의 전기력선의 방정식은? (단, A는 상수이다.)

① $xy=A$ ② $y=Ax$ ③ $y=Ax^2$ ④ $\frac{1}{x}+\frac{1}{y}=A$

풀이

전계의 세기 $E=-\text{grad}V=-\nabla V=-\left(\frac{\partial V}{\partial x}i+\frac{\partial V}{\partial y}i+\frac{\partial V}{\partial z}k\right)=-(2xi+2yj)$ [V/m]

전기력선의 방정식 : $\frac{dx}{Ex}=\frac{dy}{Ey}$, $\frac{dx}{-2x}=\frac{dy}{-2y}$, $\frac{1}{x}dx=\frac{1}{y}dy$

$\int\frac{1}{x}dx=\int\frac{1}{y}dy$, $\ln x=\ln y+\ln k$, $\ln\frac{x}{y}=\ln k$ $\therefore x=k\cdot y$

$y=\frac{1}{k}x=A\cdot x$

정답 ②

문제 **13.** 반지름이 3[cm]인 원형 단면을 가지고 있는 환상 연철심에 코일을 감고 여기에 전류를 흘려서 철심 중의 자계 세기가 400[AT/m]가 되도록 여자할 때, 철심 중의 자속 밀도는 약 몇 [Wb/m²]인가? (단, 철심의 비투자율은 400이라고 한다.)

① 0.2[Wb/m²] ② 0.8[Wb/m²] ③ 1.6[Wb/m²] ④ 2.0[Wb/m²]

풀이

자속밀도 $B=\mu\cdot H=\mu_0\mu_s H=4\pi\times10^{-7}\times400\times400=0.201$ [Wb/m²]

정답 ①

문제 **14.** 다음 그림은 콘덴서 내의 변위전류에 대한 설명이다. 이 콘덴서의 전극면적을 S [m²], 전극에 저축된 전하를 q[C], 전극의 표면전하 밀도를 σ [C/m²], 전극사이의 전속밀도를 D [C/m²]라 하면 변위전류밀도 i_d [A/m²]의 값은?

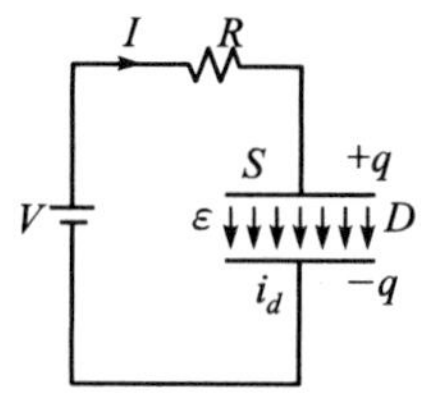

① $i_d=\frac{\partial D}{\partial t}$ [A/m²] ② $i_d=\frac{\partial\sigma}{\partial t}$ [A/m²]

③ $i_d=S\frac{\partial D}{\partial t}$ [A/m²] ④ $i_d=\frac{1}{S}\frac{\partial D}{\partial t}$ [A/m²]

풀이

변위전류 밀도 : $i_d=\frac{\partial D}{\partial t}$

정답 ①

문제15. 내부장치 또는 공간을 물질로 포위시켜 외부 자계의 영향을 차폐시키는 방식을 자기차폐라 한다. 다음 중 자기차폐에 가장 좋은 것은?

① 강자성체 중에서 비투자율이 큰 물질
② 강자성체 중에서 비투자율이 작은 물질
③ 비투자율이 1 보다 작은 역자성체
④ 비투자율에 관계없이 물질의 두께로만 관계되므로 되도록 두꺼운 물질

풀이

정답 ①

문제16. 다음 중 무한 솔레노이드에 전류가 흐를 때에 대한 설명으로 가장 알맞은 것은?

① 내부 자계는 위치에 상관없이 일정하다.
② 내부 자계와 외부 자계는 그 값이 같다.
③ 외부 자계는 솔레노이드 근처에서 멀어질수록 그 값이 작아진다.
④ 내부 자계의 크기는 0이다.

풀이

무한장 솔레노이드

내부 $H = \frac{N}{\ell} \cdot I = nI$ [AT/m]

외부 $H = 0$

정답 ①

문제17. 유전체내의 전속밀도를 정하는 원천은?

① 유전체의 유전률이다.
② 분극 전하만이다.
③ 진전하만이다.
④ 진전하와 분극 전하이다.

풀이

$D = \rho$

D : 전속밀도, ρ : 표면전하, 진전하

$P = \rho'$

P : 분극의 세기, ρ' : 분극전하 밀도

정답 ③

문제18. 전위함수 $V = 5x^2y + z$ [V]일 때 점(2, −2, 2)에서 체적 전하밀도 ρ[C/m³]의 값은? (단, ϵ_0는 자유공간의 유전율이다.)

① $5\epsilon_0$　② $10\epsilon_0$　③ $20\epsilon_0$　④ $25\epsilon_0$

풀이

$\nabla^2 V = -\frac{\rho}{\epsilon_0}$, $\frac{\partial^2 V}{\partial x^2} + \frac{\partial^2 V}{\partial y^2} + \frac{\partial^2 V}{\partial z^2} = -\frac{\rho}{\epsilon}$, $10y = -\frac{\rho}{\epsilon_0}$, $-20 = -\frac{\rho}{\epsilon_0}$

∴ 체적 전하밀도 $\rho = 20\epsilon_0$ [c/m³m³]

정답 ③

문제19. 매질이 완전 유전체인 경우의 전자 파동 방정식을 표시하는 것은?

① $\nabla^2 E = \epsilon\mu \frac{\partial E}{\partial t}$, $\nabla^2 H = k\mu \frac{\partial H}{\partial t}$　② $\nabla^2 E = \epsilon\mu \frac{\partial^2 E}{\partial t^2}$, $\nabla^2 H = \epsilon\mu \frac{\partial^2 H}{\partial t^2}$

③ $\nabla^2 E = \epsilon\mu \frac{\partial^2 E}{\partial t^2}$, $\nabla^2 H = k\mu \frac{\partial^2 H}{\partial t^2}$　④ $\nabla^2 E = \epsilon\mu \frac{\partial E}{\partial t}$, $\nabla^2 H = \epsilon\mu \frac{\partial H}{\partial t}$

풀이

맥스웰의 전자파 방정식에서 $\nabla^2 E = k\mu \frac{\partial E}{\partial t} + \epsilon\mu \frac{\partial^2 E}{\partial t^2}$, $\nabla^2 H = k\mu \frac{\partial H}{\partial t} + \epsilon\mu \frac{\partial^2 H}{\partial t^2}$ 를 유도할 수 있는데 유전체가 완전유체일 경우 $k = 0$ 이라 볼 수 있다.

∴ $\nabla^2 E = \epsilon\mu \frac{\partial^2 E}{\partial t^2}$, $\nabla^2 H = \epsilon\mu \frac{\partial^2 H}{\partial t^2}$

정답 ②

문제20. 다음 중 거리 r에 반비례하는 것은?

① 무한장 직선전하에 의한 전계　② 구도체 전하에 의한 전계

③ 전기쌍극자에 의한 전계　④ 전기쌍극자에 의한 전위

풀이

① $E = \frac{\lambda}{2\pi\epsilon_0 r}$ [V/m]　② $E = \frac{Q}{4\pi\epsilon_0 r^2}$ [V/m]

③ $E = \frac{M}{4\pi\epsilon_0 r^3}\sqrt{1 + 3\cos^2\theta}$ [V/m]　④ $V = \frac{M\cos\theta}{4\pi\epsilon_0 r^2}$ [V]

정답 ①

실전 연습문제 09

문제1. 자계의 실효값이 1[mA/m]인 평면 전자파가 공기 중에서 이에 수직되는 수직 단면적 10 [m^2]를 통과하는 전력은 몇 [W]인가?

① 43.77×10^{-2} ② 3.77×10^{-3} ③ 3.77×10^{-4} ④ 3.77×10^{-6}

풀이

포인팅 벡터 $\vec{P}= EH = 377H^2 = \frac{1}{377}E^2 = \frac{P}{S}$ [W/m^2]에서

$377H^2 = \frac{P}{S}$

$\therefore\ P= 377H^2\times S= 377\times(10^{-3})^2\times10 = 377\times10^{-5} = 3.77\times10^{-3}$ [W]

정답 ②

문제2. 두 종류의 금속으로 하나의 폐회로를 만들고 여기에 전류를 흘리면 양 접속점에서 한 쪽은 온도가 올라가고, 다른 쪽은 온도가 내려가서 열의 발생 또는 흡수가 생기고, 전류를 반대 방향으로 변화시키면 열의 발생부와 흡수부가 바뀌는 현상이 발생한다. 이 현상을 지칭하는 효과로 알맞은 것은?

① Pinch 효과 ② Peltier 효과 ③ Thomson 효과 ④ Seebeck 효과

풀이

정답 ②

문제3. 그림에서 직선 도체 바로 아래 10[cm] 위치에 자침이 나란히 있다고 하면 자침에 작용하는 회전력은 약 몇 [N·m/rad]인가? (단, 도체의 전류는 10[A], 자침의 자극의 세기는 10^{-6}[Wb]이고, 자침의 길이는 10[cm]이다.)

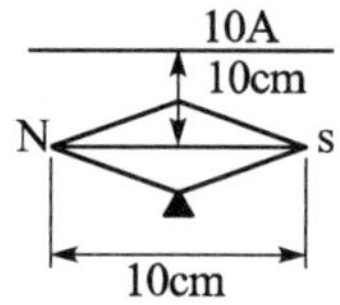

① 1.59×10^{-6}　② 7.95×10^{-7}　③ 15.9×10^{-6}　④ 79.5×10^{-7}

풀이

자침에 작용하는 회전력

$T = MH\sin\theta$ [N·m]　($M = m\ell,\ H = \dfrac{I}{2\pi r},\ \theta = 90°$ 이므로)

$= m\ell\cdot\dfrac{I}{2\pi r}\cdot\sin 90° = 10^{-6}\times0.1\times\dfrac{10}{2\pi\times0.1}\times1 = 1.59\times10^{-6}$[N·m/rad]

정답 ①

문제4. 단면적 15[cm²]의 자석 근처에 같은 단면적을 가진 철편을 놓을 때 그 곳을 통하는 자속이 3×10^{-4}[Wb] 이면 철편에 작용하는 흡인력은 약 몇 [N]인가?

① 12.2　② 23.9　③ 36.6　④ 48.8

풀이

흡인력 $F = \dfrac{B^2}{2\mu_0}\times S = \dfrac{\left(\dfrac{\phi}{S}\right)^2}{2\mu_0}\times S\ \left(B = \dfrac{\phi}{S}\right) = \dfrac{\left(\dfrac{3\times10^{-4}}{15\times10^{-4}}\right)^2}{2\times4\pi\times10^{-7}}\times15\times10^{-4} = 23.9$[N]

정답 ②

문제5. 반지름이 20[cm]인 도체원판이 그 축에 평행이고, 세기가 2.4×10^3[AT/m]인 균일자계내에서 1분간에 1800회의 회전 운동을 하고 있다. 이 원판의 축과 원판 주위 사이에 2[Ω]의 저항체를 접속시킬 때, 이 저항에 흐르는 전류는 약 몇 [mA]인가? (단, 원판의 저항은 무시하고, 원판의 투자율은 공기의 투자율과 같다고 가정한다.)

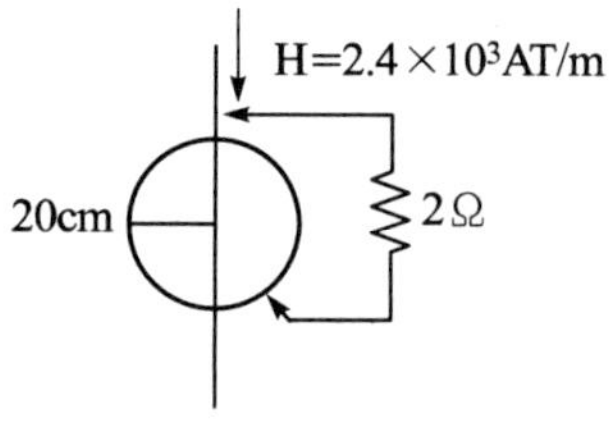

① 2.8　② 3.8　③ 5.7　④ 11.4

풀이

도체 중심에서 r[m] 거리에 있는 반지름의 미소길이 d_r의 속도 $v = \omega r$ [m/s] 이고 이 부분에 발생하는 기전력 $d_e = vBd_r = \omega rBd_r$ [V]이고 중심에서 반지름 a 간에 발생하는 기전력은

$$e = \int_0^a d_e = \omega B \cdot \int_0^a r d_r = \frac{\omega B a^2}{2} \text{ [V]}$$

$$\therefore \text{ 전류 } I = \frac{e}{R} = \frac{\omega B a^2}{2R} = \frac{2\pi \times \left(\frac{1800}{60}\right) \times 4\pi \times 10^{-7} \times 2.4 \times 10^3 \times 0.2^2}{2 \times 2} = 5.68 \times 10^{-3} \text{[A]}$$

정답 ③

문제6. 진공 중에서 전계 $E = \sqrt{2} E_0 \sin\omega\left(t - \frac{X}{C}\right)$ [V/m]인 평면 전자파가 있을 때 자계의 실효값은 약 몇 [A/m]인가?

① $1.3 \times 10^{-3} E_e$ ② $2.7 \times 10^{-3} E_e$ ③ $5.4 \times 10^{-3} E_e$ ④ $8.1 \times 10^{-3} E_e$

풀이

계의 실효값 $H_e = \frac{1}{377} E_e = 2.65 \times 10^{-3} E_e$ [AT/m]

정답 ②

문제7. 반지름이 1[m]인 고립 도체구의 정전용량은 약 몇 [pF]인가?

① 1.1 ② 11 ③ 111 ④ 1111

풀이

고립도체구의 정전용량 $C = 4\pi\epsilon_0 a = \frac{1}{9 \times 10^9} \times 10^{12}$ [pF]= 111[pF]

정답 ③

문제8. 대전 도체 표면의 전계의 세기는?

① 곡률이 크면 커진다. ② 곡률이 크면 적어진다.
③ 평면일 때 가장 크다. ④ 표면 모양에 무관한다.

풀이

곡률이 크면 전하밀도가 크므로 전계의 세기도 크다.

정답 ①

문제9. 30[V/m]의 전계내의 60[V]되는 점에서 1[C]의 전하를 전계방향으로 70[cm] 이동한 경우, 그 점의 전위는 몇 [V]인가?

① 9 ② 21 ③ 39 ④ 51

풀이

$V_B = V_A - V' = V_A - E \cdot d = 60 - 30 \times 0.7 = 39\,[\mathrm{V}]$

정답 ③

문제10. 진공중에 전하량이 3×10^{-6}[C]인 두 개의 대전체가 서로 떨어져 있고, 상호간에 작용하는 힘이 9×10^{-3}[N]일 때, 이들 사이의 거리는 몇 [m]인가?

① 2 ② 3 ③ 4 ④ 6

풀이

쿨롱의 법칙에서 $F = \dfrac{Q_1 \cdot Q_2}{4\pi\epsilon_0 r^2} = 9\times10^9 \times \dfrac{Q^2}{r^2}$

$r = \sqrt{9\times10^9 \times \dfrac{Q^2}{F}} = \sqrt{9\times10^9 \times \dfrac{(3\times10^{-6})^2}{9\times10^{-3}}} = 3\,[\mathrm{m}]$

정답 ②

문제11. 자계의 벡터 포텐셜(vector potential)을 A[Wb/m]라 할 때 도체 주위에서 자계 B[Wb/m²]가 시간적으로 변화하면 도체에 발생하는 전계의 세기 E[V/m]는?

① $E = -\dfrac{\partial A}{\partial t}$ ② $\mathrm{rot}\,E = -\dfrac{\partial A}{\partial t}$ ③ $\mathrm{rot}\,E = \dfrac{\partial B}{\partial t}$ ④ $E = \mathrm{rot}\,B$

정답 ①

문제12. 평면도체 표면에서 진공내 d[m]의 거리에 점전하 Q[C]가 있을 때, 이 전하를 무한 원까지 운반하는데 요하는 일은 몇 [J]인가?

① $9\times10^9\times\dfrac{Q^2}{d}$ ② $4.5\times10^9\times\dfrac{Q^2}{d}$ ③ $3\times10^9\times\dfrac{Q^2}{d}$ ④ $2.25\times10^9\times\dfrac{Q^2}{d}$

풀이

힘 $F = \dfrac{Q^2}{4\pi\epsilon_0(2d)^2} = \dfrac{Q^2}{16\pi\epsilon_0 d^2}$ [N]

일 $W = \int F dr = Fd = \dfrac{Q^2}{16\pi\epsilon_0 d} = \dfrac{Q^2}{16\pi\times8.855\times10^{-12}\,d} = 2.25\times10^9\times\dfrac{Q^2}{d}$

정답 ④

문제13. 환상 철심에 권수 N_A인 A 코일과 권수 N_B인 B 코일이 있을 때 코일 A의 자기인덕턴스가 L_A[H]라면 두 코일간의 상호 인덕턴스[H]는? (단, A코일과 B코일간의 누설자속은 없는 것으로 한다.)

① $\dfrac{N_A \cdot L_A}{N_B}$　② $\dfrac{N_B \cdot L_A}{N_A}$　③ $\dfrac{N_A^2 \cdot L_A}{N_B}$　④ $\dfrac{N_B^2 \cdot L_B}{N_A}$

> **풀이**
>
> $\dfrac{N_1}{L_1^2} = \dfrac{N_2^{\ 2}}{L_2} = \dfrac{N_1 N_2}{M}$ 에서 $M = \dfrac{N_2}{N_1} \times L_1 = \dfrac{N_B}{N_A} \times L_A$
>
> 정답 ②

문제14. 비유전율 $\epsilon_s = 5$ 인 유전체 중에서 전속밀도가 4×10^{-4}[C/m²]일 때 분극의 세기는 몇 [C/m²]인가?

① 1.6×10^{-4}　② 2.4×10^{-4}　③ 3.2×10^{-4}　④ 4.8×10^{-4}

> **풀이**
>
> 분극의 세기 $P = \epsilon_0(\epsilon_s - 1) \cdot E = x \cdot E = D\left(1 - \dfrac{1}{\epsilon_s}\right)$ 에서
>
> $P = D\left(1 - \dfrac{1}{\epsilon_s}\right) = 4 \times 10^{-4} \times \left(1 - \dfrac{1}{5}\right) = 3.2 \times 10^{-4}$ [C/m²]
>
> 정답 ③

문제15. 두 유전체의 경계면에 대한 설명 중 옳은 것은?

① 두 유전체의 경계면에 전계가 수직으로 입사하면 두 유전체내의 전계의 세기는 같다.
② 유전율이 작은 쪽에 전계가 입사할 때 입사각은 굴절각보다 크다.
③ 경계면에서 정전력은 전계가 경계면에 수직으로 입사할 때 유전율이 큰 쪽에서 작은 쪽으로 작용한다.
④ 유전율이 큰 쪽에서 작은 쪽으로 전계가 경계면에 수직으로 입사할 때 유전율이 작은 쪽의 전계의 세기가 작아진다.

> **풀이**
>
> ① 경계면에 수직입사하면 $\theta_1 = \theta_2 = 0°$ 이므로
> $D_1 = D_2 = D$ (일정)이고, $E_1 \neq E_2$ 인 관계가 성립한다.
> ② $\epsilon_1 < \epsilon_2$, $\theta_1 < \theta_2$ 이므로 유전율이 작은 쪽에서 입사하면 입사각은 굴절각보다 작다.
>
> 정답 ③

문제16. 도전율 $\sigma = 4$ [S/m], 비투자율 $\mu_r = 1$, 비유전율 $\epsilon_r = 81$ 인 바닷물 중에서 최소한 유전손실정점($\tan\delta$)이 100 이상이 되기 위한 주파수 범위[MHz]는?

① $f \leq 2.23$ ② $f \leq 4.45$ ③ $f \leq 8.89$ ④ $f \leq 17.78$

풀이

유전손실 정점 $\tan\sigma = \frac{|i_c|}{|i_d|} = \frac{\sigma}{\omega\epsilon} = \frac{\sigma}{2\pi f\epsilon}$ 에서

주파수 $f \leqq \frac{\sigma}{2\pi\epsilon \cdot \tan\sigma}$

$\leqq \frac{4}{2\pi \times 100 \times 8.855 \times 10^{-12} \times 81}$

$\leqq 8.88 \times 10^6$ [Hz]

정답 ③

문제17. 그림과 같이 환상철심에 2개의 코일을 감고, 1차 코일을 전지에, 2차 코일을 검류계 Ⓖ에 연결한다. 다음의 각 경우 중 검류계에 흐르는 전류의 방향이 옳게 언급된 것은?

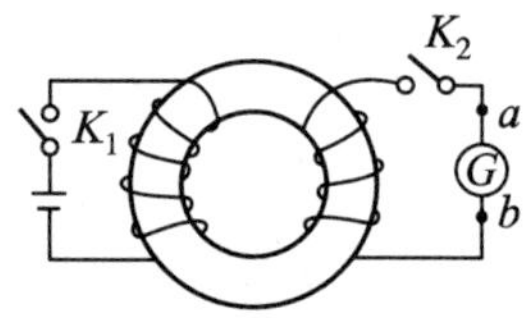

① 스위치 K_2를 닫은 다음 스위치 K_1을 닫으면 전류는 b에서 a로 흐른다.

② 스위치 K_1을 닫은 후 잠깐 있다가 스위치 K_2를 닫으면 전류는 a에서 b로 흐른다.

③ 스위치 K_1과 K_2를 닫아 놓고 스위치 K_1을 급히 열면 전류는 b에서 a로 흐른다.

④ 스위치 K_1과 K_2를 닫아 놓고 스위치 K_2를 급히 열면 전류는 b에서 a로 흐른다.

풀이

정답 ③

문제18. 유전체에 작용하는 힘과 관련된 사항으로 전계 중의 두 유전체가 경계면에서 받는 변형력을 무엇이라 하는가?

① 쿨롱의 힘 ② 맥스웰의 응력 ③ 톰슨의 응력 ④ 볼타의 힘

풀이

정답 ②

문제19. 도체에 교류가 흐르는 경우 표피효과에 대한 설명으로 가장 알맞은 것은?

① 도체 표면의 전류 밀도가 커지고 중심이 될수록 전류 밀도가 작아지는 현상
② 도체 표면의 전류 밀도가 작아지고 중심이 될수록 전류 밀도가 커지는 현상
③ 도체 표면의 전류 밀도가 커지고 중심이 될수록 전류 밀도가 더욱 커지는 현상
④ 도체 표면의 전류 밀도가 작아지고 중심이 될수록 전류 밀도가 더욱 작아지는 현상

풀이

정답 ①

문제20. 유전체에서의 변위 전류에 대한 설명으로 옳은 것은?

① 유전체의 굴절률이 2배가 되면 변위 전류의 크기도 2배가 된다.
② 변위 전류의 크기는 투자율의 값에 비례한다.
③ 변위 전류는 자계를 발생시킨다.
④ 전속밀도의 공간적 변화가 변위 전류를 발생시킨다.

풀이

$\mathrm{rot}\, H = J + \dfrac{\partial D}{\partial t}$

J : 전도 전류밀도, $\dfrac{\partial D}{\partial t}$: 변위 전류밀도

정답 ③

실전 연습문제 10

문제1. 그림과 같이 면적 $S[\mathrm{m}^2]$인 평행판 콘덴서의 극판간에 판과 평행으로 두께 $d_1[\mathrm{m}]$, $d_2[\mathrm{m}]$, 유전율 $\epsilon_1[\mathrm{F/m}]$, $\epsilon_2[\mathrm{F/m}]$의 유전체를 삽입하면 정전용량[F]은?

① $\dfrac{S}{\dfrac{d_1}{\epsilon_1}+\dfrac{d_2}{\epsilon_2}}$ ② $\dfrac{S}{\dfrac{\epsilon_1}{d_1}+\dfrac{\epsilon_2}{d_2}}$

③ $\dfrac{S}{d_1\epsilon_1+d_2\epsilon_2}$ ④ $\dfrac{S}{d_1\epsilon_2+d_2\epsilon_2}$

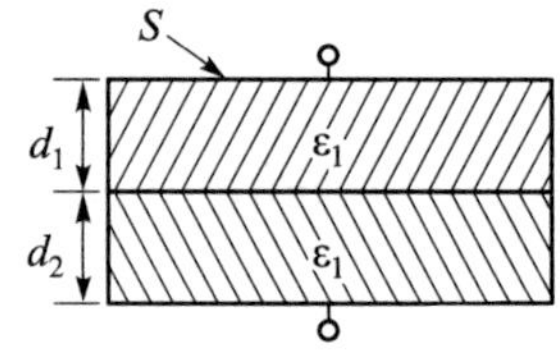

풀이

두께 → 직렬등가로 해석

$$C=\frac{C_1\cdot C_2}{C_1+C_2}=\frac{\dfrac{\epsilon_1 S}{d_1}\cdot\dfrac{\epsilon_2 S}{d_2}}{\dfrac{\epsilon_1 S}{d_1}+\dfrac{\epsilon_2 S}{d_2}}$$

정답 ①

문제2. 반사계수가 $\Gamma=0.8$ 일 때 정재파비 S를 데시벨[dB]로 표시하면?

① $10\log_{10}\dfrac{1}{9}$ ② $10\log_{10}9$ ③ $20\log_{10}\dfrac{1}{9}$ ④ $20\log_{10}9$

풀이

정재파비 $S=\dfrac{1+\Gamma}{1-\Gamma}=\dfrac{1+0.8}{1-0.8}=\dfrac{1.8}{0.2}=9$

데시벨[dB]=전압비[이득]으로 고려

$[\mathrm{dB}]=20\log_{10}9$

정답 ④

문제3. 도전율 σ, 투자율 μ인 도체에 교류전류가 흐를 때 표피 효과에 의한 침투깊이 δ는 σ와 μ, 그리고 주파수 f에 어떤 관계가 있는가?

① 주파수 f와 무관하다.　　② σ가 클수록 작다.
③ σ와 μ에 비례한다.　　④ μ가 클수록 크다.

풀이

$\delta[\mathrm{m}] = \dfrac{1}{\sqrt{\pi f \mu \sigma}}$ 이므로 σ가 클수록 작다.

정답 ②

문제4. 그림과 같은 반지름 ρ[m]인 원형 영역에 걸쳐 균등 자속 밀도가 $B = B_0 a_z$ [T] 로 측정되었다면 그 원형 영역 내의 벡터 포텐셜 A[Wb/m]는 얼마인가?

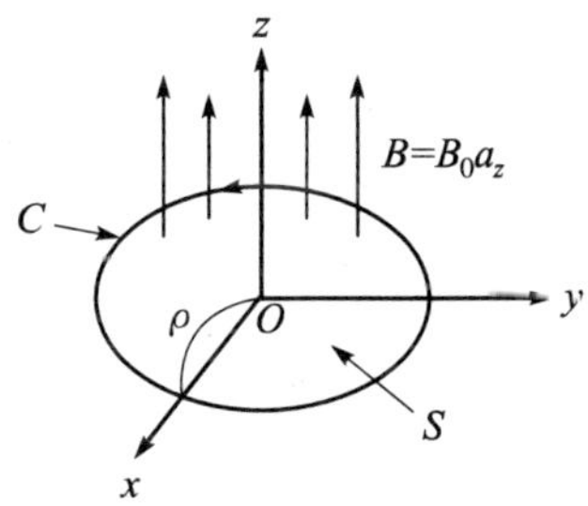

① $\dfrac{\rho B_0}{2\pi} a_z$　　② $\dfrac{\rho B_0}{2\pi} a_\phi$
③ $\dfrac{\rho B_0}{2} a_z$　　④ $\dfrac{\rho B_0}{2} a_\phi$

풀이

문제의 조건 $B = B_0 \cdot a_z$ 일 때 $A = A_0 \cdot a_\phi$ 가 된다.

$\phi = \int B_0 \cdot dS = \int \nabla \times A_0 \cdot dS = \int A_0 \cdot d\ell$

$\phi = A_0 \cdot \ell = A_0 \cdot 2\pi\rho$

$B_0 = \dfrac{\phi}{S} = \dfrac{A_0 \cdot 2\pi\rho}{S}$

$A_0 = B_0 \cdot \dfrac{S}{2\pi\rho} = B_0 \cdot \dfrac{\pi\rho^2}{2\pi\rho} = \dfrac{B_0\rho}{2} = \dfrac{\rho B_0}{2}$

$\therefore A = A_0 \cdot a_\phi = \dfrac{\rho B_0}{2} \cdot a_\phi$

정답 ④

문제5. 다음 중 국제 단위계(SI)에 있어서 인덕턴스(Inductance)의 차원(次元) 으로 옳은 것은? (단, L은 길이, M은 질량, T는 시간, I는 전류이다)

① $LMT^{-2}I^{-2}$　② $L^2MT^{-1}I^{-2}$　③ $L^2MT^{-3}I^{-2}$　④ $L^{-2}M^{-1}T^4I^2$

풀이

먼저 M.K.S 단위로 표현한다.

$$\omega = \frac{1}{2}LI^2 = [\mathrm{J}] = [\mathrm{N \cdot m}] = \left[\frac{\mathrm{kg \cdot m}}{\mathrm{s}} \cdot \mathrm{m}\right] = \left[\frac{\mathrm{kg \cdot m^2}}{\mathrm{s}}\right]$$

$$LI^2 = \left[\frac{\mathrm{kg \cdot m^2}}{\mathrm{s}}\right]$$

$L = \left[\dfrac{\mathrm{kg \cdot m^2}}{\mathrm{s \cdot I^2}}\right]$에서 국제단위계 L.M.T 로 바꾸면

$$\left[\frac{\mathrm{M \cdot L^2}}{\mathrm{T \cdot I^2}}\right] = \mathrm{L^2 \cdot M \cdot T^{-1} \cdot I^{-2}}$$

정답 ②

문제6. 서로 결합하고 있는 두 코일 C_1과 C_2의 자기인덕턴스가 각각 L_{c1}, L_{c2}라고 한다. 이 둘을 직렬로 연결하여 합성 인덕턴스값을 얻은 후 두 코일간 상호인덕턴스의 크기($|M|$)를 얻고자 한다. 직렬로 연결할 때, 두 코일간 자속이 서로 가해져서 보강되는 방향이 있고, 서로 상쇄되는 방향이 있다. 전자의 경우 얻은 합성인덕턴스의 값이 L_1, 후자의 경우 얻은 합성인덕턴스의 값이 L_2 일 때, 다음 중 알맞은 식은?

① $L_1 < L_2,\ |M| = \dfrac{L_2 + L_1}{4}$　② $L_1 > L_2,\ |M| = \dfrac{L_1 + L_2}{4}$

③ $L_1 < L_2,\ |M| = \dfrac{L_2 - L_1}{4}$　④ $L_1 > L_2,\ |M| = \dfrac{L_1 - L_2}{4}$

풀이

보강되는 방향 : 가극성 $L_1 = L_{c1} + L_{c2} + 2M$

상쇄되는 방향 : 감극성 $L_2 = L_{c1} + L_{c2} - 2M$

두 식을 연립하여 푼다.

$L_1 = L_{c1} + L_{c2} + 2M$

$L_2 = L_{c1} + L_{c2} - 2M$

$L_1 - L_2 = 4M$

$\therefore M = \dfrac{L_1 - L_2}{4}$ 이며 가극성의 L_1이 감극성의 L_2 보다 크다.

정답 ④

문제7. 커패시터를 제조하는데 A, B, C, D 와 같은 4가지의 유전재료가 있다. 커패시터 내에서 단위체적당 가장 큰 에너지 밀도를 나타내는 재료부터 순서대로 나열하면? (단, 유전재료 A, B, C, D 의 비유전율은 각각 $\epsilon_{rA}=8, \epsilon_{rB}=10$, , $\epsilon_{rC}=2, \epsilon_{rD}=4$ 이다)

① B > A > D > C
② A > B > D > C
③ D > A > C > B
④ C > D > A > B

풀이

전위가 일정한 조건에서(정격전압) 전계 E가 일정하며 에너지 밀도는 $\frac{1}{2}\epsilon E^2$[J/m^3]이다.

∴ 유전율이 큰 순서로 답이 된다.

정답 ①

문제8. 다음 사항 중 옳은 것은?

① $\nabla \times H$는 면전류밀도 [A/m^2]를 의미하며, curl H 또는 rot H 와 같다.
② ∇V는 전계방향과 반대이고, 등전위면과 직각방향인 전위가 감소하는 방향으로 향한다.
③ $\nabla \cdot D$ 는 단위면적당의 발산전속수를 의미한다.
④ $\nabla \times (\nabla \times A)$는 벡터 항등식에서 $\nabla(\nabla \cdot A) + \nabla^2 A$와 같다.

풀이

$\nabla \times H = \text{curl} H = \text{rot} H = i$ [A/m^2]

정답 ①

문제9. 이종(異種)의 유전체 사이의 경계면에 전하분포가 없을 때 경계면 양쪽에 대한 설명으로 옳은 것은?

① 전계에 법선성분 및 전속밀도의 접선성분은 서로 같다.
② 전계의 법선성분 및 전속밀도의 법선성분은 서로 같다.
③ 전계의 접선성분 및 전속밀도의 접선성분은 서로 같다.
④ 전계의 접선성분 및 전속밀도의 법선성분은 서로 같다.

풀이

$E_1 \sin\theta_1 = E_2 \sin\theta_2$: 전계의 접선성분이 같다.

$D_1 \cos\theta_1 = D_2 \cos\theta_2$: 전속밀도의 법성성분이 같다.

정답 ④

문제10. 저항 10[Ω]의 코일을 지나는 자속이 $\phi = 5\sin 10t$[A]일 때, 유도기전력에 의한 전류[A]의 최대값은?

① 1[A] ② 2[A] ③ 5[A] ④ 10[A]

풀이

전류 $i_m = \dfrac{e_m}{R}$

기전력 $e = -\dfrac{d\phi}{dt} = -\dfrac{d}{dt} \cdot 5 \cdot \sin 10t = -50 \cdot \cos 10t$

$e_m = 50 \quad \therefore i_m = \dfrac{e_m}{R} = \dfrac{50}{10} = 5$ [A]

정답 ③

문제11. 반지름이 1[cm]와 2[cm]인 동심원통의 길이가 50[cm]일 때 이것의 정전용량은 약 몇 [pF]인가? (단, 내원통에 $+\lambda$[cm], 외원통에 $-\lambda$[c/m]인 전하를 준다고 한다)

① 0.56[pF] ② 34[pF] ③ 40[pF] ④ 141[pF]

풀이

$C = \dfrac{2\pi\epsilon_0 \ell}{\ln\dfrac{b}{a}}$ [F] $= \dfrac{2\pi \times 8.85 \times 10^{-12} \times 0.5}{\ln\dfrac{2}{1}}$ [F] $= \dfrac{2\pi \times 8.85 \times 0.5}{\ln 2}$ [pF] $= 40.1$[pF]

정답 ③

문제12. 자기 쌍극자의 자위에 관한 설명 중 맞는 것은?

① 쌍극자의 자기모멘트에 반비례한다.
② 거리제곱에 반비례한다.
③ 자기 쌍극자의 축과 이루는 각도 θ의 $\sin\theta$에 비례한다.
④ 자위의 단위는 [Wb/J]이다.

풀이

쌍극자 자위 $U = \dfrac{M}{4\pi\mu_0 r^2} \cdot \cos\theta$ [A]

∴ ① 자기모멘트 M에 비례 ② 거리 제곱에 반비례
③ $\cos\theta$ 에 비례 ④ 단위는 [A] 이다.

정답 ②

문제 13. E[V/m]의 평등 전계를 가진 절연유(비유전율 ϵ_r) 중에 있는 구형기포(球形氣泡) 내의 전계의 세기는 몇 [V/m]인가?

① $\frac{2\epsilon_r}{3\epsilon_r+1}E$ ② $\frac{\epsilon_r}{2\epsilon_r+1}E$ ③ $\frac{3\epsilon_r}{2\epsilon_r+1}E$ ④ $\frac{\epsilon_r}{3\epsilon_r+1}E$

풀이

정답 ③

문제 14. 평등 전계 내에 수직으로 비유전율 $\epsilon_r = 3$인 유전체판을 놓았을 경우 판 내의 전속밀도 $D = 4\times10^{-6}$ [C/m²]이었다. 이 유전체의 비분극률은?

① 2 ② 3 ③ 1×10^{-6} ④ 2×10^{-6}

풀이

비분극률 $x_s = \epsilon_s - 1 = 3 - 1 = 2$

정답 ①

문제 15. 압전기 현상에서 분극이 응력과 같은 방향으로 발생하는 현상을 무슨 효과라 하는가?

① 종효과 ② 횡효과 ③ 역효과 ④ 간접효과

풀이

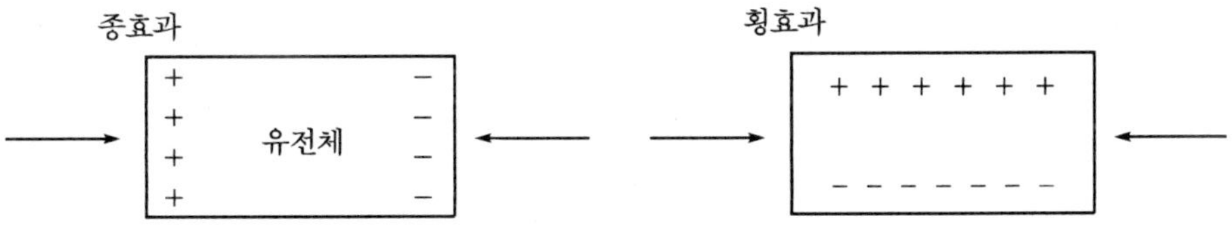

정답 ①

문제16. 다음 중 20[℃]에서 저항온도계수(temperature coefficient of resistance)가 가장 큰 것은?

① Ag ② Cu ③ Al ④ Ni

풀이

정답 ④

문제17. 대전된 도체구 A를 반지름이 2배가 되는 대전되어 있지 않은 도체구 B에 접속하면 도체구 A 는 처음 갖고 있던 전계 에너지의 얼마나 손실되겠는가?

① $\frac{3}{2}$ ② $\frac{2}{3}$ ③ $\frac{5}{2}$ ④ $\frac{2}{5}$

풀이

- 도체구 A가 처음 갖고 있던 에너지 $\omega_A = \frac{Q^2}{2C_A}$
- 무대전구의 정전용량 $C_B = 2C_A$
- 접속시 합성용량 $C = C_A + C_B = C_A + 2C_A = 3C_A$
- 접속 후 에너지 $\omega = \frac{Q^2}{2C} = \frac{Q^2}{2 \cdot 3C_A} = \frac{1}{3} \cdot \frac{Q^2}{2C_A}$
- 손실된 에너지 $\omega' = \omega_A - \omega = \frac{Q^2}{2C_A} - \frac{1}{3}\frac{Q^2}{2C_A} = \frac{Q^2}{2C_A}\left(1 - \frac{1}{3}\right) = \frac{Q^2}{2C_A} \times \frac{2}{3}$배 $\therefore \frac{2}{3}$배

정답 ②

문제18. 비유전율 $\epsilon_r = 4$, 비투자율 $\mu_r = 1$인 매질 내에서 주파수가 1[GHz]인 전자기파의 파장은 몇 [m]인가?

① 0.1[m] ② 0.15[m] ③ 0.25[m] ④ 0.4[m]

풀이

$\lambda\,[\text{m}] = \frac{v}{f}$,

$v = \frac{1}{\sqrt{\epsilon\mu}} = \frac{1}{\sqrt{\epsilon_0 \epsilon_r \cdot \mu_0 \cdot \mu_r}} = \frac{1}{\sqrt{\epsilon_0 \mu_0}} \cdot \frac{1}{\sqrt{\epsilon_r \cdot \mu_r}} = 3\times10^8 \times \frac{1}{\sqrt{4\times1}} = \frac{3\times10^8}{2}\,[\text{m/s}]$

$= 1.5\times10^8\,[\text{m/s}]$

$\lambda = \frac{v}{f} = \frac{1.5\times10^8}{10^9}\,[\text{m}] = 1.5\times10^{-1} = 0.15\,[\text{m}]$

정답 ②

문제19. 비투자율이 2500인 철심의 자속밀도가 5[Wb/m^2]이고, 철심의 부피가 4×10^{-6}[m^3]일 때, 이 철심에 저장된 자기에너지는 몇 [J]인가?

① $\frac{1}{\pi}\times10^{-2}$[J]　② $\frac{3}{\pi}\times10^{-2}$[J]　③ $\frac{4}{\pi}\times10^{-2}$[J]　④ $\frac{5}{\pi}\times10^{-2}$[J]

풀이

$$\omega=\frac{B^2}{2\mu}\,[\mathrm{J/m^3}]\times v[\mathrm{m^3}]=\frac{B^2}{2\mu_0\mu_r}\cdot v[\mathrm{J}]$$

$$=\frac{5^2}{2\times4\pi\times10^{-7}\times2500}\times4\times10^{-6}=\frac{1}{2\pi}\times10^{-1}=\frac{5}{\pi}\times10^{-2}[\mathrm{J}]$$

정답 ④

문제20. 다음 중 자기회로에서 키르히호프의 법칙으로 알맞은 것은? (단, R : 자기저항, ϕ : 자속, N : 코일 권수, I : 전류 이다)

① $\sum_{i=1}^{n}\phi_i=\infty$　② $\sum_{i=1}^{n}N_i\,\phi_i=0$

③ $\sum_{i=1}^{n}R_i\,\phi_i=\sum_{i=1}^{n}N_i\,I_i$　④ $\sum_{i=1}^{n}R_i\,\phi_i=\sum_{i=1}^{n}N_i\,L_i$

풀이

기자력 $F=R\phi=NI$ [AT]
키르히호프의 법칙 : 임의 폐회로 내의 기자력의 대수합은 각 자기저항에서의 기자력의 합과 같다.
cf) KVL : 임의 폐회로 내의 기전력의 대수합은 각 저항에서의 전압강하의 합과 같다.

정답 ③

실전 연습문제 11

문제1. 콘덴서의 내압(耐壓) 및 정전용량이 각각 1000 [V]−2[μF], 700[V]−3[μF], 600[V]−4[μF], 300[V] −8[μF]이다. 이 콘덴서를 직렬로 연결할 때 양단에 인가되는 전압을 상승시키면 제일 먼저 절연이 파괴되는 콘덴서는?

① 1000[V] − 2[μF]　　② 700[V] − 3[μF]
③ 600[V] − 4[μF]　　④ 300[V] − 8[μF]

풀이

전기량 Q가 가장 작은 콘덴서가 먼저 파괴된다.

$Q = CV = VC$ 에서

$Q_1 = 1000 \times 2\ [\mu F] = 2000 \times 10^{-6}[C]$

$Q_2 = 700 \times 3\ [\mu F] = 2100 \times 10^{-6}[C]$

$Q_3 = 600 \times 4\ [\mu F] = 2400 \times 10^{-6}[C]$

$Q_4 = 300 \times 8\ [\mu F] = 2400 \times 10^{-6}[C]$

∴ 가장 작은 Q_1, 즉 1000[V] −2[μF]이 답이 된다.

정답 ①

문제2. 코일 A 및 코일 B가 있다. 코일 A 의 전류가 $\frac{1}{30}$ 초간에 10[A] 변화할 때 코일 B에 10[V]의 기전력을 유도한다고 한다. 이때의 상호인덕턴스는 몇 [H]인가?

① $\frac{1}{0.3}$　　② $\frac{1}{3}$　　③ $\frac{1}{30}$　　④ $\frac{1}{300}$

풀이

$$e_B = -M\frac{di_A}{dt} \Rightarrow 10 = M \cdot \frac{10}{\frac{1}{30}} \qquad \therefore M = \frac{1}{30}$$

정답 ③

문제3. 다음 설명 중 잘못된 것은?

① 초전도체는 임계온도 이하에서 완전 반자성을 나타낸다.
② 자화의 세기는 단위 면적당의 자기 모멘트이다.
③ 상자성체에 자극 N 극을 접근시키면 S 극이 유도된다.
④ 니켈(Ni), 코발트(Co) 등은 강자성체에 속한다.

풀이

자화의 세기는 단위 체적당 자기 모멘트, 즉

$J=\dfrac{\triangle M}{\triangle v}\left[\dfrac{\mathrm{Wb\cdot m}}{\mathrm{m^3}}\right]=\left[\dfrac{\mathrm{Wb}}{\mathrm{m^2}}\right]$ 이다.

정답 ②

문제4. 그림에서 질량 m[kg], 전기량 q[C]인 대전입자가 속도 v[m/s]로 지면(紙面)에 수직인 균등자장 B[Wb/m^2]에 들어올 때 입자는 원운동을 시작한다. 이 원운동의 각속도 ω는 몇 [rad/s]인가?

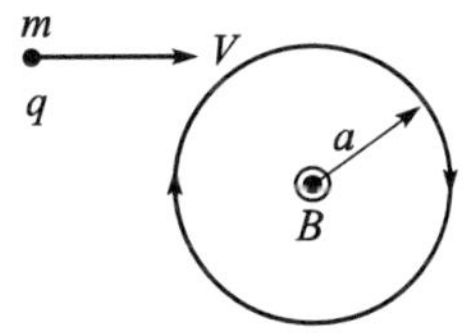

① $\omega=\dfrac{qB}{2\pi m}$ ② $\omega=\dfrac{qB}{m}$ ③ $\omega=\dfrac{2\pi m}{qB}$ ④ $\omega=mqB$

풀이

$$F=qvB\sin 90^\circ=\frac{mv^2}{r}$$

$$qB=\frac{mv}{r},\ r=\frac{mv}{qB}$$

$$\omega=\frac{v}{r}=\frac{v}{\dfrac{mv}{qB}}=\frac{qB}{m}\ \text{[rad/s]}$$

정답 ②

문제5. 도전율이 5.8×10^7[℧/m], 비투자율이 1 인 구리에 50[Hz]의 주파수를 갖는 전류가 흐를 때, 표피두께는 약 몇 [mm]인가?

① 8.53[mm] ② 9.35[mm] ③ 11.28[mm] ④ 13.03[mm]

풀이

$$\delta=\frac{1}{\sqrt{\pi f\mu\sigma}}=\frac{1}{\sqrt{\pi\times50\times4\pi\times10^{-7}\times5.8\times10^7}}=9.345\times10^{-3}\ \text{[m]}=9.35\text{[mm]}$$

정답 ②

문제6. 단면적 $s[m^2]$, 단위 길이에 대한 권수가 n[회/m]인 무한히 긴 솔레노이드의 단위 길이당의 자기 인덕턴스[H/m]는 어떻게 표현되는가?

① $\mu \cdot s \cdot n$ ② $\mu \cdot s \cdot n^2$ ③ $\mu \cdot s^2 \cdot n^2$ ④ $\mu \cdot s^2 \cdot n$

풀이

정답 ②

문제7. 그림과 같이 무한히 긴 두 개의 직선상 도선이 1[m]간격으로 나란히 놓여 있을 때 도선 ①에 4[A], 도선 ②에 8[A]가 흐르고 있을 때 두 선간 중앙점 P에 있어서의 자계의 세기는 몇 [A/m]인가? (단, 지면의 아래쪽에서 위쪽으로 향하는 방향을 정(+)으로 한다)

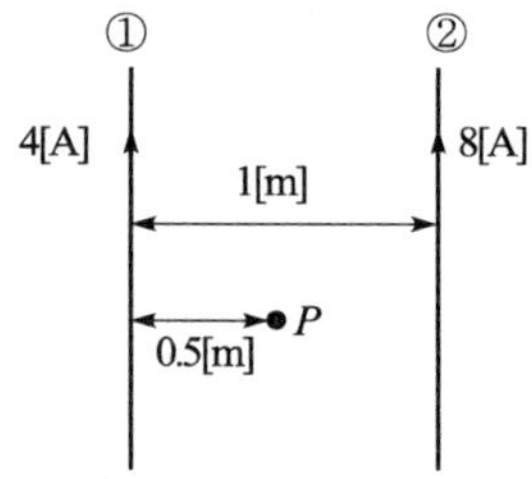

① $\frac{4}{\pi}$ ② $\frac{12}{\pi}$ ③ $-\frac{4}{\pi}$ ④ $-\frac{5}{\pi}$

풀이

$$H = \frac{I}{2\pi r} = \frac{8}{2\pi \times 0.5} - \frac{4}{2\pi \times 0.5} = \frac{8}{\pi} - \frac{4}{\pi} = \frac{4}{\pi}$$

정답 ①

문제8. 전계의 실효치가 377[V/m]인 평면전자파가 진공을 진행하고 있다. 이 때 이 전자파에 수직되는 방향으로 설치된 단면적 $10[m^2]$의 센서로 전자파의 전력을 측정하려고 한다. 센서가 1[W]의 전력을 측정했을 때 1[mA]의 전류를 외부로 흘려준다면 전자파의 전력을 측정했을 때 외부로 흘려주는 전류는 몇 [mA]인가?

① 3.77[mA] ② 37.7[mA] ③ 377[mA] ④ 3770[mA]

풀이

- 센서의 정격 $P = \frac{P}{S} = \frac{1[W]}{10[m^2]} = 0.1[W/m^2]$ 에서 1[mA]
- 전계의 실효치가 377[V/m] 일 때

$P = \frac{1}{377}E^2 \ (E = 377)$

$P = 377\ [W/m^2]$ $\therefore 0.1 : 1 = 377 : x$

$0.1x = 377$

$x = \frac{377}{0.1} = 3770\ [mA]$

정답 ④

문제 9. 정전계와 반대방향으로 전하를 2[m] 이동시키는 데 240[J]의 에너지가 소모되었다. 이 두 점 사이의 전위차가 60[V]이면 전하의 전기량은 몇 [C]인가?

① 1[C]　　② 2[C]　　③ 4[C]　　④ 8[C]

풀이

정전계의 에너지 $W = QV$[J]

$Q = \frac{W}{V} = \frac{240}{60} = 4$ [C]

정답 ③

문제 10. 10[mm]의 지름을 가진 동선에 50[A]의 전류가 흐를 때 단위시간에 동선의 단면을 통과하는 전자의 수는 약 몇 개인가?

① 7.85×10^{16}　　② 20.45×10^{15}　　③ 31.25×10^{19}　　④ 50×10^{19}

풀이

$Q = I \cdot t = ne$ [C]

$n = \frac{Q}{e} = \frac{50}{1.602 \times 10^{-19}} = 3.12 \times 10^{20} = 31.2 \times 10^{19}$ [개]

정답 ③

문제 11. 전류 4π[A]가 흐르고 있는 무한직선도체에 의해 자계가 4[A/m]인 점은 직선도체로부터 거리가 몇 [m]인가?

① 0.5[m]　　② 1[m]　　③ 3[m]　　④ 4[m]

풀이

무한직선도체의 자계

$H = \frac{I}{2\pi r}$ [A/m]$4 = \frac{4\pi}{2\pi \times r}$

$r = \frac{1}{2} = 0.5$ [m]

정답 ①

문제 12. 압전기 현상에서 분극이 응력에 수직한 방향으로 발생하는 현상은?

① 종효과　　② 횡효과　　③ 역효과　　④ 직접효과

풀이

횡효과

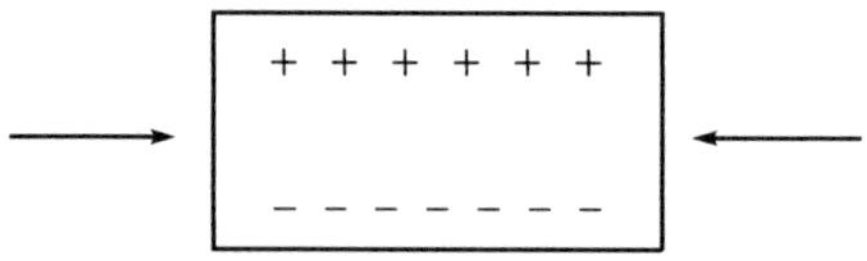

정답 ②

문제 13. 200[V] 30[W] 인 백열전구와 200[V] 60[W] 인 백열전구를 직렬로 접속하고 200[V]의 전압을 인가하였을 때 어느 전구가 더 어두운가? (단, 전구의 밝기는 소비전력에 비례한다)

① 둘 다 같다.
② 30[W] 전구가 60[W] 전구보다 더 어둡다.
③ 60[W] 전구가 30[W] 전구보다 더 어둡다.
④ 비교할 수 없다.

풀이

$P=\frac{V^2}{R}$, $R=\frac{V^2}{P}$ 에서 저항은 P[W] 에 반비례한다.

두 전구를 직렬 접속하면 소비전력 $P=I^2R$ 으로 구한다.

30[W] 의 저항을 R_1, 60[W] 의 저항을 R_2 라 하면 $R_1=2R_2$ 가 되고 직렬 연결시 30[W] 전구의 $P_1=I^2R_1=2I^2R_2$

60[W] 전구의 $P_2=I^2R_2$

$\therefore$ P_1(30[W])가 P_2 의 2배이므로 30[W] 가 더 밝다(60[W] 가 더 어둡다).

정답 ③

문제 14. 질량 $m = 10^{-10}$ [kg]이고 전하량 $q = 10^{-8}$ [C]인 전하가 전기장에 의해 가속되어 운동하고 있다. 이때 가속도 $a = 10^2 i + 10^3 j$ [m/s²]라 하면 전기장의 세기는 E 는 몇 [V/m]인가?

① $E = 10^4 i + 10^5 j$　　② $E = i + 10j$
③ $E = 10^{-2} i + 10^{-7} j$　　④ $E = 10^{-6} i + 10^{-5} j$

풀이

$F = ma = qE$ [N]

$E = \frac{m}{q} \cdot a = \frac{10^{-10}}{10^{-8}}(10^2 i + 10^3 j) = 10^{-2}(10^2 i + 10^3 j) = i + 10j$

정답 ②

문제 15. 직교하는 도체평면과 점전하 사이에는 몇 개의 영상전하가 존재하는가?

① 2　　② 3　　③ 4　　④ 5

풀이

Q 가 점전하일 때
영상전하는 Q_1, Q_2, Q_3 모두 3개이다.
이 때 전기량의 총 합은 0이 된다.
(정전유도 = 정부동량)

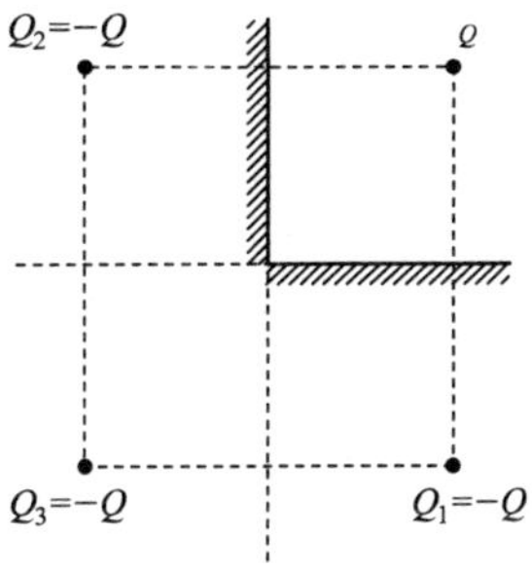

정답 ②

문제 16. 비유전율 $\epsilon_s = 80$, 비투자율 $\mu_s = 1$ 인 전자파의 고유임피던스는 약 몇 [Ω]인가?

① 21[Ω]　　② 42[Ω]　　③ 80[Ω]　　④ 160[Ω]

풀이

고유임피던스 $\eta = \sqrt{\frac{\mu}{\epsilon}} = \sqrt{\frac{\mu_0 \mu_s}{\epsilon_0 \epsilon_s}} = \sqrt{\frac{\mu_0}{\epsilon_0}} \cdot \sqrt{\frac{\mu_s}{\epsilon_s}} = 120\pi \cdot \sqrt{\frac{1}{80}} = 42.1$[Ω]

정답 ②

문제17. 도체나 반도체에 전류를 흘리고 이것과 직각방향으로 자계를 가하면 이 두 방향과 직각 방향으로 기전력이 생기는 현상을 무엇이라 하는가?

① 핀치 효과 ② 볼타 효과 ③ 압전 효과 ④ 홀 효과

풀이

정답 ④

문제18. 정전용량이 1[μF]인 공기콘덴서가 있다. 이 콘덴서 판간의 $\frac{1}{2}$인 두께를 갖고 비유전율 $\epsilon_r = 2$인 유전체를 그 콘덴서의 한 전극면에 접촉하여 넣었을 때 전체의 정전용량은 몇 [μF]이 되는가?

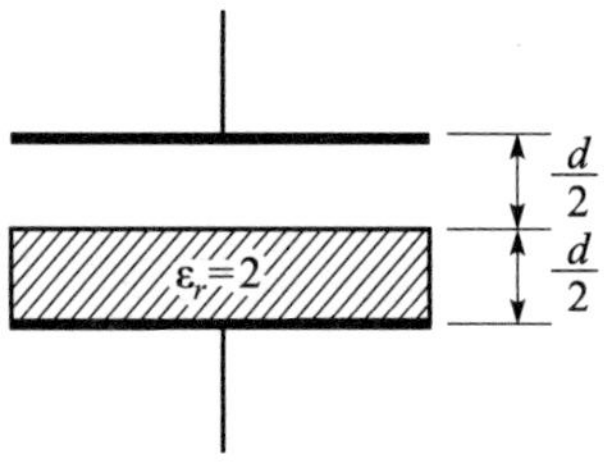

① 2[μF] ② $\frac{1}{2}$[μF] ③ $\frac{4}{3}$[μF] ④ $\frac{5}{3}$[μF]

풀이

두께를 나누면 → 직렬등가로 해석

나누기 전의 공기콘덴서 $C_0 = \frac{\epsilon_0 S}{d} = 1$ [μF]

나눈 후 공기쪽 $C_1 = \frac{\epsilon_0 \cdot S}{\frac{d}{2}} = 2\frac{\epsilon_0 S}{d} = 2$ [μF]

나눈 후 유전체쪽 $C_2 = \frac{\epsilon_0 \epsilon_r \cdot S}{\frac{d}{2}} = 2\frac{\epsilon_0 \cdot 2 \cdot S}{d} = 4\frac{\epsilon_0 S}{d} = 4$ [μF]

합성용량 $C = \frac{C_1 \cdot C_2}{C_1 + C_2} = \frac{2 \times 4}{2+4} = \frac{8}{6} = \frac{4}{3}$ [μF]

정답 ③

문제19. 다음 중 강자성체가 아닌 것은?

① 코발트 ② 니켈 ③ 철 ④ 구리

풀이

구리는 반자성체이다.

정답 ④

문제 20. 다음 중 기자력(Magnetomotive Force)에 대한 설명으로 옳지 않은 것은?

① 전기회로의 기전력에 대응한다.
② 코일에 전류를 흘렸을 때 전류밀도와 코일의 권수의 곱의 크기와 같다.
③ 자기회로의 자기저항과 자속의 곱과 동일하다.
④ SI 단위는 암페어[A]이다.

풀이

기자력 $F = \phi \cdot R_m = NI$ [AT]

∴ 전류[A]와 코일의 권수의 곱의 크기와 같다.

정답 ②

실전 연습문제 12

문제1. 반지름이 각각 2[cm], 4[cm]인 두 중공(中空) 동심 도체구가 있고 각 사이의 공간은 진공이다. 이 때 정전용량 C는 약 몇 [pF]인가?

① 4.45[pF]　② 8.90[pF]　③ 13.35[pF]　④ 17.80[pF]

풀이

동심 도체구의 정전용량 $C = \dfrac{4\pi\epsilon_0}{\dfrac{1}{a} - \dfrac{1}{b}} = \dfrac{4\pi\epsilon_0 ab}{b-a}$ [F]

a : 내구반지름[m], b : 외구 반지름[m]

$$C = \frac{4\pi\epsilon_0 ab}{b-a} = \frac{4\pi \times 8.85 \times 10^{-12} \times 0.02 \times 0.04}{0.04 - 0.02} [F]$$

$$= \frac{4\pi \times 8.85 \times 0.02 \times 0.04}{0.02} [pF]$$

$$= 4.448 [pF]$$

정답 ①

문제2. 무한장 솔레노이드에 전류가 흐를 때 발생되는 자장에 관한 설명으로 옳은 것은?

① 내부 자장은 평등자장이다.
② 외부와 내부의 자장의 세기는 같다.
③ 외부 자장은 평등자장이다.
④ 내부 자장의 세기는 0 이다.

풀이

무한장 : 내부 자장은 평등자장이며, 외부자장은 “0” 이다.

정답 ①

문제 3. N 회 감긴 환상코일의 단면적이 $S[\mathrm{m}^2]$이고 평균 길이가 $\ell[\mathrm{m}]$이다. 이 코일의 권수를 반으로 줄이고 인덕턴스를 일정하게 하려고 한다. 다음 중 옳은 것은?

① 단면적을 2배로 한다.

② 길이를 $\dfrac{1}{4}$로 한다.

③ 전류의 세기를 4배로 한다.

④ 비투자율을 2배로 한다.

풀이

환상코일의 인덕턴스

$L = \dfrac{\mu S N^2}{\ell}$ 에서 인덕턴스는 권수 제곱에 비례. 길이에 반비례

$L \propto \dfrac{N^2}{\ell} =$ 일정$\Rightarrow \ell = n^2$

$L' = \dfrac{\left(\dfrac{1}{2}N\right)^2}{\ell'} \Rightarrow \ell' = \dfrac{1}{4}N^2$ 이므로 $\ell' = \dfrac{1}{4}\ell$ 이다.

정답 ②

문제 4. 극판간격 $d[\mathrm{m}]$, 면적 $S[\mathrm{m}^2]$, 유전율 $\epsilon[\mathrm{F/m}]$이고, 정전용량이 $C[\mathrm{F}]$인 평행판 콘덴서에 $v = V_m \sin\omega t\,[\mathrm{V}]$의 전압을 가할 때의 변위전류[A]는?

① $\omega C V_m \cos\omega t$

② $C V_m \sin\omega t$

③ $-C V_m \sin\omega t$

④ $-\omega C V_m \cos\omega t$

풀이

- 변위전류밀도 $i = \dfrac{\partial D}{\partial t}\,[\mathrm{A/m^2}] = \epsilon \cdot \dfrac{\partial E}{\partial t} = \dfrac{\epsilon}{d} \cdot \dfrac{dV}{dt}\,[\mathrm{A/m^2}]$
- 변위전류 $i = \dfrac{\epsilon}{d} S \dfrac{dV}{dt}\,[\mathrm{A}] = C \cdot \dfrac{dV}{dt} = C \cdot \dfrac{d}{dt} V_m \sin\omega t = \omega C V_m \cdot \cos\omega t\,[\mathrm{A}]$

정답 ①

문제5. 평등 자계 H_0 중에 매우 얇은 철판(비투자율 μ_s)을 자계와 직각으로 놓았을 때의 철판 내 중앙부의 자계 H_1과 평행으로 놓았을 때의 철판 내 중앙부 자계 H_2의 비를 구하면?

① $\dfrac{1}{\mu_s}$　　② 1　　③ μ_s　　④ $\mu_s - 1$

풀이

• 직각으로 놓았을 때　　• 평행으로 놓았을 때

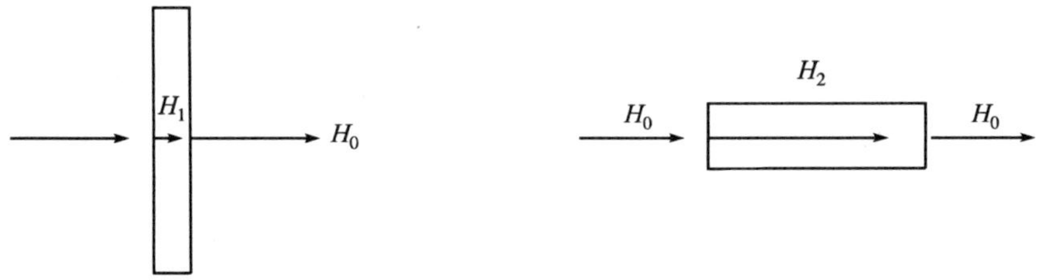

• 직각으로 놓았을 때는 자속밀도의 법선분이 같으므로 철판 내, 외부의 자속밀도가 같다.

$\mu_0 H_0 = \mu H_1 = \mu_0 \mu_s H_1 \quad \therefore\ H_1 = \dfrac{1}{\mu_s} H_0$

• 평행으로 놓았을 때는 자계세기의 접선분이 같으므로 철판 내, 외부의 자계세기가 같다.

$H_0 = H_2 \quad \therefore\ \dfrac{H_1}{H_2} = \dfrac{1}{\mu_s}$

정답 ①

문제6. 전계 E[V/m] 및 자계 H[AT/m]인 전자파가 자유공간 중을 빛의 속도로 전파될 때 단위속도에 단위면적을 지나는 에너지는 몇 [W/m²]인가? (단, C는 빛의 속도를 나타낸다)

① EH　　② EH^2　　③ $E^2 H$　　④ $\dfrac{1}{2} CE^2 H^2$

풀이

포인팅벡터 $P = E \times H = EH$ [W/m²] 을 의미한다.

정답 ①

문제7. 0.2[Wb/m²]의 평등 자계 속에 자계와 직각 방향으로 놓인 길이 90[cm]의 도선을 자계와 30°방향으로 50[m/s]의 속도로 이동시킬 때, 도체 양단에 유기되는 기전력은?

① 0.45[V]　　② 0.9[V]　　③ 4.5[V]　　④ 9.0[V]

풀이

플레밍의 오른손 법칙　$e = vB\ell\sin\theta\,[\mathrm{V}] = 50 \times 0.2 \times 0.9 \times \sin 30^\circ = 4.5\,[\mathrm{V}]$

정답 ③

문제8. 내경의 반지름이 1[mm], 외경의 반지름이 3[mm]인 동축 케이블의 단위 길이당 인덕턴스는 약 몇 [μH/m]인가? (단, 이때 $\mu_r = 1$ 이며, 내부 인덕턴스는 무시한다)

① 0.1[μH/m] ② 0.2[μH/m] ③ 0.3[μH/m] ④ 0.4[μH/m]

풀이

$$L = \frac{\mu}{2\pi} \cdot \ln\frac{b}{a}\,[\text{H/m}] = \frac{4\pi\times10^{-7}}{2\pi} \cdot \ln\frac{3}{1}\,[\text{H/m}] = 2\times10^{-1}\times10^{-6} \cdot \ln 3\,[\text{H/m}]$$
$$= 0.2\times \ln 3\,[\mu\text{H/m}] = 0.2\,[\mu\text{H/m}]$$

정답 ②

문제9. 히스테리시스곡선의 기울기는 다음의 어떤 값에 해당하는가?

① 투자율 ② 유전율 ③ 자화율 ④ 감자율

풀이

정답 ①

문제10. 다음 (　　) 안에 공통적으로 들어갈 내용으로 알맞은 것은?

" 줄열은 자유전자가 (　　) 사이의 공간을 이동하여
서로 충돌하거나 (　　) 와의 충돌 때문 "

① 핵 ② 원자 ③ 분자 ④ 전자

풀이

정답 ②

문제11. 맥스웰의 전자방정식 중 패러데이 법칙으로 유도된 식은? (단, D : 전속밀도, ρ_v : 공간 전하 밀도, B : 자속밀도, E : 전계의 세기, J : 전류밀도, H : 자계의 세기)

① $\text{div}\, D = \rho_v$ ② $\text{div}\, B = 0$ ③ $\Delta \times H = J + \frac{\partial D}{\partial t}$ ④ $\nabla \times E = -\frac{\partial B}{\partial t}$

풀이

패러데이 법칙 = 역기전력 법칙 : 부호는 (−)

정답 ④

문제12. 10[mW], 20[kHz]의 송신기가 자유공간내에서 사방으로 균일하게 전파를 발사할 때 송신기로부터 10[km] 지점에서의 포인팅 벡터는 약 몇 [W/m²]인가?

① 4×10^{-11} [W/m²]　　② 8×10^{-11} [W/m²]

③ 4×10^{-12} [W/m²]　　④ 8×10^{-12} [W/m²]

풀이

$$P=\frac{P}{S}=\frac{P}{4\pi r^2}=\frac{10\times10^{-3}}{4\pi\times(10\times10^3)^2}=7.9\times10^{-12}\,[\mathrm{W/m^2}]=8\times10^{-12}\,[\mathrm{W/m^2}]$$

정답 ④

문제13. 공기 중에 그림과 같이 가느다란 전선으로 반경 a인 원형 코일을 만들고, 이것에 전하 Q가 균일하게 분포하고 있을 때 원형코일의 중심축상에서 중심으로부터 거리 x만큼 떨어진 P 점의 전계의 세기는 몇 [V/m]인가?

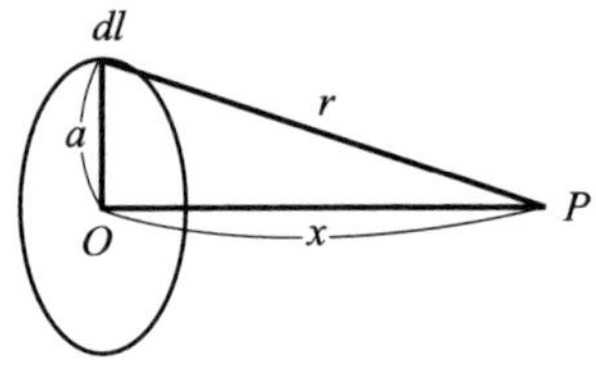

① $\dfrac{Q}{2\pi\epsilon_0\sqrt{a+x}}$　② $\dfrac{Q}{4\pi\epsilon_0\sqrt{a+x}}$　③ $\dfrac{Qx}{2\pi\epsilon_0(a^2+x^2)^{\frac{3}{2}}}$　④ $\dfrac{Qx}{4\pi\epsilon_0(a^2+x^2)^{\frac{3}{2}}}$

풀이

직관적으로 봤을 때 원형코일을 점전하로 간주

$a \fallingdotseq 0 \rightarrow E=\dfrac{Q}{4\pi\epsilon_0 x^2}$ 가 되어야 한다.

정답 ④

문제14. 용량계수와 유도계수에 대한 표현 중에서 옳지 않은 것은?

① 용량계수는 정(+) 이다.

② 유도계수는 정(+) 이다.

③ $q_{rs}=q_{sr}$

④ 전위계수를 알고 있는 도체계에서는 q_{rr}, q_{rs} 를 계산으로 구할 수 있다.

풀이

정전유도는 정(+), 부(−)를 모두 고려

용량계수 (+), 유도계수 (−)

정답 ②

문제 15. 자기인덕턴스 L[H]인 코일에 전류 I[A]를 흘렸을 때, 자계의 세기가 H[A/m]이다. 이 코일에 전류 $\frac{I}{2}$[A]를 흘리면 저장되는 자기에너지 밀도[J/m^3]는?

① $\frac{1}{2}LI^2$　　② $\frac{1}{8}LI^2$　　③ $\frac{1}{2}\mu_0 H^2$　　④ $\frac{1}{8}\mu_0 H^2$

풀이

I[A] 일 때 $\frac{1}{2}LI^2$[J]$\rightarrow\frac{1}{2}\mu_0 H^2$[J/m^3]

$\frac{1}{2}I$[A] 일 때 $\frac{1}{8}LI^2$[J]$\rightarrow\frac{1}{8}\mu_0 H^2$[J/m^3]

정답 ④

문제 16. $x > 0$인 영역에 $\epsilon_1 = 3$인 유전체, $x < 0$인 영역에 $\epsilon_2 = 5$인 유전체가 있다. 유전율 ϵ_2인 영역에서 전계 $E_2 = 20a_x + 30a_y - 40a_z$[V/m]일 때, 유전률 ϵ_1인 영역에서의 전계 E_1은 몇 [V/m]인가?

① $\frac{100}{3}a_x + 30a_y - 40a_z$　　② $20a_x + 90a_y - 40a_z$

③ $100a_x + 10a_y - 40a_z$　　④ $60a_x + 30z_y - 40a_z$

풀이

문제의 조건은 x측(yz평면)에 대한 경계면 조건이다.

$D_{1x} = D_{2x}$　$\epsilon_1 E_{1x} = \epsilon_2 E_{2x}$

$E_{1x} = \frac{\epsilon_2}{\epsilon_1}E_{2x} = \frac{5}{3}\cdot 20a_x = \frac{100}{3}a_x$　　$\therefore E_1 = \frac{100}{3}a_x + 30a_y - 40a_z$

정답 ①

문제 17. 길이가 1[cm], 지름이 5[mm]인 동선에 1[A]의 전류를 흘렸을 때 전자가 동선을 흐르는 데 걸린 평균 시간은 대략 얼마인가? (단, 동선에서의 전자의 밀도는 1×10^{28}[개/m^3]라고 한다)

① 3초　　② 31초　　③ 314초　　④ 3147초

풀이

$i[\mathrm{A/m^2}] = Qv = nev = ne\cdot\frac{d\ell}{dt}$

$i = ne\cdot\frac{d\ell}{dt}$,　$\frac{1}{\pi\times(2.5\times10^{-3})^2} = 10^{28}\times1.602\times10^{-19}\times\frac{0.01}{t}$

$t = \pi\times(2.5\times10^{-3})^2\times10^{28}\times1.602\times10^{-19}\times10^{-2} = \pi\times100.125[\mathrm{s}] \fallingdotseq 3.14\times100 = 314\,[\mathrm{s}]$

정답 ③

문제18. 유전율이 ϵ_1과 ϵ_2인 두 유전체가 경계를 이루어 접하고 있는 경우 유전율이 ϵ_1인 영역에 전하 Q가 존재할 때 이 전하가 작용하는 힘에 대한 설명으로 옳은 것은?

① $\epsilon_1 > \epsilon_2$ 인 경우 반발력이 작용한다.
② $\epsilon_1 > \epsilon_2$ 인 경우 흡인력이 작용한다.
③ ϵ_1과 ϵ_2 값에 상관없이 반발력이 작용한다.
④ ϵ_1과 ϵ_2 값에 상관없이 흡인력이 작용한다.

풀이

정답 ①

문제19. 어떤 대전체가 진공 중에서 전속이 Q[C]이었다. 이 대전체를 비유전률 10인 유전체 속으로 가져갈 경우에 전속은 몇 Q[C]이 되겠는가?

① Q　② $10Q$　③ $\frac{Q}{10}$　④ $10\epsilon_0 Q$

풀이

전속은 유전율에 관계없이 일정하다.

정답 ①

문제20. 그림과 같은 2동심구도체에서 도체 1의 전하가 $Q_1 = 4\pi\epsilon_0$ [C], 도체 2의 전하가 $Q_2 = 0$ [C]일 때, 도체 1의 전위는 몇 [V]인가? (단, $a = 10$ [cm], $b = 15$ [cm], $c = 20$ [cm]라 한다)

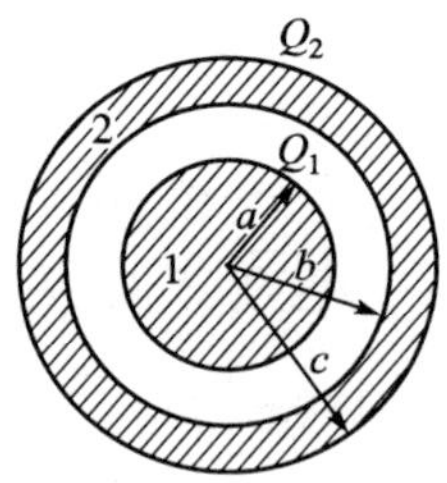

① $\frac{1}{12}$[V]　② $\frac{13}{60}$[V]　③ $\frac{25}{3}$[V]　④ $\frac{65}{3}$[V]

풀이

$$V_1 = \frac{Q_1}{4\pi\epsilon_0}\left(\frac{1}{a} - \frac{1}{b} + \frac{1}{c}\right) = \frac{4\pi\epsilon_0}{4\pi\epsilon_0}\left(\frac{1}{0.1} - \frac{1}{0.15} + \frac{1}{0.2}\right) = \frac{25}{3}$$

〈분수식이 그대로 나오는 계산기를 써야 할 듯!!!〉

정답 ③

실전 연습문제 13

문제**1.** 내부저항 20[Ω] 및 25[Ω], 최대 지시눈금이 다 같이 1[A]인 전류계 A_1 및 A_2를 그림과 같이 접속했을 때 측정할 수 있는 최대 전류의 값은 몇 [A]인가?

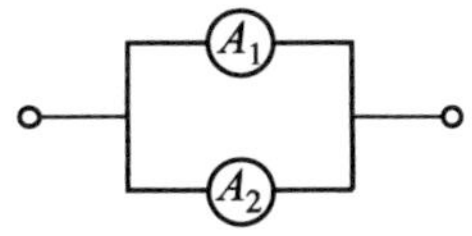

① 1 ② 1.5 ③ 1.8 ④ 2

풀이

옴의 법칙 $\left(I=\frac{V}{R}\right)$ 에서 전류는 저항에 반비례하므로 저항이 작은 쪽에 많은 전류가 흐른다.

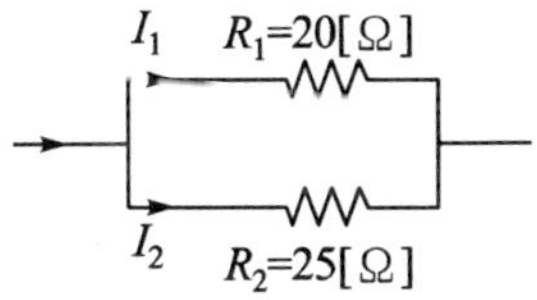

$I_1 = \frac{R_2}{R_1+R_2} \times I$ 에서

$I = \frac{R_1+R_2}{R_2} \times I_1 = \frac{20+25}{25} \times 1 = 1.8$ [A]

정답 ③

문제**2.** 변압기 철심으로 주철을 사용하지 않고 규소강판이 사용되는 주된 이유는?

① 와류손을 적게 하기 위하여
② 큐리온도를 높이기 위하여
③ 히스테리시스손을 적게 하기 위하여
④ 부하손(동손)을 적게 하기 위하여

풀이

정답 ③

문제3. 길이 ℓ[m]인 도체 ab가 속도 v [m/s]로 자계속을 운동할 때 도체에서는 a에서 b 방향으로 유도기전력이 생기게 된다. 이 때 속도와 자속밀도가 평행이 된다면 기전력은 얼마인가?

① 0　　② 3.14　　③ $v\ell\sin\theta$　　④ $vB\ell\sin\theta$

풀이

$e=-N\frac{d\phi}{dt}$ 에서 속도와 자속밀도가 평행이 되면 쇄교자속이 일정하여 $d\phi=0$ 이므로 $e=0$ 이다.

정답 ①

문제4. 유전체내의 전속밀도에 관한 설명 중 옳은 것은?

① 진전하만이다.　　② 분극전하만이다.
③ 겉보기 전하만이다.　　④ 진전하와 분극전하이다.

풀이

전속밀도 = 표면전하밀도(진전하)
$D=\rho$

정답 ①

문제5. 내부저항 r인 전원에서 저항 R인 부하에 전력을 공급할 경우, 최대 전력이 되기 위한 조건은?

① $r>R$　　② $r<R$　　③ $r=R$　　④ $r=0,\ R=\infty$

풀이

최대값, 최소값을 만족하는 것은 항상 1 : 1이다.

정답 ③

문제6. $Q=0.15$ [C]으로 대전하고 있는 큰 구에 그의 반경이 $\frac{1}{2}$ 이 되는 작은 구를 접촉했다가 떼면 큰 구와 작은 구 간에 작용하는 반발력은 몇 [N]인가? (단, 양 구를 접촉시켰을 때 전위는 동일 전위이며 양 구는 서로 1[m] 떨어져 놓여 있다.)

① 4.5×10^5　　② 4.5×10^6　　③ 4.5×10^7　　④ 4.5×10^8

풀이

$Q = CV = 4\pi\epsilon a V \quad (Q \propto a)$

큰 구의 전하량 $Q_1 = \dfrac{R}{R+\dfrac{R}{2}} \times Q = \dfrac{2}{3}Q = \dfrac{2}{3} \times 0.15 = 0.1\,[\mathrm{C}]$

작은 구의 전하량 $Q_2 = \dfrac{\dfrac{R}{2}}{R+\dfrac{R}{2}} \times Q = \dfrac{1}{3}Q = \dfrac{1}{3} \times 0.15 = 0.05\,[\mathrm{C}]$

$\therefore\ F = \dfrac{Q_1 Q_2}{4\pi\epsilon_0 r^2} = 9 \times 10^9 \times \dfrac{0.1 \times 0.05}{1^2} = 4.5 \times 10^7\,[\mathrm{N}]$

정답 ③

문제 7. 전도전자나 구속전자의 이동에 의하지 않는 전류는?

① 대류전류 ② 전도전류 ③ 변위전류 ④ 분극전류

풀이

변위전류밀도 : $i_d = \dfrac{\partial D}{dt}$ (전속밀도의 시간적인 변화)

정답 ③

문제 8. 다음의 MKS 유리화 단위와 CGS 단위에서 그 값이 일치하는 것은?

① 1 [tesla] = 10^{-4} [gauss]

② 1 [ampere] = 0.1 [emu]

③ 1 [coulomb] = 3×10^{-9} [esu]

④ 1 [weber] = 10^6 [maxwell]

풀이

① 1 [T] = 10^4 [gauss]

② 1 [V] = 0.1 [emu] = 3×10^9 [esu]

③ 1 [C] = 3×10^9 [esu] = 0.1 [emu]

④ 1 [Wb] = 10^8 [Maxwell] = 10^8 [emu]

정답 ②

문제9. 철편의 (　　) 부분에 대한 극성의 설명으로 옳은 것은?

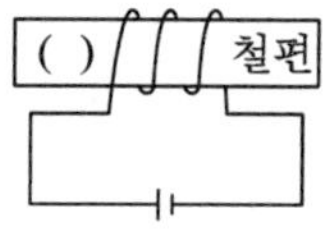

① N 극이다.
② S 극이다.
③ N 극과 S 극이 교번한다.
④ 자극이 생기지 않는다.

풀이

암페아의 오른손 법칙에 의하여 N 극이 된다.

정답 ①

문제10. 사용되는 전자파의 파장이 가장 긴 것부터 순서대로 나열한 것은?

① 전자렌지 – 살균 소독 – 사진 전송 – 레이다
② 레이다 – 사진 전송 – 살균 소독 – 전자렌지
③ 사진 전송 – 레이다 – 전자렌지 – 살균 소독
④ 전자렌지 – 살균 소독 – 레이다 – 사진 전송

풀이

전자파의 파장이 긴 것부터 나열하면,
저주파 – 통신주파수 – 마이크로 웨이브 – 적외선 – 가시광선 – 자외선 – X 선 – γ 선

- 사진전송(통신주파수)
- 레이다(통신고주파)
- 전자렌지(열적외선)
- 살균소독(자외선)

정답 ③

문제11. 비유전율이 3인 유전체내의 한 점의 전장이 3×10^5 [V/m]일 때, 이 점의 분극의 세기는 몇 [C/m^2]인가?

① 1.77×10^{-6}　② 5.31×10^{-6}　③ 7.08×10^{-6}　④ 8.85×10^{-6}

풀이

$P=\epsilon_0(\epsilon_s-1)\cdot E = 8.855\times10^{-12}\times(3-1)\times3\times10^5 = 5.31\times10^{-6}$ [C/m^2]

정답 ②

문제 12. 압전기 진동자로 가장 많이 이용되는 재료는?

① 로셀염　　② 실리콘　　③ 방해석　　④ 페라이트

풀이

정답 ①

문제 13. 자유전자 e 와 전계 E 중을 열에너지에 의해 진동하고 있는 원자와 충돌하면서 운동하는 경우 평균 자유시간을 τ라 하면 도전율 σ는 얼마인가? (단, 자유전자의 밀도는 n, 질량은 m이라 한다.)

① $\dfrac{ne\tau}{2m}$　　② $\dfrac{ne^2\tau}{2m}$　　③ $\dfrac{ne\tau}{m}$　　④ $\dfrac{ne^2\tau}{m}$

풀이

정답 ④

문제 14. 길이 1[cm] 마다 권수 50을 가진 무한장 솔레노이드에 500[mA]의 전류를 흘릴 때 내부자계는 몇 [AT/m]인가?

① 1,250　　② 2,500　　③ 12,500　　④ 25,000

풀이

무한장 솔레노이드의 자계세기

$$H = \frac{N}{\ell} \cdot I = \frac{50}{10^{-2}} \times 50 \times 10^{-3} = 2500 \ \ [\mathrm{AT/m}]$$

정답 ②

문제 15. 강자성체에서 자구의 크기에 대한 설명으로 옳은 것은?

① 역자성체를 제외한 다른 자성체에는 모두 같다.
② 원자나 분자의 질량에 따라 달라진다.
③ 물질의 종류에 관계없이 크기가 모두 같다.
④ 물질의 종류 및 상태에 따라 다르다.

풀이

정답 ④

문제16. 그림과 같이 공기 중에서 1[m]의 거리를 사이에 둔 2점 A, B 에 각각 3×10^{-4}[Wb]와 -3×10^{-4}[Wb]의 점자극을 두었다. 이 때 점 P 에 단위 정(+)자극을 두었을 때 이 극에 작용하는 힘의 합력은 약 몇 [N]인가? (단, $m(\overline{AP}) = m(\overline{BP})$, $m(\angle APB) = 90°$이다.)

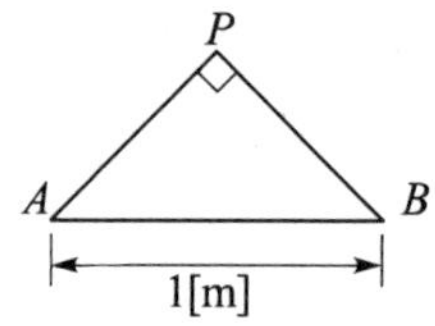

① 0　　② 18.9　　③ 37.9　　④ 53.7

풀이

대각선 길이가 1[m] 이므로 $\overline{AP}= \overline{BP}= \dfrac{1}{\sqrt{2}}$ [m]가 된다.

$$F_1 = \frac{m_1 m_2}{4\pi\mu_0 r^2} = 6.33\times10^4 \times \frac{3\times10^{-4}\times1}{\left(\frac{1}{\sqrt{2}}\right)^2} = 37.98\,[\mathrm{N}]$$

$$F_2 = \frac{m_1 m_2}{4\pi\mu_0 r^2} = 6.33\times10^4 \times \frac{(-3)\times10^{-4}\times1}{\left(\frac{1}{\sqrt{2}}\right)^2} = -37.98\,[\mathrm{N}]$$

$$\therefore\ F = \sqrt{F_1^2 + F_2^2} = \sqrt{37.98^2 + (-37.98)^2} = 53.71\,[\mathrm{N}]$$

정답 ④

문제17. 그림과 같이 반지름 r[m]인 원의 임의의 2점 a, b(각 θ) 사이에 전류 I[A]가 흐른다. 원의 중심 O의 자계의 세기는 몇 [A/m]인가?

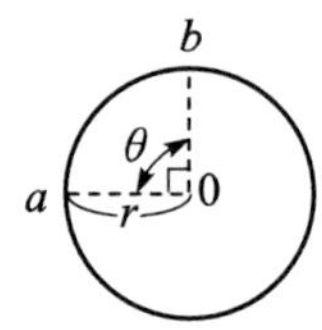

① $\dfrac{I\theta}{4\pi r^2}$　　② $\dfrac{I\theta}{4\pi r}$　　③ $\dfrac{I\theta}{2\pi r^2}$　　④ $\dfrac{I\theta}{2\pi r}$

풀이

원형 코일 중심의 자계 세기 : $H= \dfrac{NI}{2a} = \dfrac{I}{2a}$ [AT/m]

$$H= \frac{I}{2a}\times\frac{\theta}{360} = \frac{I}{2a}\times\frac{\theta}{2\pi} = \frac{I\theta}{4\pi a}\ \ [\mathrm{AT/m}]$$

정답 ②

문제18. 그림과 같이 등전위면이 존재하는 경우, 전계의 방향은 어느 방향인가?

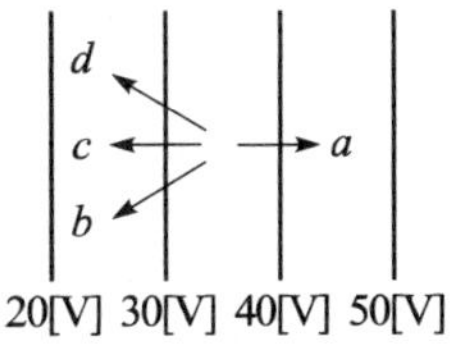

① a 방향　　② b 방향
③ c 방향　　④ d 방향

풀이

전기력의 방향(전계의 방향)은 전위가 높은 점에서 낮은 점으로 향하고 등전위면에 수직한다.

정답 ③

문제19. 권선수가 N회인 코일에 전류 I[A]를 흘릴 경우, 코일에 ϕ[Wb]의 자속이 지나간다면 이 코일에 저장된 자계 에너지는 어떻게 표현되는가?

① $\frac{1}{2}N\phi^2 I$[J]　② $\frac{1}{2}N\phi I$[J]　③ $\frac{1}{2}N^2\phi I$[J]　④ $\frac{1}{2}N\phi I^2$[J]

풀이

에너지 $W = \frac{1}{2}LI^2 = \frac{1}{2}LI \cdot I \ (LI = N\phi) = \frac{1}{2}N\phi I$[J]

정답 ②

문제20. 전류에 의한 자계의 방향을 결정하는 법칙은?

① Ampere의 오른나사 법칙　　② Fleming의 오른손 법칙
③ Fleming의 왼손 법칙　　④ Lentz의 법칙

풀이

정답 ①

실전 연습문제 14

문제1. 자기인덕턴스가 L_1, L_2이고 상호인덕턴스가 M인 두 회로의 결합계수가 1일 때, 다음 중 성립되는 식은?

① $L_1 \cdot L_2 = M$ ② $L_1 \cdot L_2 < M^2$ ③ $L_1 \cdot L_2 > M^2$ ④ $L_1 \cdot L_2 = M^2$

풀이

$M = \sqrt{L_1 \cdot L_2} \quad (k = 1)$

$M^2 = L_1 \cdot L_2$

정답 ④

문제2. 공간 도체 내에서 자속이 시간적으로 변할 때 성립되는 식은?

① $\text{rot } E = \frac{\partial H}{\partial t}$ ② $\text{rot } E = -\frac{\partial B}{\partial t}$ ③ $\text{div } E = -\frac{\partial B}{\partial t}$ ④ $\text{div } E = -\frac{\partial H}{\partial t}$

풀이

$\text{rot } E = -\frac{\partial B}{\partial t}$

정답 ②

문제3. 진공 중에 미소 선전류소 $I \cdot d\ell$ [A/m]에 기인된 r [m] 떨어진 점 P에 생기는 자계 dH [A/m]를 나타내는 식은?

① $dH = \frac{I \times a_r}{4\pi \mu_0 r^2} d\ell$ ② $dH = \frac{a_r \times I}{8\pi \mu_0 r^2} d\ell$ ③ $dH = \frac{I \times a_r}{4\pi r^2} d\ell$ ④ $dH = \frac{a_r \times I}{8\pi r^2} d\ell$

풀이

비오사바르 법칙 $dH = \frac{I d\ell \sin\theta}{4\pi r^2} = \frac{I \times a_r}{4\pi r^2} d\ell$

정답 ③

문제4. 그림에서 도체 1, 2······n의 전하 및 전위가 각각 Q_1, Q_2 ······Q_n 및 V_1, V_2 ······ V_n일 때 이 계의 정전 에너지 W는 어떻게 되는가?

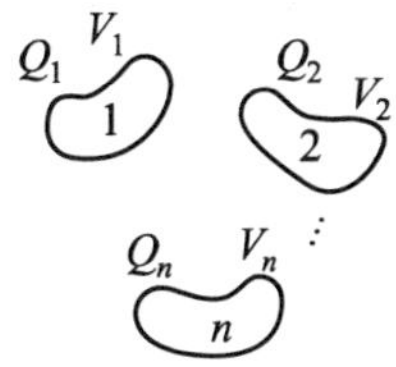

① $W = \frac{1}{2}\sum_{i=1}^{n} Q_i^2 V_i$　　② $W = \frac{1}{2}\sum_{i=1}^{n} Q_i V_i$

③ $W = \sum_{i=1}^{n} Q_i V_i^2$　　④ $W = \sum_{i=1}^{n} Q_i V_i$

풀이

에너지 $W = \frac{1}{2}Q_1V_1 + \frac{1}{2}Q_2V_2 + ... = \frac{1}{2}(Q_1V_1 + Q_2V_2 + ...) = \frac{1}{2}\sum_{n=1}^{\infty} Q_i V_i$　　**정답** ②

문제5. 비유전률이 ϵ_s 인 매질내의 전자파의 전파속도는?

① ϵ_s 에 반비례한다.　　② ϵ_s^2에 반비례한다.

③ ϵ_s 에 비례한다.　　④ $\sqrt{\epsilon_s}$ 에 반비례한다.

풀이

전파속도 $v = \frac{1}{\sqrt{\epsilon\mu}} = \frac{3\times10^8}{\sqrt{\epsilon_s \cdot \mu_s}}$ [m/sec]　　$\therefore v \propto \frac{1}{\sqrt{\epsilon_s}}$　　**정답** ④

문제6. 자기쌍극자에 의한 자계는 쌍극자 중심으로부터의 거리의 몇 제곱에 반비례하는가?

① 1　　② 2　　③ 3　　④ 4

풀이

자기쌍극자 $H = \frac{M}{4\pi\mu_0 r^3}\sqrt{1+3\cos^2\theta}$ [AT/m]　　**정답** ③

문제7. 전계의 세기가 E인 균일한 전계 내에 있는 전자가 받는 힘은? (단, 전자의 전하량은 그 크기가 e 이다.)

① 크기는 e^2E 이고 전계와 같은 방향
② 크기는 e^2E 이고 전계와 반대 방향
③ 크기는 eE 이고 전계와 같은 방향
④ 크기는 eE 이고 전계와 반대 방향

풀이

$F = Q \cdot E = eE$ [V]

정답 ④

문제8. 접지되어 있는 반지름 0.2 [m]인 도체구의 중심으로부터 거리가 0.4 [m] 떨어진 점 P 에 점전하 6×10^{-3} [C]이 있다. 영상전하는 몇 [C]인가?

① -2×10^{-3} ② -3×10^{-3} ③ -4×10^{-3} ④ -6×10^{-3}

풀이

접지도체구의 영상전하 : $Q' = -\frac{a}{d}Q = -\frac{0.2}{0.4} \times 6 \times 10^{-3} = -3 \times 10^{-3}$ [C]

정답 ②

문제9. 유전률이 각각 다른 두 유전체의 경계면에 전계가 수직으로 입사하였을 때, 옳은 것은?

① 전계는 연속성이다.
② 전속밀도가 달라진다.
③ 유전률이 같아진다.
④ 전력선은 굴절하지 않는다.

풀이

경계면에 수직 ($\theta_1 = \theta_2 = 0°$)
$D_1 = D_2 = D$ (연속이다.)
$E_1 \neq E_2$ (불연속이다.)

정답 ④

문제10. 원점에 10^{-8}[C]의 전하가 있을 때 점(1, 2, 2)[m]에서의 전계의 세기는 몇 [V/m]인가?

① 0.1 ② 1 ③ 10 ④ 100

풀이

거리 $r = i+2j+2k$, $|r| = \sqrt{1^2+2^2+2^2} = 3\,[\text{m}]$

점전하의 전계세기 : $E = \dfrac{Q}{4\pi\epsilon_0 r^2} = 9\times10^9\times\dfrac{Q}{r^2} = 9\times10^9\times\dfrac{10^{-8}}{3^2} = 10\,[\text{V/m}]$

정답 ③

문제11. 두 개의 저항 R_1, R_2를 직렬로 연결하면 16[Ω], 병렬로 연결하면 3.75[Ω]이 된다. 두 저항값은 각각 몇 [Ω]인가?

① 4와 12 ② 5와 11 ③ 6과 10 ④ 7과 9

풀이

$R_1 + R_2 = 16$ ……………… ①

$\dfrac{R_1 \cdot R_2}{R_1 + R_2} = 3.75$ …………… ②

$R_1^2 - 16R_1 = -60$

$(R_1 - 8)^2 = 4$

$R_1 - 8 = 2$

$\therefore R_1 = 10$

$\therefore R_2 = 16 - R_1 = 16 - 10 = 6$

정답 ③

문제12. 공간도체 중의 정상 전류밀도를 i, 공간 전하밀도를 ρ라고 할 때 키르히호프의 전류법칙을 나타내는 것은?

① $i = 0$ ② $\text{div}\, i = 0$ ③ $i = \dfrac{\partial\rho}{\partial t}$ ④ $\text{div}\, i = \infty$

풀이

키르히호프의 전류 법칙

$\sum I = 0 = \int_s i\,ds = \int_v \div\, i\,dv$

(가우스의 발산정리) $\text{div}\, i = 0$

정답 ②

문제 13. 정전유도에 의해서 고립 도체에 유기되는 전하는?

① 정, 부 동량이며 도체는 등전위이다.
② 정, 부 동량이며 도체는 등전위가 아니다.
③ 정전하뿐이며 도체는 등전위이다.
④ 부전하뿐이며 도체는 등전위이다.

풀이

정답 ①

문제 14. 그림과 같이 권수 N회, 평균 반지름 r[m]인 환상솔레노이드에 I[A]의 전류가 흐를 때 중심 O 점의 자계의 세기는 몇 [AT/m]인가? (단, 누설자속은 없다고 함.)

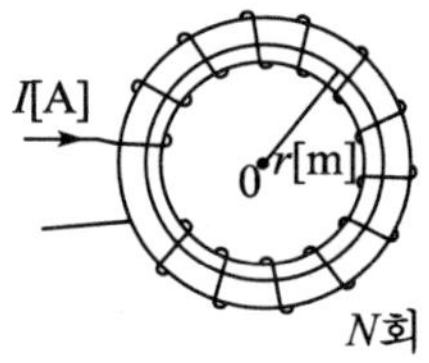

① 0　　② NI　　③ $\frac{NI}{2\pi r}$　　④ $\frac{NI}{2\pi r^2}$

풀이

환상솔레노이드 내부자계세기 $H = \frac{NI}{2\pi r}$ [AT/m]

중심 O 점(외부) 자계세기 $H = 0$

정답 ③

문제 15. $Q_1 = Q_2 = 6 \times 10^{-6}$ [C]인 두 개의 점전하가 서로 10[cm] 떨어져 있다. 전계의 강도가 0 인 점은 어느 곳인가?

① Q_1과 Q_2의 중간 지점
② Q_2에서 Q_1쪽으로 15[cm] 지점
③ Q_2에서 Q_1의 반대쪽으로 10[cm] 지점
④ Q_1에서 Q_2의 반대쪽으로 10[cm] 지점

풀이

전계의 세기가 0인 점은 두 전하의 부호가 같을 경우 내부에 존재하고 전하량이 같으므로 중간지점에 존재한다.

정답 ①

문제 16. 한 변의 길이가 a[m]인 정육각형 A, B, C, D, E, F의 각 정점에 각각 Q[C]의 전하를 놓을 때 정육각형의 중심 O에 있어서의 전계는 몇 [V/m]인가?

① 0 ② $\frac{3Q}{2\pi\epsilon_0 a}$ ③ $\frac{3Q}{2\pi\epsilon_0 a^2}$ ④ $\frac{Q}{4\pi\epsilon_0 a^2}$

풀이

전계의 세기 : $E=0$

전위 : $V=\frac{Q}{4\pi\epsilon_0 a}\times 6=\frac{3Q}{2\pi\epsilon_0 a}$ [V]

정답 ①

문제 17. 물질의 자화현상을 물성적으로 해석하면?

① 전자의 이동 ② 전자의 공전 ③ 분자의 운동 ④ 전자의 자전

풀이

정답 ④

문제 18. 유전률 $\epsilon_0\epsilon_s$의 유전체내에 있는 전하 Q에서 나오는 전속선의 수는?

① $\frac{Q}{\epsilon_s}$ ② $\frac{Q}{\epsilon_0}$ ③ $\frac{Q}{\epsilon_0\epsilon_s}$ ④ Q

풀이

전기력선수 : $\frac{Q}{\epsilon}$

전속선수 : Q

정답 ④

문제19. 자화율은 x, 자속밀도를 B, 자계의 세기를 H, 자화의 세기를 J라고 할 때, 다음 중 성립될 수 없는 식은?

① $\mu = \mu_0 + x$ ② $\mu_s = 1 + \frac{x}{\mu_0}$ ③ $B = \mu H$ ④ $J = xB$

풀이

자화의 세기 $J = \mu_0(\mu_s - 1) \cdot H = x \cdot H$

자화율 $x = \mu_0(\mu_s - 1) = \mu - \mu_0 = \mu_0 \mu_s - \mu_0$

① $\mu = x + \mu_0$

② $\mu_s = 1 + \frac{x}{\mu_0}$

③ $B = \mu H$

④ $J = x \cdot H$

정답 ④

문제20. 전자유도작용과 관계가 없는 것은?

① 가습기 ② 지진계 ③ 유량계 ④ 송화기

풀이

정답 ①

실전 연습문제 15

문제1. 대지의 고유저항이 $\rho\,[\Omega\cdot\text{m}]$일 때 반지름 $a\,[\text{m}]$인 그림과 같은 반구 접지극의 접지저항은 몇 $[\Omega]$인가?

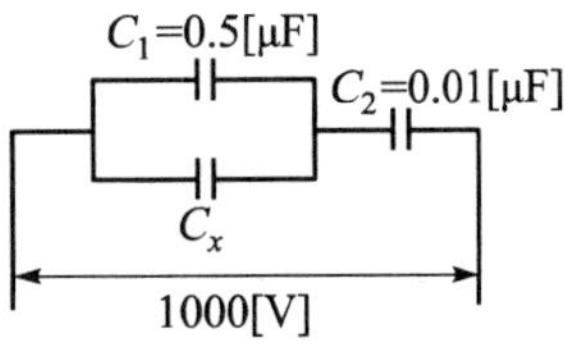

① $\dfrac{\rho}{4\pi a}$　　② $\dfrac{\rho}{2\pi a}$

③ $\dfrac{2\pi\rho}{a}$　　④ $2\pi\rho a$

풀이

등가회로를 그리면

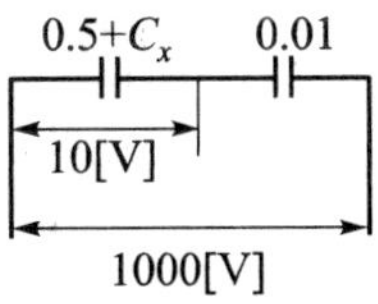

$$10 = \frac{0.01}{0.5+C_x+0.01}\times 1000$$

$$0.5+C_x+0.01 = 1$$

$$C_x = 1-0.51 = 0.49\ [\mu\text{F}]$$

정답 ②

문제2. 권수가 200회이고, 자기인덕턴스가 20[mH]인 코일에 2[A]의 전류를 흘리면 쇄교 자속은 몇 [WbT]인가?

① 2×10^{-2}　　② 4×10^{-2}　　③ 2×10^{-4}　　④ 4×10^{-4}

풀이

전체자속 $N\phi = LI = 20\times 10^{-3}\times 2 = 4\times 10^{-2}$ [Wb]

정답 ②

문제3. 전기력선의 일반적인 성질로 틀린 것은?

① 전기력선은 부전하에서 시작하여 정전하에서 그친다.
② 전기력선은 그 자신만으로 폐곡선이 되는 일은 없다.
③ 전기력선은 전위가 높은 점에서 낮은 점으로 향한다.
④ 도체 내부에는 전기력선이 없다.

풀이

전기력은 정전하에서 부전하에 그친다.

정답 ①

문제4. 다음 유전체 중 비유전률이 가장 큰 것은?

① 공기 ② 운모 ③ 파라핀 ④ 티탄산 바륨

풀이

공기 : $\epsilon_s \fallingdotseq 1$
운모 : 5.5 ~ 6.6
파라핀 : $\epsilon_s = 2.2$
티탄산 바륨 : $\epsilon = 1000 \sim 3000$

정답 ④

문제5. 무한장 원주형 도체에 전류 I가 표면에만 흐른다면 원주 내부의 자계의 세기는 몇 [AT/m]인가? (단, r [m]는 원주의 반지름이고, N은 권선수이다.)

① $\dfrac{I}{2\pi r}$ ② $\dfrac{NI}{2\pi r}$ ③ $\dfrac{I}{2r}$ ④ 0

풀이

전류가 표면에만 흐르므로 내부의 자계 세기는
$H = 0$ 이다.

정답 ④

문제6. 비투자율 μ_s , 자속밀도 B [Wb/m^2]의 자계 중에 있는 m[Wb]의 자극이 받는 힘은 몇 [N]인가?

① mB　② $\frac{mB}{\mu_s}$　③ $\frac{mB}{\mu_0 \mu_s}$　④ $\frac{mB}{\mu_0}$

풀이

$F = mH \;\; (B = \mu H = \mu_0 \mu_s H) = m \cdot \frac{B}{\mu_0 \mu_s}$ [N]

정답 ③

문제7. 평등전계 내에서 얻어지는 전하의 운동속도는?

① 전위차에 비례한다.　② 전위차의 제곱근에 비례한다.
③ 전위차의 제곱에 비례한다.　④ 전위차의 1.6승에 비례한다.

풀이

에너지 $W = QV = \frac{1}{2} m v^2$

$v = \sqrt{\frac{2QV}{m}}$ [m/sec]

정답 ②

문제8. 자속의 연속성을 나타내는 식은?

① $B = \mu H$　② $\nabla \cdot B = 0$　③ $\nabla \cdot B = \rho$　④ $\nabla \cdot B = -\mu H$

풀이

$\text{div}\, B = \nabla \cdot B = 0$

정답 ②

문제9. 한변의 길이가 a[m]인 정 4 각형 A, B, C, D의 각 정점에 각각 Q[C]의 전하를 놓을 때, 정 4 각형의 중심 O의 전위는 몇 [V]인가?

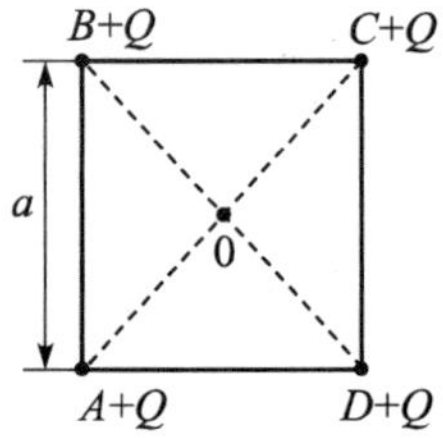

① $\dfrac{3Q}{4\pi\epsilon_0 a}$ ② $\dfrac{3Q}{\pi\epsilon_0 a}$ ③ $\dfrac{\sqrt{2}\,Q}{\pi\epsilon_0 a}$ ④ $\dfrac{2Q}{\pi\epsilon_0 a}$

풀이

Q [C]로부터 중심까지의 거리 $r = \dfrac{a}{\sqrt{2}}$ [m]

중심점의 전위 $V = \dfrac{Q}{4\pi\epsilon_0 r} \times 4 = \dfrac{Q}{4\pi\epsilon_0\left(\dfrac{a}{\sqrt{2}}\right)} \times 4 = \dfrac{\sqrt{2}\,Q}{\pi\epsilon_0 a}$ [V]

정답 ③

문제10. 도체의 고유저항에 대한 설명 중 틀린 것은?

① 저항에 반비례한다. ② 길이에 반비례한다.
③ 도전율에 반비례한다. ④ 단면적에 비례한다.

풀이

$R = \rho\dfrac{\ell}{S}$ 에서 $\rho = \dfrac{S}{\ell} \cdot R$, $\rho = \dfrac{1}{k}$ (k : 도전율)

정답 ①

문제11. 고주파를 취급할 경우 큰 단면적을 갖는 한 개의 도선을 사용하지 않고 전체로서는 같은 단면적이라도 가는 선을 모은 도체를 사용하는 주된 이유는?

① 히스테리시스손을 감소시키기 위하여
② 철손을 감소시키기 위하여
③ 과전류에 대한 영향을 감소시키기 위하여
④ 표피효과에 대한 영향을 감소시키기 위하여

풀이

정답 ④

문제 12. 강자성체의 자속밀도 B의 크기와 자화의 세기 J의 크기 사이의 관계로 옳은 것은?

① J는 B 보다 크다.
② J는 B 보다 적다.
③ J는 B 와 그 값이 같다.
④ J는 B 에 투자율을 더한 값과 같다.

풀이

J : 자화의 세기
x : 분극율
$J = B\left(1 - \frac{1}{\mu_s}\right)$ $\mu_s \gg 1$ 이므로 $J < B$ (J는 B보다 약간 작다.)

정답 ②

문제 13. 평등자계에 수직으로 일정 속도의 전자가 입사할 때 전자의 궤적은 어떻게 되는가?

① 직선 ② 포물선 ③ 원 ④ 쌍곡선

풀이

정답 ③

문제 14. 자기인덕턴스 L_1 [H], L_2 [H], 상호인덕턴스 M[H]인 두 회로에 자속을 돕는 방향으로 각각 I_1 [A], I_2 [A]의 전류가 흘렀을 때 저장되는 자계의 에너지는 몇 [J]인가?

① $\frac{1}{2}(L_1 I_1^2 + L_2 I_2^2)$
② $\frac{1}{2}(L_1 I_1 + L_2 I_2)^2$
③ $\frac{1}{2}(L_1 I_1^2 + L_2 I_2^2 + 2MI_1 I_2)$
④ $\frac{1}{2}(L_1 I_1^2 + L_2 I_2^2 + MI_1 I_2)$

풀이

$W = W_1 + W_2 + 2 \times W_{12} = \frac{1}{2}L_1 I_1^2 + \frac{1}{2}L_2 I_2^2 + 2 \times \frac{1}{2}M \times I_1 I_2$

$= \frac{1}{2}(L_1 I_1^2 + L_2 I_2^2 + 2MI_1 I_2)$ [J]

정답 ③

문제15. 점전하 $+2Q$[C]이 $x=0$, $y=1$의 점에 놓여 있고, $-Q$[C]의 전하가 $x=0, y=-1$의 점에 위치할 때 전계의 세기가 0이 되는 점은?

① $-Q$ 쪽으로 5.83 $[x=0, y=-5.83]$
② $+2Q$ 쪽으로 5.83 $[x=0, y=5.83]$
③ $-Q$ 쪽으로 0.17 $[x=0, y=-0.17]$
④ $+2Q$ 쪽으로 0.17 $[x=0, y=0.17]$

풀이

부호가 틀리므로 전계의 세기가 0 인 점은 외부에서 절대값 크기가 작은 P점에 존재한다.

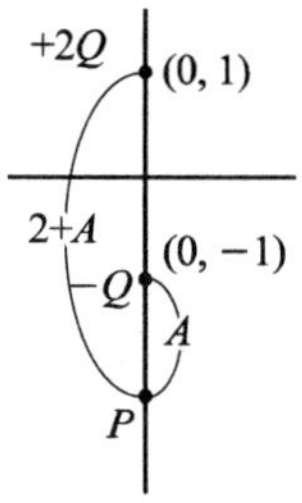

$$\frac{Q}{4\pi\epsilon_0 A^2} = \frac{2Q}{4\pi\epsilon_0 (2+A)^2}$$

$$\frac{1}{A^2} = \frac{2}{(2+A)^2}$$

$$2A^2 = (2+A)^2$$

$$\sqrt{2}\,A = 2+A$$

$$(\sqrt{2}-1)A = 2$$

$$A = \frac{2}{\sqrt{2}-1} = 4.83 \text{ [m]}$$

∴ 전계의 세기 0인 점 $(0, -5.83)$

정답 ①

문제16. 반지름 a인 무한히 긴 원통상의 도체에 전류 I가 균일하게 흐를 때 도체 내외에 발생하는 자계의 모양은? (단, 전류는 도체의 중심축에 대하여 대칭이고, 그 전류 밀도는 중심에서의 거리 r의 함수로 주어진다고 한다.)

① 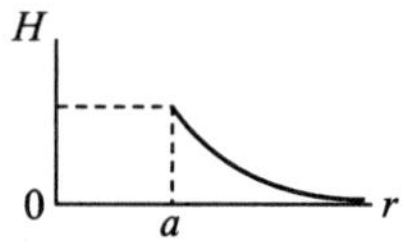 ② 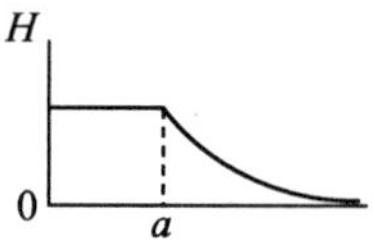 ③ 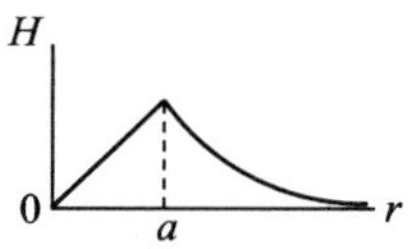 ④ 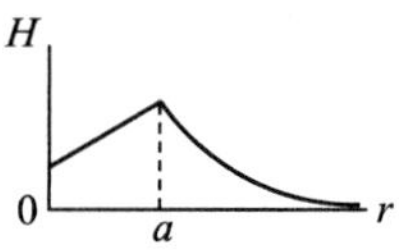

풀이

$$H(\text{외부의 자계}) = \frac{I}{2\pi r} \propto \frac{1}{r}$$

$$H(\text{내부의 자계}) = \frac{rI}{2\pi a^2} \propto r$$

∴ 내부자계는 거리에 비례 / 외부자계는 거리에 반비례

정답 ③

문제 17. 시변 전자파에 대한 설명 중 틀린 것은?

① 전자파는 전계와 자계가 동시에 존재한다.
② TEM 파에서는 전파의 진행 방향으로 전계와 자계가 존재한다.
③ 포인팅 벡터의 방향은 전자파의 진행 방향과 같다.
④ 수직편파는 대지에 대해서 전계가 수직면에 있는 전자파이다.

풀이

TEM 파(횡전자파)는 전계와 자계가 전파의 진행방향과 수직으로 존재한다.

정답 ②

문제 18. 대전된 구 도체를 반지름이 2배가 되는 대전이 되지 않은 구 도체에 가는 도선으로 연결할 때 원래의 에너지에 대해 손실된 에너지는 얼마가 되는가? (단, 구 도체는 충분히 떨어져 있다고 한다.)

① $\frac{1}{2}$　　② $\frac{1}{3}$　　③ $\frac{2}{3}$　　④ $\frac{2}{5}$

풀이

- 대전된 구도체의 정전용량 : $C_1 = 4\pi\epsilon_0 a$
- 대전되지 않은 구도체 정전용량 : $C_2 = 4\pi\epsilon_0 \times 2a = 2C_1$
- 연결 전 에너지 : $W_1 = \dfrac{Q^2}{2C_1}$
- 연결 후 에너지 : $W_2 = \dfrac{Q^2}{2(C_1 + C_2)} = \dfrac{Q^2}{2(C_1 + 2C_1)} = \dfrac{Q^2}{6C_1}$ [J]
- 에너지 손실비 : $= \dfrac{W_1 - W_2}{W_1} = \dfrac{\dfrac{Q^2}{2C_1} - \dfrac{Q^2}{6C_1}}{\dfrac{Q^2}{2C_1}} = \dfrac{2}{3}$

정답 ③

문제19. 콘덴서에 대한 설명 중 잘못된 것은?

① 두 도체사이의 정전용량에 의해서 전하를 충전하도록 한 장치이다.
② 두 도체사이의 절연을 유지하기 위해서는 적당한 절연내력을 갖는 절연체를 넣는다.
③ 정전용량을 크게 하고 가능한 한 많은 전하를 축적하기 위해서는 도체사이의 간격을 크게 한다.
④ 전극판의 대향 면적을 변화시키는 것에 의하여 용량이 변화될 수 있다.

풀이

콘덴서의 정전용량 : $C=\dfrac{\epsilon S}{d}$

정답 ③

문제20. 비유전율이 4인 유리를 넣어서 내압이 5 [kV], 용량이 50 [pF]인 평행판콘덴서를 제작하려면 평행판콘덴서의 전극 면적은 몇 $[\mathrm{m}^2]$로 하면 되는가? (단, 유리의 절연내력은 5 [kV/mm]이다.)

① 1.41×10^{-3} ② 1.41×10^{-2} ③ 2.82×10^{-3} ④ 2.82×10^{-2}

풀이

$E= G$ (절연내력) $= 5\,[\mathrm{kV/mm}] = 5\times 10^6\,[\mathrm{V/m}]$

$V= E\cdot d$

$$d=\frac{V}{E}=\frac{5\times 10^3}{5\times 10^6}=10^{-3}\,[\mathrm{m}]$$

$C=\dfrac{\epsilon_0\epsilon_s S}{d}$ 에서

$$S=\frac{C\cdot d}{\epsilon_0\epsilon_s}=\frac{50\times 10^{-12}\times 10^{-3}}{8.855\times 10^{-12}\times 4}=1.41\times 10^{-3}\,[\mathrm{m}^2]$$

정답 ①

실전 연습문제 16

문제 1. 도체계에서 전위계수의 성질로 옳지 않은 것은?

① $P_{rr} \geq P_{rs}$ ② $P_{rr} < 0$ ③ $P_{rs} \geq 0$ ④ $P_{rs} = P_{sr}$

풀이

$P_{rr} > 0$, $P_{rs} = P_{sr} \geq 0$, $P_{rr} \geq P_{rs}$

정답 ②

문제 2. 강자성체의 자속밀도 B의 크기와 자화의 세기 J의 크기를 비교할 때 옳은 것은?

① J는 B보다 약간 크다. ② J는 B보다 약간 작다.
③ J는 B보다 대단히 크다. ④ J는 B보다 대단히 작다.

풀이

$J = B\left(1 - \frac{1}{\mu_s}\right)$ J : 자화의 세기, x : 분극율

$\mu_s \gg 1$ 이므로 $J < B$ (J는 B보다 약간 작다.)

정답 ②

문제 3. 그림과 같은 정전용량이 C_0 [F] 되는 평행판 공기콘덴서의 판면적의 $\frac{2}{3}$ 되는 공간에 비유전율 ϵ_s 인 유전체를 채우면 공기콘덴서의 정전용량은 몇 [F]인가?

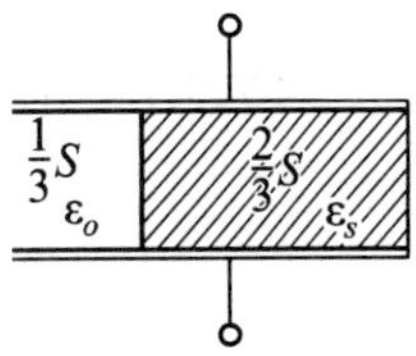

① $\frac{2\epsilon_s}{3} C_0$ ② $\frac{3}{1+2\epsilon_s} C_0$ ③ $\frac{1+\epsilon_s}{3} C_0$ ④ $\frac{1+2\epsilon_s}{3} C_0$

풀이

$C_1 = \frac{1}{3} C_0$, $C_2 = \frac{2}{3} C_0 \times \epsilon_s$

C_1 과 C_2 가 병렬연결이므로 $C = C_1 + C_2 = \frac{C_0}{3}(1 + 2\epsilon_s)$

정답 ④

문제4. 어느 점전하에 의하여 생기는 전위를 처음 전위의 $\frac{1}{2}$이 되게 하려면 전하로부터의 거리를 몇 배로 하면 되는가?

① $\frac{1}{\sqrt{2}}$ ② $\frac{1}{2}$ ③ $\sqrt{2}$ ④ 2

풀이

점전하의 전위

$$V = \frac{Q}{4\pi\epsilon_0 r}$$

$$\frac{1}{2}V = \frac{Q}{4\pi\epsilon_0 r'} = \frac{Q}{4\pi\epsilon_0(2r)} = \frac{1}{2}V$$

$r' = 2r$

정답 ④

문제5. 10[A]가 흐르는 1[m] 간격의 평행 도체 사이의 1[m]당 작용하는 힘[N/m]은?

① 1 ② 10^{-5} ③ 2×10^{-5} ④ 2×10^{-7}

풀이

$$F = \frac{\mu_0 I_1 I_2}{2\pi r} = \frac{2I_1 I_2}{r}\times10^{-7} = \frac{2\times10^2}{1^2}\times10^{-7} = 2\times10^{-5}\ [\text{N/m}]$$

정답 ③

문제6. 반지름 a[m] 되는 접지 도체구의 중심에서 r[m] 되는 거리에 점전하 Q[C]을 놓았을 때 도체구에 유도된 총 전하는 몇 [C]인가?

① 0 ② $-Q$ ③ $-\frac{a}{r}Q$ ④ $-\frac{r}{a}Q$

풀이

접지도체구에서 영상전하 위치 $\overline{OA'} = \frac{a^2}{d}$

영상전하 $Q' = -\frac{a}{d}Q = -\frac{a}{r}Q$

정답 ③

문제7. 도체의 고유저항과 관계없는 것은?

① 온도 ② 길이 ③ 단면적 ④ 단면적의 모양

풀이

저항 $R = \rho \frac{\ell}{S}$ 에서 : $\rho = \frac{RS}{\ell}$

온도의 변화가 있을 때 : $\rho = \rho_0 (1 + \partial T)$

정답 ④

문제8. 자극의 세기 4×10^{-6} [Wb], 길이 20 [cm]인 막대자석을 150 [A/m]의 평등 자계내에 자계와 60° 로 놓았을 때 자석이 받는 회전력은 몇 [N·m]인가?

① $3\sqrt{3} \times 10^{-4}$ ② $6\sqrt{3} \times 10^{-4}$ ③ $3\sqrt{3} \times 10^{-5}$ ④ $6\sqrt{3} \times 10^{-5}$

풀이

막대자석의 회전력

$T = MH\sin\theta = m\ell H\sin\theta = 4 \times 10^{-6} \times 0.2 \times 150 \times \sin 60^\circ = 6\sqrt{3} \times 10^{-5}$ [N·m]

정답 ④

문제9. 전기력선의 성질이 아닌 것은?

① 정전하에서 시작하여 부전하에서 끝난다.
② 전기력선은 자신만으로 폐곡선을 만든다.
③ 전위가 높은 점에서 낮은 점으로 향한다.
④ 도체 내부에는 전기력선이 존재하지 않는다.

풀이

전기력선은 그 자신만으로 폐곡선이 되는 일이 없다.

정답 ②

문제 10. 다음 중 정전계의 설명으로 옳은 것은?

① 전계 에너지가 최소로 되는 전하분포의 전계이다.
② 전계 에너지가 최대로 되는 전하분포의 전계이다.
③ 전계 에너지가 항상 0 인 전기장을 말한다.
④ 전계 에너지가 항상 ∞ 인 전기장을 말한다.

풀이

톰슨정리

정답 ①

문제 11. 안테나에서 파장 20[cm]의 평면파가 자유 공간에 전파될 때 발신 주파수는 몇 [MHz]인가?

① 1500 ② 800 ③ 750 ④ 100

풀이

자유공간에서 전파속도 $v = 3 \times 10^8$ [m/sec]
속도 $v = \lambda f$ 에서

$$f = \frac{v}{\lambda} = \frac{3 \times 10^8}{0.2} = 1.5 \times 10^9 \text{ [Hz]} = 1500 \text{ [MHz]}$$

정답 ①

문제 12. 전류에 대한 설명 중 옳지 않은 것은?

① 전하의 이동이다.
② 1[V/s]를 1[A]로 한다.
③ 전하가 전계 방향으로 평균속도 v 로 이동함에 따라 생기는 전류를 드리프트 전류라 한다.
④ $\mathrm{div}\, i = 0$ 은 전류의 연속성이라 한다.

풀이

전류 $I = \frac{Q}{t}$ [C/sec] ∴ 1[A] = 1[C/sec] 이다.

정답 ②

문제 13. 유전률이 각각 ϵ_1, ϵ_2 인 두 유전체가 접해 있다. 각 유전체 중의 전계 및 전속밀도가 각각 E_1, D_1 및 E_2, D_2 이고, 경계면에 대한 입사각 및 굴절각이 θ_1, θ_2 일 때 경계조건으로 옳은 것은?

① $\dfrac{E_2}{E_1} = \dfrac{\sin\theta_2}{\sin\theta_1}$

② $\dfrac{\cos\theta_2}{\cos\theta_1} = \dfrac{D_2}{D_1}$

③ $\dfrac{\tan\theta_2}{\tan\theta_1} = \dfrac{\epsilon_2}{\epsilon_1}$

④ $\tan\theta_2 - \tan\theta_1 = \epsilon_1\epsilon_2$

> **풀이**
>
> $\dfrac{\tan\theta_2}{\tan\theta_1} = \dfrac{\epsilon_2}{\epsilon_1}$ (굴절의 법칙)
>
> **정답** ③

문제 14. 15[℃]의 물 4ℓ 를 용기에 넣어 1[kW]의 전열기를 가열하여 물의 온도를 90[℃]로 올리는 데 30분이 필요하였다. 이 전열기의 효율은 약 몇 [%]인가?

① 50 ② 60 ③ 70 ④ 80

> **풀이**
>
> 열량 $H = mc\triangle T = 0.24pt\eta$
>
> $\eta = \dfrac{mc\triangle T}{0.24pt} = \dfrac{4\times10^3\times1\times(90-15)}{0.24\times10^3\times30\times60} = 0.69$
>
> **정답** ③

문제 15. 다음 중 거리 r에 반비례하는 전계의 세기를 가진 것은?

① 점전하 ② 구전하 ③ 전기쌍극자 ④ 선전하

> **풀이**
>
> ① 점전하 $E = \dfrac{Q}{4\pi\epsilon_0 r^2}$ [V/m]
>
> ② 구전하 $E = \dfrac{Q}{4\pi\epsilon_0 r^2}$ [V/m]
>
> ③ 전기쌍극자 $E = \dfrac{M}{4\pi\epsilon_0 r^3}\sqrt{1+3\cdot\cos^2\theta}$ [V/m]
>
> ④ 선전하 $E = \dfrac{\lambda}{2\pi\epsilon_0 r}$ [V/m]
>
> **정답** ④

문제16. 자유 공간에 있어서 변위 전류가 만드는 것은?

① 전계　② 투자율　③ 유전율　④ 자계

풀이

$$\text{rot } H = J + \frac{\partial D}{\partial t}$$

전도전류와 변위전류는 자계를 만든다.

정답 ④

문제17. 권수 600회, 평균 직경 20 [cm], 단면적 10 [cm²]의 환상솔레노이드 내부에 비투자율 800의 철심이 들어있다. 여기에 1 [A]의 전류를 흘린다면 철심중의 자속은 몇 [Wb]인가?

① 9.6×10^{-2}　② 9.6×10^{-3}　③ 9.6×10^{-4}　④ 9.6×10^{-5}

풀이

자속

$$\phi = \frac{\mu SNI}{\ell} = \frac{\mu SNI}{2\pi a} = \frac{4\pi \times 10^{-7} \times 800 \times 10 \times 10^{-4} \times 600 \times 1}{2\pi \times 0.1} = 9.6 \times 10^{-4} \text{ [Wb]}$$

정답 ③

문제18. 벡터 $A = 2i - 6j - 3k$와 $B = 4i + 3j - k$에 수직한 단위 벡터는?

① $\pm\left(\frac{3}{7}i - \frac{2}{7}j + \frac{6}{7}k\right)$　② $\pm\left(\frac{3}{7}i + \frac{2}{7}j - \frac{6}{7}k\right)$

③ $\pm\left(\frac{3}{7}i - \frac{2}{7}j - \frac{6}{7}k\right)$　④ $\pm\left(\frac{3}{7}i + \frac{2}{7}j + \frac{6}{7}k\right)$

풀이

$$A \times B = \begin{vmatrix} i & j & k \\ 2 & -6 & -3 \\ 4 & 3 & -1 \end{vmatrix} = 15i - 10j + 30k$$

단위벡터 $n = \dfrac{A \times B}{|A \times B|} = \dfrac{15i - 10j + 30k}{\sqrt{15^2 + 10^2 + 30^2}} = \dfrac{3}{7}i - \dfrac{2}{7}j + \dfrac{6}{7}k$

A와 B의 수직인 단위 벡터 : $n = \pm\left(\frac{3}{7}i - \frac{2}{7}j + \frac{6}{7}k\right)$

정답 ①

문제19. 맥스웰(Maxwell)의 전자방정식 중 성립하지 않는 식은?

① $\mathrm{div}\, D = \rho$ ② $\mathrm{div}\, B = 0$ ③ $\mathrm{rot}\, E = \frac{\partial B}{\partial t}$ ④ $\mathrm{rot}\, H = J + \frac{\partial D}{\partial t}$

풀이

$\mathrm{rot}\, E = -\frac{\partial B}{\partial t}$

정답 ③

문제20. 자장 중에서 도선에 발생되는 유기 기전력의 방향은 어떤 법칙에 의하여 설명되는가?

① 패러데이(Faraday)의 법칙
② 앙페르(Ampere)의 오른나사 법칙
③ 렌츠(Lenz)의 법칙
④ 가우스(Gauss)의 법칙

풀이

패러데이의 법칙 : 유기기전력의 크기를 결정
렌쯔의 법칙 : 유기기전력의 방향을 결정

정답 ③

실전 연습문제 17

문제 1. 두 유전체의 경계면에서 정전계가 만족하는 것은?

① 전계의 법선성분이 같다.
② 전속밀도의 접선성분이 같다.
③ 경계면상의 두 점간의 전위차가 같다.
④ 전속은 유전률이 작은 유전체로 모인다.

풀이

경계면상에 두 점의 전위는 같다. **정답** ③

문제 2. 비유전율 $\epsilon_r = 5$ 인 유전체내의 1점에서 전계의 세기가 10^4 [V/m]라면, 이 점의 분극의 세기는 약 몇 [C/m²]인가?

① 3.5×10^{-7} ② 4.3×10^{-7} ③ 3.5×10^{-11} ④ 4.3×10^{-11}

풀이

$P = \epsilon_0(\epsilon_s - 1)\cdot E = 8.855\times10^{-12}\times(5-1)\times10^4 = 3.5\times10^{-7}$ [C/m²] **정답** ①

문제 3. 그림과 같이 반지름 r [m]인 원의 임의의 2점 a, b(각 θ) 사이에 전류 I[A]가 흐른다. 원의 중심 O의 자계의 세기는 몇 [A/m]인가?

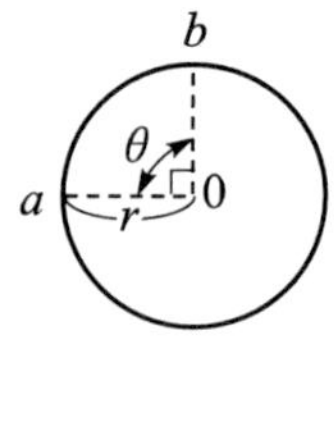

① $\dfrac{I\theta}{4\pi r^2}$ ② $\dfrac{I\theta}{4\pi r}$ ③ $\dfrac{I\theta}{2\pi r^2}$ ④ $\dfrac{I\theta}{2\pi r}$

풀이

원형 코일 중심의 자계 세기 : $H = \dfrac{NI}{2a} = \dfrac{I}{2a}$ [AT/m]

$H = \dfrac{I}{2a}\times\dfrac{\theta}{360} = \dfrac{I}{2a}\times\dfrac{\theta}{2\pi} = \dfrac{I\theta}{4\pi a}$ [AT/m] **정답** ②

문제4. 자성체가 균일하게 자화되어 있을 때의 자극의 상태로 옳은 것은?

① 자성체에는 자극이 나타나지 않는다.
② 자성체 전체에 자극이 골고루 분포되어 나타난다.
③ 자성체의 내부에 자극이 나타난다.
④ 자성체의 양단면에 자극이 나타난다.

풀이

자기 작용이 강한 자석의 양단에 나타난다.

정답 ④

문제5. 다음 중 강자성체가 아닌 것은?

① 철　　② 니켈　　③ 백금　　④ 코발트

풀이

강자성체 : 니켈(Ni), 코발트(Co), 철(Fe)
상자성체 : 알루미늄(Al), 백금(Pt), 망간(Mn)

정답 ③

문제6. 두 벡터 $A = 2i + 4j$, $B = 6j - 4k$가 이루는 각은 약 몇 도인가?

① 36　　② 42　　③ 50　　④ 61

풀이

$A \cdot B = |A| \cdot |B| \cdot \cos\theta$ 에서

$$\cos\theta = \frac{A \cdot B}{|A||B|} = \frac{A_x B_x + A_y B_y + A_z B_z}{\sqrt{A_x^2 + A_y^2 + A_z^2} \times \sqrt{B_x^2 + B_y^2 + B_z^2}}$$

$$= \frac{2\times0 + 4\times6 + 0\times(-4)}{\sqrt{2^2 + 4^2 + 0^2} \times \sqrt{0^2 + 6^2 + (-4)^2}} = \frac{24}{32.25} = 0.744$$

$\theta = \cos^{-1} 0.744 = 41.92^\circ$

정답 ②

문제7. 고립 도체구의 정전용량이 50[pF]일 때 이 도체구의 반지름은 약 몇 [cm]인가?

① 5 ② 25 ③ 45 ④ 85

풀이

고립도체구 : $C = 4\pi\epsilon_0 a$ [F]에서

$a = \frac{C}{4\pi\epsilon_0} = 9\times10^9\times50\times10^{-12} = 45\times10^{-2}$[m]$=45$[cm]

정답 ③

문제8. 전계 E[V/m] 및 자계 H[AT/m]의 전자계가 평면파를 이루고 공기중을 3×10^8[m/s]의 속도로 전파될 때 단위시간당 단위 면적을 지나는 에너지는 몇 [W/m²]인가?

① $\sqrt{\epsilon\mu}\,EH$ ② EH ③ $\frac{EH}{\sqrt{\epsilon\mu}}$ ④ $\frac{1}{2}(\epsilon E^2+\mu H^2)$

풀이

포인팅 벡터

$\vec{P} = E\times H = EH = 377H^2 = \frac{1}{377}E^2 = \frac{P}{S}$[W/m²]

정답 ②

문제9. 쿨롱의 법칙을 이용한 것이 아닌 것은?

① 정전 고압전압계 ② 고압 집진기
③ 콘덴서 스피커 ④ 콘덴서 마이크로폰

풀이

정답 ④

문제 10. 다음 중 전기력선의 성질로 옳지 않은 것은?

① 전기력선은 정전하에서 시작하여 부전하에서 그친다.
② 전기력선은 도체 내부에만 존재한다.
③ 전기력선은 전위가 높은 점에서 낮은 점으로 향한다.
④ 단위전하에서는 $\frac{1}{\epsilon_0}$ 개의 전기력선이 출입한다.

풀이

전기력선은 도체내부에서 존재하지 않는다.

정답 ②

문제 11. 대향면적 $S=100$ [cm^2]의 평행판 콘덴서가 비유전율 2.1, 절연 내력 1.2×10^5 [V/cm]인 기름 중에 있을 때 축적되는 최대 전하는 약 몇 [C]인가?

① 2.23×10^{-6}　② 3.14×10^{-6}　③ 4.28×10^{-6}　④ 6.28×10^{-6}

풀이

전하량

$Q=\rho\cdot S=DS=\epsilon ES \quad (D=\rho\ ,\ E=G)$

$=\epsilon_0\,\epsilon_s ES=8.855\times10^{-12}\times2.1\times1.2\times10^5\times10^2\times100\times10^{-4}=2.23\times10^{-6}$ [C]

정답 ①

문제 12. 평행판콘덴서의 극간거리를 $\frac{1}{2}$ 로 줄이면 콘덴서 용량은 처음 값에 비해 어떻게 되는가?

① $\frac{1}{2}$ 이 된다.　② $\frac{1}{4}$ 이 된다.　③ 2 배가 된다.　④ 4 배가 된다.

풀이

평판콘덴서 : $C=\frac{\epsilon S}{d}$ 에서

$C=\frac{\epsilon S}{\frac{d}{2}}=2\frac{\epsilon S}{d}$ 이므로 2 배가 된다.

정답 ③

문제13. 자기 인덕턴스 L_1, L_2 와 상호인덕턴스 M, 결합계수 k 의 관계는?

① $M = k\sqrt{L_1 \cdot L_2}$ ② $M = \sqrt{k \cdot L_1 \cdot L_2}$

③ $M = \dfrac{L_1 \cdot L_2}{k}$ ④ $M = \sqrt{\dfrac{L_1 \cdot L_2}{k}}$

풀이

$M = k\sqrt{L_1 \cdot L_2}$ [H]

정답 ①

문제14. 전위계수에 있어서 $P_{11} = P_{21}$ 의 관계가 의미하는 것은?

① 도체 1과 도체 2 가 멀리 떨어져 있다.
② 도체 1과 도체 2 가 가까이 있다.
③ 도체 1이 도체 2 의 내측에 있다.
④ 도체 2가 도체 1 의 내측에 있다.

풀이

정답 ④

문제15. 평행판 공기콘덴서 극판간에 비유전율 6인 유리판을 일부만 삽입한 경우 내부로 끌리는 힘은 약 몇 [N/m^2]인가? (단, 극판간의 전위경도는 30[kV/cm]이고 유리판의 두께는 판간 두께와 같다.)

① 199 ② 223 ③ 247 ④ 269

풀이

경계면에 단위면적당 작용하는 힘

$$F = \frac{1}{2}(\epsilon_1 - \epsilon_2)\cdot E^2 = \frac{1}{2}(\epsilon_0 \epsilon_s - \epsilon_0)\cdot E^2 = \frac{1}{2}\epsilon_0(\epsilon_s - 1)\cdot E^2$$

$$= \frac{1}{2} \times 8.855 \times 10^{-12} \times (6-1) \times (30 \times 10^3 \times 10^2)^2 = 199.2\,[\text{N}]$$

정답 ①

문제16. 한 쪽 지름이 다른 쪽 지름의 6배인 2개의 금속구가 가늘고 긴 전선으로 접속되어 대전되어 있다. 큰 쪽은 작은 쪽 보다 몇 배의 정전에너지가 축적되는가?

① 3　② 6　③ 18　④ 36

풀이

두 구의 정전용량 $C_1 = 4\pi\epsilon a$,

$C_2 = 4\pi\epsilon(6a) = 6C_1$

전선으로 연결하였으므로 전압이 일정하다.

에너지 $W_1 = \frac{1}{2}C_1 V^2$

$W_2 = \frac{1}{2}C_2 V^2 = \frac{1}{2} \times 6C_1 V^2 = 6 \cdot W_1$

정답 ②

문제17. 10[V]의 기전력늘 유기시키려면 5초간에 몇 [Wb]의 자속을 끊어야 하는가?

① 2　② 10　③ 25　④ 50

풀이

기전력 $e = \frac{d\phi}{dt}$ 에서

$d\phi = e \cdot dt = 10 \times 5 = 50$ [Wb]

정답 ④

문제18. 다음 중 단위체적당 발산 자화력선수를 나타내는 식은?

① $\nabla \times P$　② $\nabla \times M$　③ $\nabla \cdot M$　④ $\nabla \cdot P$

풀이

- $\text{rot}\, P = \nabla \times P$: 단위면적의 폐루프에서 회전 분극선수
- $\text{rot}\, M = \nabla \times M$: 단위면적의 폐루프에서 회전 자화력수
- $\text{div}\, P = \nabla \cdot P$: 단위체적당 발산 분극선수
- $\text{div}\, M = \nabla \cdot M$: 단위체적당 발산 자화력수

정답 ③

문제19. 다음 ( ) 안에 들어갈 내용으로 알맞은 것은?

> "유도기전력은 ( ) 의 변화를 방해하는 방향으로 생기며,
> 그 크기는 ( )의 시간적인 변화율과 같다."

① 전압 ② 전류 ③ 전자파 ④ 쇄교자속

풀이

$$e = -N\frac{d\phi}{dt}$$

정답 ④

문제20. 전자계에서 전파속도와 관계없는 것은?

① 도전율 ② 유전율 ③ 비투자율 ④ 주파수

풀이

$$v = \frac{1}{\sqrt{\epsilon\mu}} = \lambda f \text{ [m/sec]}$$

정답 ①

실전 연습문제 18

문제1. 자기인덕턴스가 L_1, L_2 이고 상호인덕턴스가 M 인 두 회로의 결합계수가 1일 때, 다음 중 성립되는 식은?

① $L_1 \cdot L_2 = M$　　② $L_1 \cdot L_2 < M^2$　　③ $L_1 \cdot L_2 > M^2$　　④ $L_1 \cdot L_2 = M^2$

풀이

$M = k\sqrt{L_1 \cdot L_2} = \sqrt{L_1 \cdot L_2}$ $(k = 1)$, $M^2 = L_1 \cdot L_2$

정답 ④

문제2. 그림과 같이 권수 N회, 평균 반지름 r[m]인 환상솔레노이드에 I[A]의 전류가 흐를 때 중심 O점의 자계의 세기는 몇 [AT/m]인가? (단, 누설자속은 없다고 함)

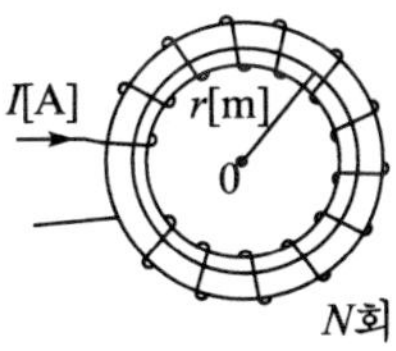

① 0　　② NI　　③ $\dfrac{NI}{2\pi r}$　　④ $\dfrac{NI}{2\pi r^2}$

풀이

코일 내부 자계 : $H = \dfrac{NI}{2\pi a}$ [AT/m], 중심 O 점에서 자계 세기 : $H_0 = 0$

정답 ①

문제3. 구리 중에는 1[cm^3]에 8.5×10^{22} 개의 자유전자가 있다. 단면적 2[mm^2]의 구리선에 10[A]의 전류가 흐를 때의 자유 전자의 평균 속도는 약 몇 [cm/s]인가?

① 0.037　　② 0.37　　③ 3.7　　④ 37

풀이

전류 밀도 : $i = \dfrac{I}{S} = \dfrac{10}{2 \times 10^{-6}} = 5 \times 10^6$ [A/m^2] $= 5 \times 10^2$ [A/cm^2]

전류 밀도 : $i = Qv = nev$ 에서

속도 $v = \dfrac{i}{ne} = \dfrac{5 \times 10^2}{8.5 \times 10^{22} \times 1.602 \times 10^{-19}}$ [cm/sec] $= 0.037$ [cm/sec]

정답 ①

문제4. 비유전율 $\epsilon_r = 2.8$ 인 유전체에 전속밀도 $D = 3.0 \times 10^{-7} a$ [C/m²]를 인가할 때 분극의 세기 P 는 약 몇 [C/m²]인가? (단, 유전체는 등질 및 등방향성이라 한다.)

① $1.93 \times 10^{-7} a$ ② $2.93 \times 10^{-7} a$ ③ $3.50 \times 10^{-7} a$ ④ $4.07 \times 10^{-7} a$

풀이

분극의 세기 $P = D\left(1 - \frac{1}{\epsilon_s}\right) = 3 \times 10^{-7}\left(1 - \frac{1}{2.8}\right) = 1.93 \times 10^{-7}$ [C/m²]

정답 ①

문제5. $E = x a_x - y a_y$ [V/m]일 때 점 (6, 2)[m]를 통과하는 전기력선의 방정식은?

① $y = 12x$ ② $y = \frac{12}{x}$ ③ $y = \frac{x}{12}$ ④ $y = 12x^2$

풀이

$$\frac{dx}{E_x} = \frac{dy}{E_y}$$

$$\frac{dx}{x} = \frac{dy}{-y}$$

$$\int \frac{1}{x} dx = -\int \frac{1}{y} dy$$

$$\ln x = -\ln y + \ln C$$

$$\ln x + \ln y = \ln C$$

$$\ln xy = \ln C$$

$$C = xy = 6 \times 2$$

$$xy = 12 \qquad \therefore\ y = \frac{12}{x}$$

정답 ②

문제6. 다음 중 실용상 영(0) 전위의 기준으로 가장 적합한 것은?

① 자유공간 ② 무한 원점 ③ 철제부분 ④ 대지

풀이

정답 ④

문제7. 면적 19.6[cm^2], 두께 5[mm]의 판상 플라스틱 양면에 전극을 설치하고 정전용량을 측정하였더니 21.8[pF]이었다. 이 재료의 비유전율은 약 얼마인가?

① 3.3　② 4.3　③ 5.3　④ 6.3

풀이

$$C = \frac{\epsilon S}{d} = \frac{\epsilon_0 \epsilon_s S}{d}$$

$$\epsilon_s = \frac{Cd}{\epsilon_0 \cdot S} = \frac{21.8 \times 10^{-12} \times 5 \times 10^{-3}}{8.855 \times 10^{-12} \times 19.6 \times 10^{-4}} = 6.28$$

정답 ④

문제8. 공기 중에 10[cm]떨어져 평행으로 놓여진 두 개의 무한히 긴 도선에 왕복전류가 흐를 때 단위 길이당 0.04[N]의 힘이 작용한다면 이 때 흐르는 전류는 약 몇 [N]인가?

① 58　② 62　③ 83　④ 141

풀이

$$F = \frac{\mu_0 I_1 I_2}{2\pi r} = \frac{2 I_1 I_2}{r} \times 10^{-7} = \frac{2I^2}{r} \times 10^{-7}$$

$$I = \sqrt{\frac{Fr}{2} \times 10^7} = \sqrt{\frac{0.04 \times 0.7}{2} \times 10^7} = \sqrt{2} \times 10^2 = 141\ [A]$$

정답 ④

문제9. 영구자석의 재료로 사용되는 철에 요구되는 사항으로 다음 중 가장 적절한 것은?

① 잔류자속밀도는 작고 보자력이 커야 한다.
② 잔류자속밀도는 크고 보자력이 작아야 한다.
③ 잔류자속밀도와 보자력이 모두 커야 한다.
④ 잔류자속밀도는 커야 하나, 보자력은 0 이어야 한다.

풀이

정답 ③

문제 **10.** 권수 1 회의 코일에 5[Wb]의 자속이 쇄교하고 있었다. 10^{-1}초 사이에 이 자속이 0 으로 변하였다면 코일에 유도되는 기전력은 몇 [V]가 되는가?

① 5 ② 25 ③ 50 ④ 100

풀이

$e = -N\dfrac{d\phi}{dt} = -1\times\dfrac{0-5}{10^{-1}} = 50$

정답 ③

문제 **11.** Q[C]의 전하를 갖는 반지름 a[m]의 도체구를 비유전율 ϵ_s 인 기름탱크에서 공기 중으로 꺼내는 데 필요한 에너지는?

① $W = \dfrac{Q}{8\pi\epsilon_0 a}\left(\dfrac{1}{\epsilon_s}-1\right)$

② $W = \dfrac{Q^2}{8\pi\epsilon_0 a}\left(1-\dfrac{1}{\epsilon_s}\right)$

③ $W = \dfrac{Q^2}{4\pi\epsilon_0 a}\left(\dfrac{1}{\epsilon_s}-1\right)$

④ $W = \dfrac{Q}{8\pi\epsilon_0 a^2}\left(\dfrac{1}{\epsilon_s}-1\right)$

풀이

공기중에 정전용량 : $C_0 = 4\pi\epsilon_0 a$ [F]

기름중에 정전용량 : $C = 4\pi\epsilon_0\epsilon_s a$ [F]

기름탱크에서 공기중으로 꺼내는데 필요한 에너지

$W = W_1 - W_2 = \dfrac{Q^2}{2C} - \dfrac{Q^2}{2C_0} = \dfrac{Q^2}{2\times 4\pi\epsilon_0 a} - \dfrac{Q^2}{2\times 4\pi\epsilon_0\epsilon_s a} = \dfrac{Q^2}{2\times 4\pi\epsilon_0 a}\left(1-\dfrac{1}{\epsilon_s}\right)$

정답 ②

문제 **12.** 그림과 같이 진공 중에 d[m] 떨어진 두 평행 도선에 I[A]의 전류가 흐를 때 도선의 단위길이당 작용하는 힘 F[N/m]는?

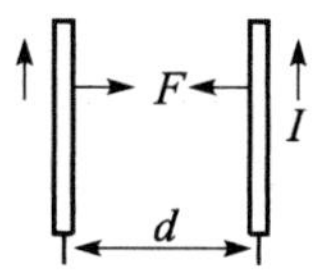

① $\dfrac{\mu_0 I}{2\pi d}$ ② $\dfrac{\mu_0 I^2}{2\pi d^2}$ ③ $\dfrac{\mu_0 I^2}{2\pi d}$ ④ $\dfrac{\mu_0 I^2}{2d}$

풀이

$F = \dfrac{\mu I_1 I_2}{2\pi r} = \dfrac{\mu I^2}{2\pi r}$ [N/m]

정답 ③

문제13. 벡터의 계산에서 옳지 않은 것은?

① $i\cdot i = j\cdot j = k\cdot k = 1$　　② $i\cdot j = j\cdot k = k\cdot i = 0$

③ $i\times i = j\times j = k\times k = 1$　　④ $|A\times B| = AB\sin\theta$

풀이

$i\times i = j\times j = k\times k = 1\times 1\times \sin 0^{\circ} = 0$

정답 ③

문제14. 다음 설명 중 옳은 것은?

① 상자성체는 자화율이 0 보다 크고, 반자성체에서는 자화율이 0 보다 작다.

② 상자성체는 투자율이 1 보다 크고, 반자성체에서는 투자율이 1 보다 크다.

③ 반자성체에서는 자화율이 0 보다 크고, 투자율이 1 보다 크다.

④ 상자성체에서는 자화율이 0 보다 작고, 투자율이 1 보다 크다.

풀이

상자성체 $\mu_s > 1$

반자성체 $\mu_s < 1$

자화율 : $x = \mu_0(\mu_s - 1)$ 이므로 상자성체 $x > 0$ 반자성체 $x < 0$

정답 ①

문제15. 반지름 r의 직선상 도체에 전류가 고르게 흐를 때 도체 내의 전자 에너지와 관계가 없는 것은?

① 투자율　② 도체의 단면적　③ 도체의 길이　④ 전류의 크기

풀이

원주 내부 : $L = \frac{\mu\ell}{8\pi}$ [H]

원주 내부 : $W = \frac{1}{2}LI^2 = \frac{1}{2}\left(\frac{\mu\ell}{8\pi}\right)I^2$ [J]

정답 ②

문제16. 두 자성체 경계면에서 정자계가 만족하는 것은?

① 자계의 법선 성분이 같다.
② 자속 밀도의 접선성분이 같다.
③ 경계면상의 두 점간의 자위차가 같다.
④ 자속은 투자율이 작은 자성체에 모인다.

풀이

경계면상의 두 점의 자위는 같다. **정답** ③

문제17. 비투자율 4, 비투자율 1인 공간에서 전자파의 전파속도는 몇 [m/s]인가?

① 0.5×10^8 ② 1.0×10^8 ③ 1.5×10^8 ④ 2.0×10^8

풀이

전파속도

$$v = \frac{1}{\sqrt{\epsilon\mu}} = \frac{3\times10^8}{\sqrt{\epsilon_s \cdot \mu_s}} = \frac{3\times10^8}{\sqrt{4\times1}} = 1.5\times10^8\,[\text{ms}]$$

정답 ③

문제18. 어떤 코일의 인덕턴스를 측정하였더니 4[H]이고, 여기에 직류전류 I[A]를 흘려주니 이 코일에 축적된 에너지가 10[J]이었다면 전류 I는 몇 [A]인가?

① 0.5 ② $\sqrt{5}$ ③ 5 ④ 25

풀이

에너지 $W = \frac{1}{2}LI^2$

$$I = \sqrt{\frac{2W}{L}} = \sqrt{\frac{2\times10}{4}} = \sqrt{5}\ \ [\text{A}]$$

정답 ②

문제19. 전자계에 대한 맥스웰(Maxwell)의 기본 이론으로 옳지 않은 것은?

① 전도전류와 변위전류는 자계의 회전을 발생시킨다.
② 자속밀도의 시간적 변화에 따라 전계의 회전이 생긴다.
③ 고립된 자극이 존재한다.
④ 전하에서 전속선이 발산된다.

풀이

① 자계의 시간적 변화에 따라 전계의 회전이 발생한다. $\text{rot}E = -\frac{\partial B}{\partial t} = -\frac{\mu \partial H}{\partial t}$

② 전도전류와 변위전류는 자계를 발생한다.

$\text{rot}\,H = J + \frac{\partial D}{\partial t}$ ↦ (J : 전도전류밀도, $\frac{\partial D}{\partial t}$: 변위전류밀도)

③ 고립된 자극이 존재하지 않으므로 자계의 발산은 없다. $\text{div}B = 0$

④ 전하에서 전속선이 발산된다. $\text{div}\,D = \rho$

정답 ③

문제20. 0.2[Wb/m^2]의 자계 중에 이것과 직각으로 길이 30[cm] 도선을 놓고 이것을 자계와 직각으로 20[m/s]의 속도로 이동할 때, 도선 양단의 기전력은 몇 [V]인가?

① 0.6 ② 1.2 ③ 3 ④ 6

풀이

$e = vB\ell\sin\theta = 20 \times 0.2 \times 0.3 \times \sin 90^{\circ} = 1.2\,[V]$

정답 ②

실전 연습문제 19

문제1. 두 자성체 경계면에서 정자계가 만족하는 것은?

① 양측 경계면상의 두 점간의 자위차가 같다.
② 자속은 투자율이 작은 자성체에 모인다.
③ 자계의 법선성분이 같다.
④ 자속밀도의 접선성분이 같다.

풀이

자속은 투자율이 큰 자성체에 모인다.

$B_1 \cdot \cos\theta_1 = B_2 \cdot \cos\theta_2$ (법선)

$H_1 \cdot \sin\theta_1 = H_2 \cdot \sin\theta_2$ (접선)

정답 ①

문제2. 100[kW]의 전력이 안테나에서 사방으로 균일하게 방사될 때 안테나에서 1[km]의 거리에 있는 전계의 실효값은 약 몇 [V/m]인가?

① 1.73[V/m]　② 2.45[V/m]　③ 3.68[V/m]　④ 6.21[V/m]

풀이

포인팅 벡터 : $\vec{P} = E \times H = EH = 377H^2 = \frac{1}{377}E^2 = \frac{P}{S}$ [V/m^2]에서

$$\vec{P} = \frac{1}{377}E^2 = \frac{P}{S}$$

$$\frac{1}{377}E^2 = \frac{P}{4\pi R^2}$$

$$E = \sqrt{377 \times \frac{P}{4\pi R^2}} = \sqrt{377 \times \frac{100 \times 10^3}{4\pi \times (10^3)^2}} = 1.73 \text{ [V/m]}$$

정답 ①

문제 3. 시변 전자파에 대한 설명 중 옳지 않은 것은?

① 전자파는 전계와 자계가 동시에 존재한다.
② 횡전자파(transver electromagnetyic wave)에서는 전파의 진행방향으로 전계와 자계가 존재한다.
③ 포인팅 벡터의 방향은 전자파의 진행 방향과 같다.
④ 수직편파는 대지에 대해서 전계와 수직면에 있는 전자파이다.

풀이

횡전자파는 전계와 자계가 전파의 진행방향과 수직으로 존재한다.

정답 ②

문제 4. 자계에 있어서의 자화의 세기 J[Wb/m^2]는 유전체에서의 무엇과 동일한 의미를 가지고 대응되는가?

① 전속밀도 ② 전계의 세기 ③ 전기분극도 ④ 전위

풀이

자화의 세기 $J = \mu_0(\mu_s - 1)H = x \cdot H = B\left(1 - \frac{1}{\mu_s}\right)$ [Wb/m^2]

분극의 세기(=전기 분극도) $P = \epsilon_0(\epsilon_s - 1) \cdot E = x \cdot H = D\left(1 - \frac{1}{\epsilon_s}\right)$

정답 ③

문제 5. 철심에 도선을 250 회 감고 1.2[A]의 전류를 흘렸더니 1.5×10^{-3} [Wb]의 자속이 생겼다. 자기저항은 몇 [AT/Wb]인가?

① 2×10^5 ② 3×10^5 ③ 4×10^5 ④ 5×10^5

풀이

자기저항 $R_m = \frac{\ell}{\mu \cdot s} = \frac{NI}{\phi}$ [AT/Wb]에서

$R_m = \frac{NI}{\phi} = \frac{250 \times 1.2}{1.5 \times 10^{-3}} = 2 \times 10^5$ [AT/Wb]

정답 ①

문제6. 유전율이 서로 다른 두 종류의 경계면에 전속과 전기력선이 수직으로 도달할 때 다음 설명 중 옳지 않은 것은?

① 전계의 세기는 연속이다.
② 전속밀도는 불변이다.
③ 전속과 전기력선은 굴절하지 않는다.
④ 전속선은 유전율이 큰 유전체 중으로 모이려는 성질이 있다.

풀이

경계면에 수직일 때 $\theta_1 = \theta_2 = 0^\circ$
$D_1 = D_2 = D$ (연속)
$E_1 \neq E_2$ (불연속)

정답 ①

문제7. 평행판 콘덴서의 양극판 면적을 3배로 하고 간격을 $\frac{1}{3}$로 하면 정전용량은 처음의 몇 배가 되는가?

① 1 ② 3 ③ 6 ④ 9

풀이

평판콘덴서 정전용량 : $C = \frac{\epsilon_0 \cdot S}{d}$ S : 3배,

d : $\frac{1}{3}$배 하면 : $C' = \frac{\epsilon_0 \cdot 3S}{\frac{1}{3}d} = 3^2 \cdot \frac{\epsilon_0 S}{d} = 9 \cdot C$

정답 ④

문제8. 코일을 지나는 자속이 $\cos\omega t$에 따라 변화할 때 코일에 유도되는 유도 기전력의 최대치는 주파수와 어떤 관계가 있는가?

① 주파수에 반비례 ② 주파수에 비례
③ 주파수 제곱에 반비례 ④ 주파수 제곱에 비례

풀이

유도기전력 $e = -N \cdot \frac{d\phi}{dt} = -N \cdot \frac{d}{dt}(\phi_m \cdot \cos\omega t) = \omega N \phi_m \cdot \sin\omega t$ [V]
유기기전력의 최대값 : $E_m = \omega N \phi_m = 2\pi f NBS$ [V]

정답 ②

문제9. 평행판 전극의 단위 면적당 정전용량이 $C=200$ [pF]일 때 두 극판사이에 전위차 2000 [V]를 가하면 이 전극판사이의 전계의 세기는 약 몇 [V/m]인가?

① 22.6×10^3　② 45.2×10^3　③ 22.6×10^5　④ 45.2×10^5

풀이

평행판 콘덴서 정전용량 : $C=\dfrac{\epsilon_0 S}{d}$ [F]

단위면적당 정전용량 : $C_0=\dfrac{C}{S}=\dfrac{\epsilon_0}{d}$ [F/m^2]에서

간격 : $d=\dfrac{\epsilon_0}{C_0}=\dfrac{8.855\times 10^{-12}}{200\times 10^{-12}}=0.044$ [m]　∴ 전계의 세기

$E=\dfrac{V}{d}=\dfrac{2000}{0.044}=45.45\times 10^3$ [V/m]

정답 ②

문제10. 회로가 닫혀 있는 코일 1과 개방된 코일 2가 그림과 같이 평등자계와 직각방향으로 서로 나란한 코일면을 유지하고 있을 때 평등자계의 자속이 일정한 비율로 감소하는 경우 다음 설명 중 옳은 것은?

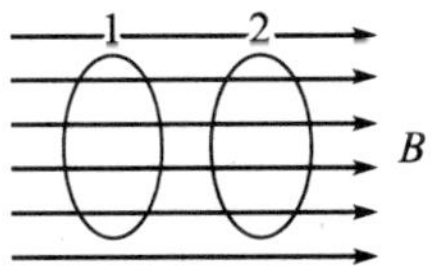

① 유기기전력은 두 코일에 모두 유기된다.
② 유기기전력은 개방된 코일 2에만 유기된다.
③ 두 코일에 같은 줄열이 발생한다.
④ 줄열은 어느 쪽도 발생하지 않는다.

풀이

정답 ①

문제 11. 정전하 $+2Q$[C]이 $x=0,\ y=1$의 점에 놓여 있고, $-Q$[C]의 전하가 $x=0,\ y=-1$의 점에 위치할 때 전계의 세기가 0이 되는 점은?

① $+2Q$쪽으로 5.83 ($x=0,\ y=5.83$)
② $+2Q$쪽으로 0.17 ($x=0,\ y=0.17$)
③ $-Q$쪽으로 5.83 ($x=0,\ y=-5.83$)
④ $-Q$쪽으로 0.17 ($x=0,\ y=-0.17$)

풀이

부호가 틀리므로 전계의 세기가 0 인 점은 외부에서 절대값 크기가 작은 P 점에 존재한다.

$$\frac{Q}{4\pi\epsilon_0 A^2}=\frac{2Q}{4\pi\epsilon_0(2+A)^2}$$

$$\frac{1}{A^2}=\frac{2}{(2+A)^2}$$

$$2A^2=(2+A)^2$$

$$\sqrt{2}\,A=2+A$$

$$(\sqrt{2}-1)A=2$$

$$A=\frac{2}{\sqrt{2}-1}=4.83\ \ [\mathrm{m}]$$

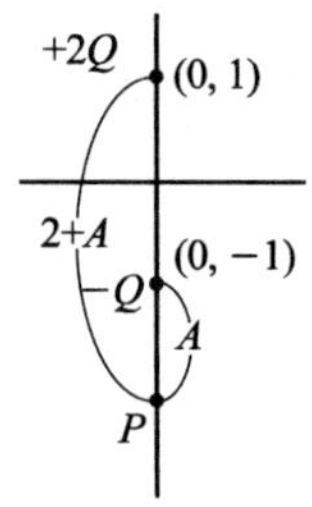

∴ 전계의 세기 0 인 점 $(0,\ -5.83\ )$

정답 ③

문제 12. 전류의 세기가 I[A], 반지름 r[m]인 원형 선전류 중심에 m[Wb]인 가상 점자극을 둘 때 원형 선전류가 받는 힘은 몇 [N]인가?

① $\dfrac{mI}{2\pi r}$ ② $\dfrac{mI}{2r}$ ③ $\dfrac{mI^2}{2\pi r}$ ④ $\dfrac{mI}{2\pi r^2}$

풀이

자계 : $H=\dfrac{F}{m}$ 에서 $F=mH$[N]

(원형 코일 중심의 자계 세기 $H=\dfrac{NI}{2a}=\dfrac{I}{2a}=\dfrac{I}{2r}$)

∴ 힘 $F=mH=m\cdot\dfrac{I}{2r}$ [N]

정답 ②

문제13. 자속 ϕ[Wb]가 주파수 f[Hz]로 $\phi = \phi_m \sin 2\pi f t$ [Wb]일 때, 이 자속과 쇄교하는 권수 N 회인 코일에 발생하는 기전력은 몇 [V]인가?

① $-2\pi f N\phi_m \cos 2\pi f t$
② $-2\pi f N\phi_m \sin 2\pi f t$
③ $2\pi f N\phi_m \tan 2\pi f t$
④ $2\pi f N\phi_m \sin 2\pi f t$

풀이

기전력 $e = -N \cdot \dfrac{d\phi}{dt} = -N \cdot \dfrac{d}{dt}(\phi_m \cdot \sin\omega t) = -\omega N\phi_m \cos\omega t$ [V]$(\omega = 2\pi f)$

정답 ①

문제14. 한 금속에서 전류의 흐름으로 인한 온도 구배부분의 줄열 이외의 발열 또는 흡열에 관한 현상은?

① 펠티에 효과(Peltier effect)
② 볼타 법칙(Volta law)
③ 지벡 효과(Seebeck effect)
④ 톰슨 효과(Thomson effect)

풀이

정답 ④

문제15. 공기의 절연내력을 3[kV/mm]라고 하면 직경 1[cm]의 도체구에 걸리는 최대 전압은 몇 [kV]인가?

① 15[kV]
② 30[kV]
③ 15[MV]
④ 30[MV]

풀이

$V = E \cdot r = G \cdot r$ 에서

$V = G \cdot r = G \cdot \dfrac{D}{2} = 3[\text{kV/mm}] \times \dfrac{10}{2}[\text{mm}] = 15[\text{kV}]$

정답 ①

문제16. 어느 철심에 도선을 25회 감고 여기에 1[A]의 전류를 흘릴 때 0.01[Wb]의 자속이 발생하였다. 자기 인덕턴스를 1[H]로 하려면 도선의 권수는 얼마로 해야 하는가?

① 25　　② 50　　③ 75　　④ 100

풀이

$LI = N\phi$ 에서 $L_1 = \dfrac{N_1 \cdot \phi_1}{I_1} = \dfrac{25 \times 0.01}{1} = 0.25[\text{H}]$ 이고

$\dfrac{N_1^2}{L_1} = \dfrac{N_2^2}{L_2}$ 에서 $N_2 = \sqrt{\dfrac{L_2}{L_1}} \times N_1 = \sqrt{\dfrac{1}{0.25}} \times 25 = 50\,[\text{회}]$

정답 ②

문제17. 두 유전체 ①, ②가 유전율 $\epsilon_1 = 2\sqrt{3}\,\epsilon_0$, $\epsilon_2 = 2\epsilon_0$ 이며, 경계를 이루고 있을 때 그림과 같이 전계 E_1 이 입사하여 굴절하였다면 유전체 ② 내의 전계의 세기 ϵ_2 는 몇 [V/m]인가?

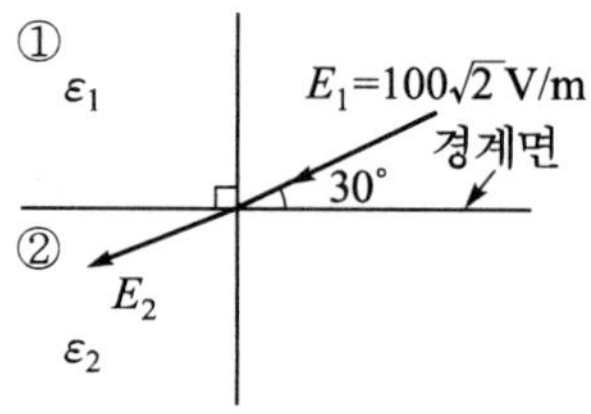

① 95　　② 100　　③ $100\sqrt{2}$　　④ $100\sqrt{3}$

풀이

굴절의 법칙에서 $\tan\theta_2 = \dfrac{\epsilon_2}{\epsilon_1} \times \tan\theta_1 = \dfrac{2\epsilon_0}{2\sqrt{3}\,\epsilon_0} \times \tan 60° = 1$　　$\therefore\ \theta_2 = 45°$

$E_1 \cdot \sin\theta_1 = E_2 \cdot \sin\theta_2$ 에서 $E_2 = \dfrac{\sin\theta_1}{\sin\theta_2} \times E_1 = \dfrac{\sin 60°}{\sin 45°} = 100\sqrt{2} = 100\sqrt{3}\,[\text{V/m}]$

정답 ④

문제18. Z축상에 있는 무한히 긴 균일 선전하로부터 2[m] 거리에 있는 점의 전계의 세기가 1.8×10^4 [V/m]일 때의 선전하밀도는 몇 [μC/m]인가?

① 2　　② 2×10^{-6}　　③ 20　　④ 2×10^6

풀이

선전하의 전계 세기 : $E = \dfrac{\lambda}{2\pi\epsilon_0 r} = 18 \times 10^9 \times \dfrac{\lambda}{r}$

선전하밀도 : $\lambda = \dfrac{E \cdot r}{18 \times 10^9} = \dfrac{1.8 \times 10^4 \times 2}{18 \times 10^9} = 2 \times 10^{-6}\,[\text{V/m}]$

정답 ①

문제19. 500 [AT/m]의 자계 중에 어떤 자극을 놓았을 때 3×10^3 [N]의 힘이 작용했다면 이 때의 자극의 세기는 몇 [Wb]인가?

① 2 [Wb] ② 3 [Wb] ③ 5[Wb] ④ 6[Wb]

풀이

자계 $H=\dfrac{F}{m}$ 에서

자극의 세기 $m=\dfrac{F}{H}=\dfrac{3\times 10^3}{500}=6[\text{Wb}]$

정답 ④

문제20. 동심구형 콘덴서의 내외 반지름을 각각 5배로 증가시키면 정전용량은 몇 배가 되는가?

① 2 배 ② $\sqrt{2}$ 배 ③ 5 배 ④ $\sqrt{5}$ 배

풀이

동심구형 콘덴서 정전용량 : $C=\dfrac{4\pi\epsilon_0}{\dfrac{1}{a}-\dfrac{1}{b}}[\text{F}]$

내외 반지름을 5 배로 증가시키면 : $C'=\dfrac{4\pi\epsilon_0}{\dfrac{1}{5a}-\dfrac{1}{5b}}=5\cdot C$

정답 ③

실전 연습문제 20

문제1. 반지름이 2[m], 권수가 100회인 원형코일의 중심에 30[AT/m]의 자계를 발생시키려면 몇 [A]의 전류를 흘려야 하는가?

① 1.2[A] ② 1.5[A] ③ $\frac{150}{\pi}$[A] ④ 150[A]

풀이

원형코일 중심의 자계세기 : $H = \frac{NI}{2a}$ 에서

$I = \frac{2aH}{N} = \frac{2 \times 2 \times 30}{100} = 1.2$ [A]

정답 ①

문제2. 정전용량이 $C_0[\mu F]$인 평행판 공기 콘덴서의 판면적의 $\frac{2}{3}$에 비유전율 ϵ_s인 에보나이트 판을 그림과 같이 삽입하는 경우 콘덴서의 정전용량$[\mu F]$은?

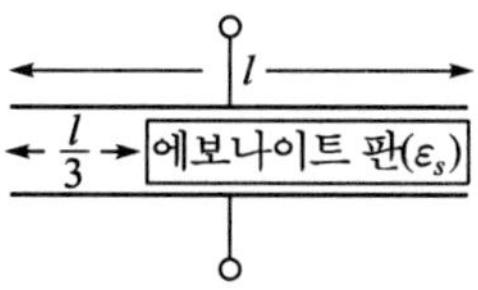

① $\frac{2\epsilon_0}{3}C_0$ ② $\frac{3}{1+2\epsilon_s}C_0$ ③ $\frac{(1+\epsilon_s)}{3}C_0$ ④ $\frac{(1+2\epsilon_s)}{3}C_0$

풀이

공기콘덴서 일 때 정전용량 : $C_0 = \frac{\epsilon_0 S}{d}$ [F]

$\frac{2}{3}$ 면적에 ϵ_s인 에보나이트판으로 삽입하는 경우 $C_1 = \frac{1}{3}C_0$, $C_2 = \frac{2}{3}C_0 \times \epsilon_s$ 에서

콘덴서 병렬연결이므로

정전용량 $C = C_1 + C_2 = \frac{1}{3}(1+2\epsilon_s) \cdot C_0$

정답 ④

문제3. 그림과 같은 유한장 직선도체 AB에 전류 I가 흐를 때 임의의 점 P의 자계의 세기는? (단, a 는 P와 AB 사이의 거리, θ_1, θ_2 : P에서 도체 AB에 내린 수직선과 AP, BP가 이루는 각이다.)

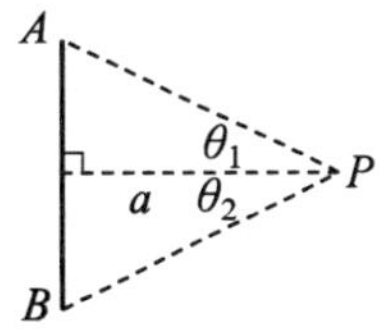

① $\frac{I}{4\pi a}(\sin\theta_1 + \sin\theta_2)$　② $\frac{I}{4\pi a}(\cos\theta_1 - \cos\theta_2)$

③ $\frac{I}{4\pi a}(\sin\theta_1 - \sin\theta_2)$　④ $\frac{I}{4\pi a}(\cos\theta_1 + \cos\theta_2)$

풀이

정답 ①

문제4. 자성체의 스핀(spin) 배열상태를 표시한 것 중 상자성체의 스핀의 배열상태를 표시한 것은? (단, ↕ 표시는 스핀 자기(磁氣)모멘트의 크기와 방향을 표시한 것임)

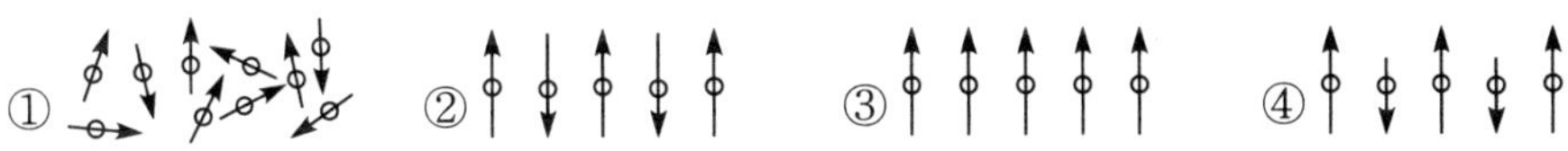

풀이

② 반강자성체, ③ 강자성체, ④ 훼리트 자성체　정답 ①

문제5. 전송회로에서 무손실인 경우 $L = 360$ [mH], $C = 0.01$ [μF]일 때 특성 임피던스는 몇 [Ω]인가?

① $\frac{1}{6} \times 10^{-3}$ [Ω]　② 3.6×10^{7} [Ω]　③ $\frac{1}{36} \times 10^{-6}$ [Ω]　④ 6×10^{3} [Ω]

풀이

무손실 일 때 특성임피던스 $Z_0 = \sqrt{\frac{Z}{Y}} = \sqrt{\frac{L}{C}} = \sqrt{\frac{360 \times 10^{-3}}{0.01 \times 10^{-6}}} = 6 \times 10^3 [\Omega]$　정답 ④

문제6. 히스테리시스 곡선이 횡축과 만나는 점은 무엇을 나타내는가?

① 투자율　② 잔류자속밀도　③ 자력선　④ 보자력

풀이

횡축과 만나는 점 : 자계(H),
종축과 만나는 점 : 자속밀도(B)

정답 ④

문제7. 전기력선 밀도를 이용하여 주로 대칭 정전계의 세기를 구하기 위하여 이용되는 법칙은?

① 패러데이의 법칙　② 가우스의 법칙　③ 쿨롱의 법칙　④ 톰슨의 법칙

풀이

정답 ②

문제8. 공기 중에서 1[V/m]의 전계를 1[A/m^2]의 변위전류로 흐르게 하려면 주파수는 몇 [MHz]가 되어야 하는가?

① 1500[MHz]　② 1800[MHz]　③ 15000[MHz]　④ 18000[MHz]

풀이

주파수 $f = \dfrac{i_d}{2\pi\epsilon_0 E} = \dfrac{1}{2\pi \times 8.855 \times 10^{-12} \times 1} \times 10^{-6} = 18000[\text{MHz}]$

정답 ④

문제9. 반지름 2[m]인 구도체에 전하 10×10^{-4}[C]이 주어질 때 구도체 표면에 작용하는 정전응력은 약 몇 [N/m^2]인가?

① 22.4[N/m^2]　② 26.6[N/m^2]　③ 30.8[N/m^2]　④ 32.2[N/m^2]

풀이

표면전하밀도 $\rho = D = \dfrac{Q}{S} = \dfrac{Q}{4\pi R^2} = \dfrac{10 \times 10^{-4}}{4\pi \times 2^2} = 1.9894 \times 10^{-5}\ [\text{C/m}^2]$

정전응력 $f = \dfrac{D^2}{2\epsilon_0} = \dfrac{(1.9894 \times 10^{-5})^2}{2 \times 8.855 \times 10^{-12}} = 22.35\ [\text{N/m}^2]$

정답 ①

문제10. 다음 중 정전계에 대한 설명으로 가장 알맞은 것은?

① 전계에너지와 무관한 전하분포의 전계이다.
② 전계에너지가 최소로 되는 전하분포의 전계이다.
③ 전계에너지가 최대로 되는 전하분포의 전계이다.
④ 전계에너지를 일정하게 유지하는 전하분포의 전계이다.

풀이

톰슨 정리

정답 ②

문제11. 다음 벡터장 중에서 정전계에 해당되는 것은 어느 것인가?

① $E = yZa_x + 3xa_y$
② $E = -3a_y + 5a_z$
③ $E = \rho a_\phi$
④ $E = \left(\frac{10^{-8}}{r^3}\cos\theta\right)a_r + \left(\frac{10^{-8}}{2r^3}\sin\theta\right)a_\theta$

풀이

정답 ③

문제12. 다음 중 (㉠), (㉡) 안에 들어갈 내용으로 알맞은 것은?

> "맥스웰은 전극간의 유전체를 통하여 흐르는 전류를 (㉠) 라 하고,
> 이것도 (㉡)를 발생한다고 가정하였다."

① ㉠ 와전류 ㉡ 자계
② ㉠ 변위전류 ㉡ 자계
③ ㉠ 전자전류 ㉡ 전계
④ ㉠ 파동전류 ㉡ 전계

풀이

정답 ②

문제 13. 전자파의 에너지 전달방향은?

① 전계 E의 방향과 같다. ② 자계 H의 방향과 같다.
③ $E \times H$의 방향과 같다. ④ $\nabla \times E$의 방향과 같다.

풀이

정답 ③

문제 14. 그림과 같이 비투자율 μ_r이 800, 원형단면적 S가 10[cm^2] 평균 자로의 길이 ℓ 이 30[cm]인 환상철심에 코일을 600회 감아 1[A]의 전류를 흘릴 때 철심내 자속은 약 몇 [Wb]인가?

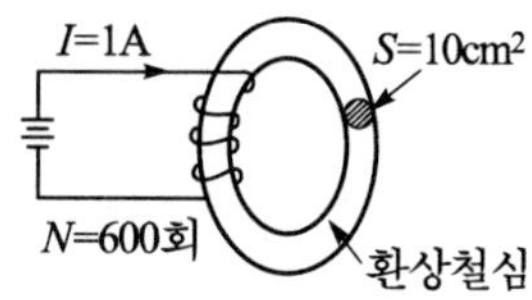

① 1.51×10^{-1} [Wb] ② 2.01×10^{-1} [Wb]
③ 1.51×10^{-3} [Wb] ④ 2.01×10^{-3} [Wb]

풀이

자속 $\phi = \dfrac{\mu SNI}{\ell} = \dfrac{\mu_0 \mu_s SNI}{\ell} = \dfrac{4\pi \times 10^{-7} \times 800 \times 10 \times 10^{-4} \times 600 \times 1}{0.3}$

$= 2.01 \times 10^{-3}$ [Wb]

정답 ④

문제 15. 두 종류의 유전체 경계면에서 전속과 전기력선이 경계면에 수직으로 도달할 때 다음 중 옳지 않은 것은?

① 전속과 전기력선은 굴절하지 않는다.
② 전속밀도는 변하지 않는다.
③ 전계의 세기는 불연속적으로 변한다.
④ 전속선은 유전률이 작은 유전체 쪽으로 모이려는 성질이 있다.

풀이

① 경계면에 수직일 경우 입사각 θ_1과 굴절각 θ_2가 0° 이므로 전속과 전기력선은 굴절하지 않는다.
② 전속(선)은 유전율이 큰 쪽으로 모이려는 성질이 있다.

정답 ④

문제16. 두 자성체의 경계면에서 경계조건을 설명한 것 중 옳은 것은?

① 자계의 법선성분은 서로 같다.
② 자계와 자속밀도의 대수합은 항상 0이다.
③ 자속밀도의 법선성분은 서로 같다.
④ 자계와 자속밀도의 대수합은 ∞ 이다.

풀이

$B_1 \cdot \cos\theta_1 = B_2 \cdot \cos\theta_2$ (자속밀도의 법선 성분은 같다.)
$H_1 \cdot \sin\theta_1 = H_2 \cdot \sin\theta_2$ (자계의 접선 성분은 같다.)

정답 ③

문제17. 다음 중 정전기와 자기의 유사점 비교로 옳지 않은 것은?

① $\oint_c E \cdot d\ell = V$와 $\oint_c H \cdot d\ell = NI$
② $E = -grad\,V$와 $B - curl\,A$
③ $\mathrm{div}\,D = \rho_{ev}$와 $\mathrm{div}\,B = \rho_{mv}$
④ $\nabla^2 V = -\frac{\rho_v}{\epsilon_0}$와 $\nabla^2 A = -\mu_0 i$

풀이

$\mathrm{div}D = \rho\,[\mathrm{C/m^3}]$
$\mathrm{div}B = 0$

정답 ③

문제18. 시간적으로 변화하지 않는 보존적인 전계가 비회전성(非回轉性) 이라는 의미를 나타낸 식은?

① $\nabla \cdot E = 0$　② $\nabla \cdot E = \infty$　③ $\nabla \times E = 0$　④ $\nabla^2 E = 0$

풀이

정답 ③

문제19. 반지름 a[m]인 접지 구도체의 중심으로부터 d[m]$(> a)$인 곳에 점전하 Q[C]가 있다면 구도체에 유기되는 전하량은 몇 [C]인가?

① $-\frac{a}{d}Q$[C] ② $+\frac{a}{d^2}Q$[C] ③ $-\frac{d}{a}Q$[C] ④ $+\frac{d^2}{a}Q$[C]

풀이

점전하 Q[C]으로 유기되는 영상전하는 무한평면인 경우 $Q' = -Q$ [C]

점전하 Q[C]으로 유기되는 영상전하는 접지도체구인 경우 $Q' = -\frac{a}{d}Q$ [C]

정답 ①

문제20. 100[mH]의 자기 인덕턴스를 가진 코일에 10[A]의 전류를 통할 때, 축적되는 에너지는 몇 [J]인가?

① 1[J] ② 5[J] ③ 50[J] ④ 1000[J]

풀이

에너지 $W = \frac{1}{2}LI^2 = \frac{1}{2} \times 100 \times 10^{-3} \times 10^2 = 5$ [J]

정답 ②

실전 연습문제 21

문제1. 자기회로의 자기저항에 대한 설명으로 옳지 않은 것은?

① 자기회로의 단면적에 반비례 한다. ② 자기회로의 길이에 반비례 한다.
③ 자성체의 비투자율에 반비례 한다. ④ 단위는 [AT/Wb]이다.

풀이

자기저항 $R_m = \dfrac{\ell}{\mu \cdot s}$ 에서 자기저항은 길이에 비례한다. **정답** ②

문제2. 비유전율이 9이고, 비투자율이 1인 매질내의 고유임피던스는 약 몇 [Ω]인가?

① 42 ② 84 ③ 126 ④ 377

풀이

고유(파동) 임피던스

$$Z_0 = \frac{E}{H} = \sqrt{\frac{\mu}{\epsilon}} = \sqrt{\frac{\mu_0}{\epsilon_0}} \times \sqrt{\frac{\mu_s}{\epsilon_s}} = 120\pi \times \sqrt{\frac{\mu_s}{\epsilon_s}} = 120\pi \times \sqrt{\frac{1}{9}} = 40\pi = 125.6[\Omega]$$

정답 ③

문제3. 다음 중 자기회로와 전기회로의 대응관계로 옳지 않은 것은?

① 자속 – 전속 ② 자계 – 전계 ③ 투자율 – 도전율 ④ 기자력 – 기전력

풀이

전기회로의 옴의 법칙 : $I = \dfrac{V}{R}$ [A]

자기회로의 옴의 법칙 : $\phi = \dfrac{F}{R_m}$ [Wb]

정답 ①

문제4. 한 폐곡선에 대한 H(자계의 세기)의 선적분이 이 폐곡선으로 둘러싸이는 전류와 같음을 정의한 법칙은?

① 가우스의 법칙 ② 쿨롱의 법칙
③ 비오-사바르의 법칙 ④ 앙페르의 주회적분의 법칙

풀이

앙페르의 주회적분 법칙 $\int H d\ell = \sum I$

$H\ell = NI$

$H = \dfrac{NI}{\ell}$ [AT/m]

정답 ④

문제5. 20[mH]인 코일에 흐르는 전류가 0.2[sec] 동안에 6[A]가 변화했다면 코일에 유기되는 기전력은 몇 [V]인가?

① 0.6 ② 1 ③ 6 ④ 30

풀이

$e = \left| -L \cdot \dfrac{di}{dt} \right|$ 에서

$= 20 \times 10^{-3} \times \dfrac{6}{0.2} = 0.6$[V]

정답 ①

문제6. 길이 10[cm], 반지름 1[cm]인 원형단면을 갖는 공심솔레노이드의 자기인덕턴스를 1[mH]로 하기 위해서는 솔레노이드의 권선수를 약 몇 회로 하여야 하는가? (단, $\mu_r = 1$ 이다.)

① 252 ② 504 ③ 756 ④ 1006

풀이

인덕턴스 $L = \dfrac{\mu_0 S N^2}{\ell} = \dfrac{\mu_0 \pi a^2 N^2}{\ell}$ 에서

권 수 $N = \sqrt{\dfrac{L \cdot \ell}{\mu_0 \pi a^2}} = \sqrt{\dfrac{10^{-3} \times 0.1}{4\pi \times 10^{-7} \times \pi \times 0.01^2}} = 503.3$[회]

정답 ②

문제7. 다음 중 전기력선의 성질에 관한 설명으로 옳지 않은 것은?

① 전기력선의 방향은 그 점의 전계의 방향과 같다.
② 전기력선은 전위가 높은 점에서 낮은 점으로 향한다.
③ 전하가 없는 곳에서도 전기력선의 발생, 소멸이 있다.
④ 전계가 0이 아닌 곳에서 2개의 전기력선은 교차하는 일이 없다.

풀이

정답 ③

문제8. 자속밀도 0.6[Wb/m^2]의 자계중에 20[cm]의 도체를 자계와 직각으로 50[m/s]로 움직일 때 도체에 유기되는 기전력은 몇 [V]인가?

① 0　② 6　③ 60　④ 600

풀이

유기기전력 $e = vB\ell\sin\theta = 50\times0.6\times0.2\times\sin 90° = 6$[V]

정답 ②

문제9. 극판면적 10[cm^2], 간격 1[mm]의 평행판 콘덴서에 비유전율이 3인 유전체를 채웠을 때 전압 100[V]를 가하면 축적되는 에너지는 약 몇 [J]인가?

① 1.32×10^{-7}　② 1.32×10^{-9}　③ 2.64×10^{-7}　④ 2.64×10^{-9}

풀이

에너지

$$w = \frac{1}{2}CV^2 \quad \left(C = \frac{\epsilon S}{d}\right)$$

$$= \frac{1}{2}\left(\frac{\epsilon S}{d}\right)V^2 = \frac{1}{2}\times\left(\frac{8.855\times10^{-12}\times3\times10\times10^{-4}}{10^{-3}}\right)\times100^2 = 1.33\times10^{-7}\,[\text{J}]$$

정답 ①

문제10. 10[A]의 전류가 5분간 도선에 흘렀을 때 도선 단면을 지나는 전기량은 몇 [C]인가?

① 50　　② 300　　③ 500　　④ 3000

풀이

전기량 $Q = ne = It$ [C]에서

$Q = I \cdot t = 10 \times 5 \times 60 = 3000$ [C]

정답 ④

문제11. 주파수가 1[MHz]인 전자파의 파장은 공기중에서 몇 [m]인가?

① 100　　② 200　　300　　④ 400

풀이

속도 $v = \lambda f$ 에서

파장 $\lambda = \frac{v}{f} = \frac{3 \times 10^8}{10^6} = 300$ [m]

정답 ③

문제12. 진공 중에서 대전도체의 표면전하밀도가 σ [C/m^2]이라면 표면 전계는?

① $E = \frac{\sigma}{\epsilon_0}$　　② $E = \frac{\sigma}{2\epsilon_0}$　　③ $E = \frac{\sigma}{2\pi\epsilon_0}$　　④ $E = \frac{\sigma}{4\pi r^2}$

풀이

표면전하밀도 $\sigma = \frac{Q}{S}$ [C/m^2]에서

전기량 $Q = \sigma \cdot S$ [C] 이고

가우스 법칙 : $\int E ds = \frac{Q}{\epsilon_0}$,　$E \cdot S = \frac{\sigma \cdot S}{\epsilon_0}$

$\therefore$ 전계의 세기 $E = \frac{\sigma}{\epsilon_0}$ [V/m]

(무한평면의 전계의 세기 $E = \frac{\sigma}{2\epsilon_0}$ 와 혼돈하지 마세요)

정답 ①

문제 13. 권수가 200회이고, 자기 인덕턴스가 20[mH]인 코일에 2[A]의 전류를 흘릴 때 자속은 몇 [Wb]인가? (단, 누설자속은 없는 것으로 한다.)

① 2×10^{-2}　　② 4×10^{-2}　　③ 2×10^{-4}　　④ 4×10^{-4}

풀이

$LI = N\phi$ 에서

자속 $\phi = \dfrac{LI}{N} = \dfrac{20\times10^{-3}\times2}{200} = 2\times10^{-4}\,[\mathrm{Wb}]$

정답 ③

문제 14. 변위전류의 개념 도입은 다음 중 누구의 기여에 의한 것인가?

① 패러데이(Faraday)　　② 렌쯔(Lenz)

③ 맥스웰(Maxwell)　　④ 로렌츠(Lorentz)

풀이

맥스웰은 전극간에 유전체를 통하여 흐르는 전류를 변위전류라 하고 이것도 자계를 발생한다고 가정하였다.

정답 ③

문제 15. 반지름 $r = 1$ [m]인 도체구의 표면 전하밀도가 $\dfrac{10^{-8}}{9\pi}$ [C/m^2]이 되도록 하는 도체구의 전위는 몇 [V]인가?

① 10　　② 20　　③ 40　　④ 80

풀이

표면전하밀도 $\sigma = \dfrac{Q}{S}$ 에서 전하량

$Q = \sigma\cdot S = \sigma\cdot 4\pi r^2$

도체구의 전위 $V = \dfrac{Q}{4\pi\epsilon_0 r} = \dfrac{\sigma\cdot4\pi r^2}{4\pi\epsilon_0 r} = \dfrac{\sigma\cdot r}{\epsilon_0} = \dfrac{\dfrac{10^{-8}}{9\pi}\times1}{\dfrac{10^{-9}}{36\pi}} = 40\,[\mathrm{V}]$

정답 ③

문제16. 일반적으로 도체를 관통하는 자속이 변화하든가 또는 자속과 도체가 상대적으로 운동하여 도체 내의 자속이 시간적 변화를 일으키며, 이 변화를 막기 위하여 도체 내에 국부적으로 형성되는 임의의 폐회로를 따라 전류가 유기되는데 이 전류를 무엇이라 하는가?

① 변위전류 ② 도전전류 ③ 대칭전류 ④ 와전류

풀이

정답 ④

문제17. 그림과 같이 진공 중에 전하량 Q[C]인 점전하 Q를 둘러싸는 경로 C_1과 둘러싸지 않은 폐곡선 C_2가 있다. 지금 $+1$[C]의 전하를 화살표 방향으로 경로 C_1을 따라 일주시킬 때 요하는 일을 W_1, 경로 C_2를 일주시키는데 요하는 일을 W_2라고 할 때 옳은 것은?

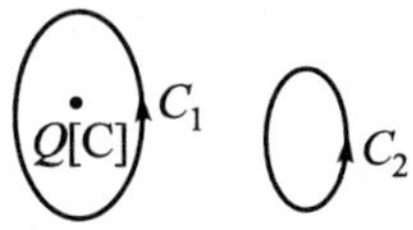

① $W_1 < W_2$ ② $W_2 < W_1$ ③ $W_1 \neq 0$, $W_2 = 0$ ④ $W_1 = W_2 = 0$

풀이

등전위면. 폐곡면(선)을 따라하는 일의량은 0 이다.

정답 ④

문제18. 전위 분포가 $V = 6x + 3$ [V]로 주어졌을 때 점(10, 0)[m]에서의 전계의 크기[V/m] 및 방향은 어떻게 표현되는가?

① $6a_x$ ② $-6a_x$ ③ $3a_x$ ④ $-3a_x$

풀이

전계 $E = -\text{grad}\,V = -\nabla V = -\left(\frac{\partial V}{\partial x}i + \frac{\partial V}{\partial y}j + \frac{\partial V}{dz}k\right) = -(6i) = -6i = -6a_x$

정답 ②

문제19. 다음 중 강자성체가 아닌 것은?

① 니켈(Ni) ② 철(Fe) ③ 코발트(Co) ④ 백금(Pt)

풀이

강자성체 : 니켈(Ni), 코발트(Co), 철(Fe)
상자성체 : 알루미늄(Al), 백금(Pt), 망간(Mn)

정답 ④

문제20. 유전율이 각각 $\epsilon_1 = 1$, $\epsilon_2 = \sqrt{3}$ 인 두 유전체가 그림과 같이 접해있을 경우, 경계면에서 전기력선의 입사각 $\theta_1 = 45^\circ$ 이었다. 굴절각 θ_2는 몇 도 인가?

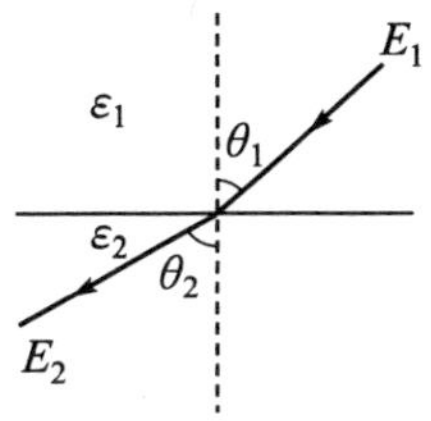

① 20 ② 30 ③ 45 ④ 60

풀이

굴절의 법칙 $\dfrac{\tan\theta_2}{\tan\theta_1} = \dfrac{\epsilon_2}{\epsilon_1}$ 에서

$\tan\theta_2 = \dfrac{\epsilon_2}{\epsilon_1}\times\tan\theta_1 = \dfrac{\sqrt{3}}{1}\times\tan 45^\circ = \sqrt{3}$ $\quad\therefore\ \theta_2 = 60^\circ$

정답 ④

실전 연습문제 22

문제1. 평균반지름 10 [cm]의 환상솔레노이드에 5 [A]의 전류가 흐를 때 내부자계가 1600 [AT/m] 이었다. 권수는 약 얼마인가?

① 180회 ② 190회 ③ 200회 ④ 210회

풀이

$$H = \frac{NI}{2\pi r} = \frac{N \times 5}{2\pi \times 0.1} = 1600$$

$$N = \frac{1600 \times 2\pi \times 0.1}{5} = 201 \quad \therefore 200[\mathrm{T}]$$

정답 ③

문제2. 반지름 $a, b(b > a)$ [m]인 동심원통 전극사이에 도전율 σ[s/m]의 손실유전체를 채우면 단위 길이당의 저항은 몇 [Ω/m]인가?

① $\frac{1}{2\pi\sigma}\ln\frac{b}{a}$ [Ω/m] ② $\frac{1}{4\pi\sigma}\ln\frac{b}{a}$ [Ω/m]

③ $\frac{1}{\pi\sigma}\ln\frac{b}{a}$ [Ω/m] ④ $\frac{2\pi}{\sigma}\ln\frac{b}{a}$ [Ω/m]

풀이

$$RC = \rho\epsilon$$

$$R = \frac{\rho\epsilon}{C} = \frac{\rho\epsilon}{\frac{2\pi\epsilon}{\ln\frac{b}{a}}} = \frac{\rho}{2\pi}\cdot\ln\frac{b}{a} = \frac{1}{2\pi\sigma}\cdot\ln\frac{b}{a} \ [\Omega/\mathrm{m}]$$

여기서, ρ : 고유저항 [Ω·m], ϵ : 유전율,

$C = \frac{2\pi\epsilon}{\ln\frac{b}{a}}$: 단위 길이당 정전용량 [F/m]

정답 ①

문제3. 합성수지의 절연체에 5×10^3[V/m]의 전계를 가했을 때, 이때의 전속밀도를 구하면 약 몇 [C/m^2]이 되는가? (단, 이 절연체의 비유전율은 10으로 한다)

① 1.1×10^{-4} [C/m^2] ② 2.2×10^{-5} [C/m^2]
③ 3.3×10^{-6} [C/m^2] ④ 4.4×10^{-7} [C/m^2]

풀이

$D=\epsilon E=\epsilon_0\cdot\epsilon_r\cdot E=8.85\times10^{-12}\times10\times5\times10^3=4.4\times10^{-7}$[C/m^2]

정답 ④

문제4. 내구의 반지름 10 [cm], 외구의 반지름 20 [cm]인 동심 도체구의 정전용량은 약 몇 [pF]인가?

① 16 [pF] ② 18 [pF] ③ 20 [pF] ④ 22 [pF]

풀이

동심 도체구의 정전용량

$$C=\frac{4\pi\epsilon_0}{\frac{1}{a}-\frac{1}{b}}=\frac{4\pi\epsilon_0 ab}{b-a}\ \text{[F]}$$

$$C=\frac{4\pi\times8.85\times10^{-12}\times0.1\times0.2}{0.2-0.1}\ \text{[F]}=\frac{4\pi\times8.85\times0.1\times0.2}{0.1}\ \text{[pF]}=22\ \text{[pF]}$$

정답 ④

문제5. 다음 중 전자석의 재료로서 적당한 것은?

① 잔류자기(B_r)는 크고, 보자력(H_c)은 작아야 한다.
② 잔류자기(B_r)와 보자력(H_c)이 모두 커야 한다.
③ 잔류자기(B_r)와 보자력(H_c)이 모두 작아야 한다.
④ 잔류자기(B_r)는 작고, 보자력(H_c)은 커야 한다.

풀이

정답 ①

문제6. 솔레노이드의 자기인덕턴스는 권수 N과 어떤 관계를 갖는가?

① N에 비례　② $\sqrt{N}$ 에 비례　③ N^2 에 비례　④ $\sqrt{N}$ 에 반비례

풀이

솔레노이드 중 환상코일의 인덕턴스 $L = \dfrac{\mu SN^2}{\ell}$ 이다.　**정답** ③

문제7. 진공 중에 반경 2 [cm]인 도체구 A와 내외반경이 4 [cm] 및 5 [cm]인 도체구 B를 동심으로 놓고 도체구 A에 $Q_A = 2\times10^{-10}$ [C]의 전하를 대전시키고 도체구 B의 전하는 0 [C]으로 했을 때 도체구 A 의 전위는 몇 [V]인가?

① 36 [V]　② 45 [V]　③ 81 [V]　④ 90 [V]

풀이

$$V_A = \frac{Q}{4\pi\epsilon_0}\left(\frac{1}{a} - \frac{1}{b} + \frac{1}{c}\right) = 9\times10^9 \times 2\times10^{-10} \times\left(\frac{1}{0.02} - \frac{1}{0.04} + \frac{1}{0.05}\right) = 81[\text{V}]$$

정답 ③

문제8. 그림과 같이 반지름 2 [m], 권수 100회인 원형코일에 전류 1.5 [A]가 흐른다면 중심점 O의 자계의 세기는 몇 [AT/m]인가?

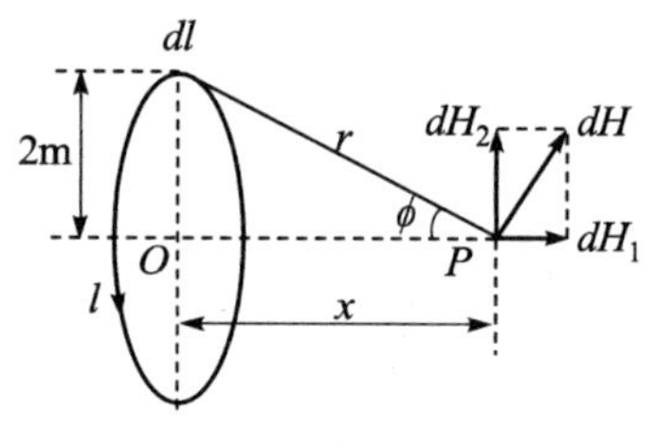

① 30 [AT/m]　② 37.5 [AT/m]
③ 75 [AT/m]　④ 105 [AT/m]

풀이

$$H = \frac{NI}{2a}\ [\text{AT/m}]$$

$$H = \frac{100\times1.5}{2\times2} = 37.5\ [\text{AT/m}]$$

정답 ②

문제9. 그림과 같은 유전속 분포에서 ϵ_1과 ϵ_2 사이의 관계는?

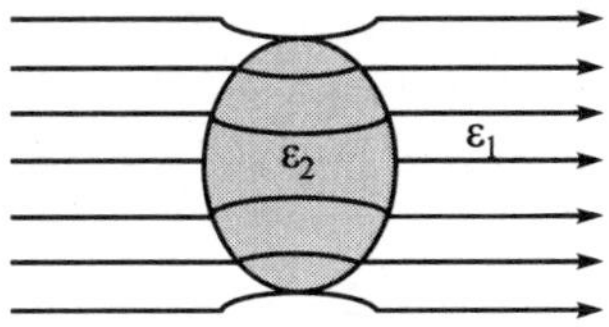

① $\epsilon_1 = \epsilon_2$ ② $\epsilon_1 > \epsilon_2$

③ $\epsilon_1 < \epsilon_2$ ④ $\epsilon_1 = \epsilon_2 = 0$

풀이

유전속 = 전속선 (유전율이 큰 쪽으로 모이려는 경향이 있다) 정답 ③

문제10. 진공 중의 MKS 유리화 단위계에서 정전하간의 정전력 $F = \dfrac{Q_1 Q_2}{\alpha_0 R^2}$ [N], 자하간의 자기력 $F = \dfrac{m_1 m_2}{\beta_0 R^2}$ [N] 및 전류와 자계간의 전자력 $F = \dfrac{m I\ell \sin\theta}{\gamma_0 R^2}$ [N]이다. 상수 $\alpha_0, \beta_0, \gamma_0$ 상호간의 관계식 $\dfrac{\gamma_0^2}{\alpha_0 \beta_0}$ 의 값은?

① 3×10^8 ② 3×10^{10} ③ 9×10^{16} ④ 9×10^{20}

풀이

쿨롱의 힘

정전력 $F = \dfrac{Q_1 Q_2}{4\pi\epsilon_0 R^2}$,자기력 $F = \dfrac{m_1 m_2}{4\pi\mu_0 R^2}$

플레밍의 왼손법칙 전자력 $F = BI\ell\sin\theta$,

$B = \dfrac{m}{4\pi R^2}$ 에서 F는 $\dfrac{mI\ell\sin\theta}{4\pi R^2}$ 이다.

$\therefore \alpha_0 = 4\pi\epsilon_0,\ \beta_0 = 4\pi\mu_0,\ \gamma_0 = 4\pi$

$$\frac{\gamma_0^2}{\alpha_0 \beta_0} = \frac{(4\pi)^2}{4\pi\epsilon_0 \times 4\pi\mu_0} = \frac{1}{\epsilon_0 \mu_0}$$

$\dfrac{1}{\sqrt{\epsilon_0 \mu_0}} = 3 \times 10^8$ [m/s]이므로 $\dfrac{1}{\epsilon_0 \mu_0} = 9 \times 10^{16}$ 이다. 정답 ③

문제11. $A = -i7 - j$, $B = -i3 - j4$의 두 벡터가 이루는 각도는?

① 30°　② 45°　③ 60°　④ 90°

풀이

$A \cdot B = |A||B| \cdot \cos\theta$, $\cos\theta = \dfrac{A \cdot B}{|A|\,|B|}$를 이용

$|A| = \sqrt{7^2 + 1^2} = \sqrt{50} = \sqrt{25 \times 2} = 5\sqrt{2}$,

$|B| = \sqrt{3^2 + 4^2} = \sqrt{25} = 5$

$A \cdot B = (-i7 - j) \cdot (-i3 - j4) = 21 + 4 = 25$

$\therefore \cos\theta = \dfrac{25}{5\sqrt{2} \times 5} = \dfrac{1}{\sqrt{2}}$, $\theta = \cos^{-1}\dfrac{1}{\sqrt{2}} = 45°$

정답 ②

문제12. 두 종류의 금속으로 된 폐회로에 전류를 흘리면 양 접속점에서 한쪽은 온도가 올라가고 다른 쪽은 온도가 내려가는 현상은?

① 볼타(Volta) 효과　② 펠티에(Peltier) 효과
③ 톰슨(Thomson) 효과　④ 지벡(Seebeck) 효과

풀이

정답 ②

문제13. 전류 I [A]가 반지름 a[m]의 원주를 균일하게 흐를 때 원주 내부의 중심에서 r[m] 떨어진 원주 내부 점의 자계의 세기는 몇 [AT/m]인가?

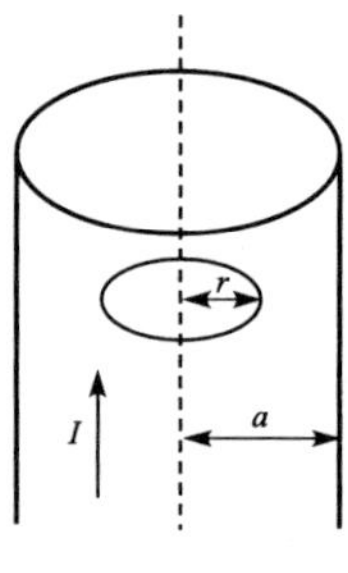

① $\dfrac{Ir}{2\pi a^2}$ [AT/m]　② $\dfrac{Ir}{2\pi a}$ [AT/m]
③ $\dfrac{Ir}{\pi a^2}$ [AT/m]　④ $\dfrac{Ir}{\pi a}$ [AT/m]

풀이

$r = a$ 일 때 $H = \dfrac{I \cdot a}{2\pi a^2}$ 로써 $\dfrac{I}{2\pi a}$, 즉 무한직선전류의 자계세기가 나와야 된다.

정답 ①

문제 14. 공기 중에서 12 [Wb/m^2]인 평등자계 내에 길이 80 [cm]인 도선을 자계에 대하여 30°의 각을 이루는 위치에 두었을 때 24 [N]의 힘을 받았다면 도선에 흐르는 전류는 몇 [A]인가?

① 2 [A]　　② 3 [A]　　③ 4 [A]　　④ 5 [A]

풀이

플레밍의 왼손법칙 $F = IB\ell\sin\theta$ 에서

$I \times 12 \times 0.8 \times \sin 30° = 24$ [N], $\quad I = \dfrac{24}{12 \times 0.8 \times \sin 30°} = 5$ [A]

정답 ④

문제 15. 다음 물질 중 반자성체는?

① 백금　　② 구리　　③ 니켈　　④ 알루미늄

풀이

정답 ②

문제 16. 그림과 같이 진공 중에 서로 평행인 무한 길이 두 직선 도선 A, B가 d[m] 떨어져 있다. A, B의 선전하 밀도를 각각 λ_1 [C/m], λ_2[C/m]라 할 때, A로부터 $\dfrac{d}{3}$[m]인 점의 전계의 세기가 0이었다면 λ_1과 λ_2의 관계는?

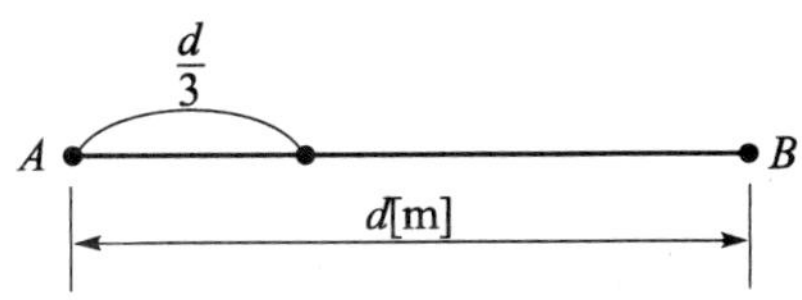

① $\lambda_2 = \dfrac{1}{2}\lambda_1$　　② $\lambda_2 = 2\lambda_1$　　③ $\lambda_2 = 3\lambda_1$　　④ $\lambda_2 = 9\lambda_1$

풀이

무한 선전하의 전계 $E = \dfrac{\lambda}{2\pi\epsilon r}$ 에서

$\dfrac{d}{3}$ 지점의 전계는 $\dfrac{\lambda_1}{2\pi\epsilon_0\left(\dfrac{d}{3}\right)} = \dfrac{\lambda_2}{2\pi\epsilon_0\left(\dfrac{2}{3}d\right)}$ (전계의 합이 0)

$\dfrac{\lambda_1}{d} = \dfrac{\lambda_2}{2d} \therefore \lambda_2 = 2\lambda_1$

정답 ②

문제17. 플레밍의 왼손법칙(Fleming's left hand rule)에서 왼손의 엄지, 인지, 중지의 방향에 해당되지 않는 것은?

① 전압 ② 전류 ③ 자속밀도 ④ 힘

풀이

전류는 중지, 자속밀도는 인지, 힘은 엄지방향이다. **정답** ①

문제18. 자장 중에서 도선에 발생되는 유기 기전력의 방향은 어떤 법칙에 의하여 설명되는가?

① 패러데이(Faraday)의 법칙 ② 앙페르(Ampere)의 오른나사 법칙
③ 렌츠(Lenz)의 법칙 ④ 가우스(Gauss)의 법칙

풀이

정답 ③

문제19. 자유공간에서 주파수 5 [MHz]의 파장은 몇 [m]인가?

① 5 [m] ② 15 [m] ③ 60 [m] ④ 100 [m]

풀이

$$\lambda = \frac{C}{f}\ [\mathrm{m}] = \frac{3\times 10^8}{5\times 10^6} = 60\ [\mathrm{m}]$$

정답 ③

문제20. 고유저항 $\rho[\Omega \cdot \mathrm{m}]$, 한 변의 길이가 r[m]인 정육면체의 저항 $[\Omega]$은?

① $\frac{\rho}{\pi r}$ ② $\frac{\pi r^2}{\sqrt{\rho}}$ ③ $\frac{\rho}{r}$ ④ $\sqrt{\frac{2\pi r^2}{\rho}}$

풀이

$R = \rho \cdot \frac{\ell}{S} = \rho \cdot \frac{r}{r^2} = \frac{\rho}{r}$ 로써

단위는 $\frac{\rho[\Omega\cdot\mathrm{m}]}{r[\mathrm{m}]}$, 즉 $[\Omega]$이 된다. **정답** ③

실전 연습문제 23

문제1. 그림과 같이 평행한 두 개의 무한 직선 도선에 전류가 I, $2I$ 인 전류가 흐른다. 두 도선 사이의 점 P에서 자계의 세기가 0이다. 이때 $\frac{a}{b}$는?

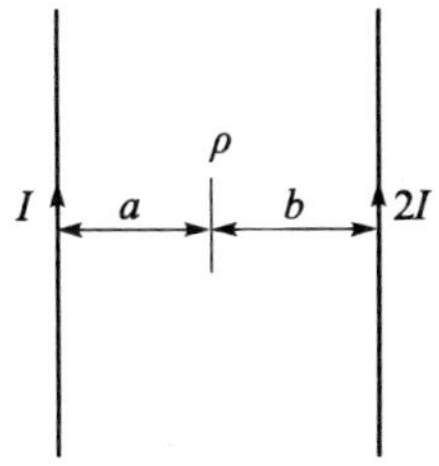

① 4　② 2　③ $\frac{1}{2}$　④ $\frac{1}{4}$

풀이

무한 직선 전류의 자계

$H = \frac{I}{2\pi r}$

$H_p = \frac{I}{2\pi a} - \frac{2I}{2\pi b} = 0$, $\frac{I}{2\pi a} = \frac{2I}{2\pi b}$

$\frac{1}{a} = \frac{2}{b}$, $\frac{1}{2} = \frac{a}{b}$

정답 ③

문제2. 서로 같은 방향으로 전류가 흐르고 있는 평행한 두 도선 사이에는 어떤 힘이 작용하는가?

① 서로 미는 힘　② 서로 당기는 힘
③ 회전하는 힘　④ 하나는 밀고, 하나는 당기는 힘

풀이

송전계통의 복도체가 같은 방향으로 전류가 흐르고 있는 평행한 두 도선이다. 서로 당기는 힘(전자력)이 발생하므로 스페이서를 설치한다.

정답 ②

문제3. 비유전율이 3인 유전체 내의 한 점의 전장이 3×10^5[V/m]일 때, 이 점의 분극의 세기는 몇 [C/m^2]인가?

① 1.77×10^{-6} ② 5.31×10^{-6} ③ 7.08×10^{-6} ④ 8.85×10^{-6}

풀이

$P=\epsilon_0(\epsilon_s-1)E=8.85\times10^{-12}\times(3-1)\times3\times10^5=5.31\times10^{-6}$ [C/m^2]

정답 ②

문제4. 환상 솔레노이드 코일에 흐르는 전류가 2 [A]일 때 자로의 자속이 3×10^{-2}[Wb]이었다고 한다. 코일의 권수를 500회라 하면, 이 코일의 자기 인덕턴스는 몇 [H]인가? (단, 코일의 전류와 자로의 자속과는 정비례하는 것으로 한다)

① 3.0 [H] ② 5.5 [H] ③ 6.0 [H] ④ 7.5 [H]

풀이

$LI=N\phi$

$$L=\frac{N\phi}{I}=\frac{500\times3\times10^{-2}}{2}=7.5\ [\text{H}]$$

정답 ④

문제5. 정전용량 5 [μF]인 콘덴서를 200 [V]로 충전하여 자기인덕턴스 20 [mH], 저항 0인 코일을 통해 방전할 때 생기는 전기진동 주파수 f는 약 몇 [Hz]이며, 코일에 축적되는 에너지 W는 몇 [J]인가?

① $f=500$ [Hz], $W=0.1$ [J] ② $f=50$ [Hz], $W=1$ [J]
③ $f=500$ [Hz], $W=1$ [J] ④ $f=5000$ [Hz], $W=0.1$ [J]

풀이

$$f=\frac{1}{2\pi\sqrt{LC}}=\frac{1}{2\pi\times\sqrt{20\times10^{-3}\times5\times10^{-6}}}=503.292\ [\text{Hz}]$$

축적되는 에너지 $W=\frac{1}{2}CV^2=\frac{1}{2}\times5\times10^{-6}\times200^2=0.1$ [J] (에너지는 불변)

정답 ①

문제6. 길이 1 [cm]마다 권수가 50인 무한장 솔레노이드에 500 [mA]의 전류를 흘릴 때 내부의 자계는 몇 [AT/m]인가?

① 1250 [AT/m]　　② 2500 [AT/m]　　③ 12500 [AT/m]　　④ 25000 [AT/m]

> **풀이**
>
> 무한장 솔레노이드의 내부 자계 $H = nI = \frac{NI}{\ell} = \frac{50 \times 0.5}{0.01} = 2500 \quad [AT/m]$
>
> **정답** ②

문제7. 균등자장 H_0 중에 비투자율 μ_r, 반지름 a의 자성체구를 놓았을 때 자화의 세기가 M 이었다면 자성체 구의 내부 자계의 세기는?

① $-\frac{M}{2}$　　② $-\frac{M}{3}$　　③ $\frac{M}{2}$　　④ $\frac{M}{3}$

> **풀이**
>
> **정답** ②

문제8. 그림과 같이 전속밀도 $D = 1$ [C/m^2] 중에 $\epsilon_s = 5$ 인 유전체가 놓여 있어서 균일하게 분극이 생겼다면 분극도 P는 몇 [C/m^2]인가?

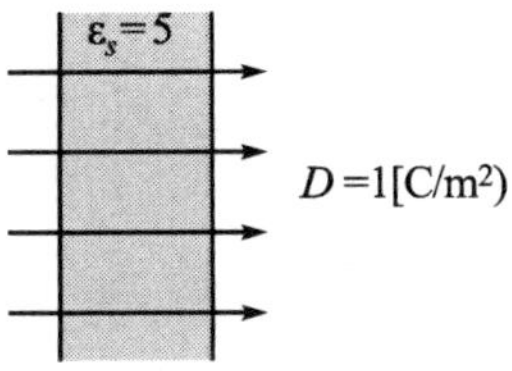

① 0.3　　② 0.5　　③ 0.8　　④ 1.0

> **풀이**
>
> $P = \epsilon_0(\epsilon_s - 1)E = \epsilon_0 \epsilon_s E - \epsilon_0 E = D\left(1 - \frac{1}{\epsilon_s}\right) = 1 \times \left(1 - \frac{1}{5}\right) = 0.8$
>
> **정답** ③

문제9. 접지 도체구와 점전하간에 작용하는 힘은?

① 항상 반발력이다. ② 조건적 반발력이다.
③ 항상 흡인력이다. ④ 조건적 흡인력이다.

풀이

접지 도체구와 점전하간에는 정전유도가 발생
정전유도는 (+)에 의해 (−), (−)에 의해 (+)가 유도되며, (+), (−) 간의 작용힘은 항상 흡인력이다.

정답 ③

문제10. 100 [kW]의 전력이 안테나에서 사방으로 균일하게 방사될 때 안테나에서 1 [km]의 거리에 있는 전계의 실효값은 약 몇 [V/m]인가?

① 1.73 [V/m] ② 2.45 [V/m] ③ 3.68 [V/m] ④ 6.21 [V/m]

풀이

$$P = \frac{P}{S},\ P = E \times H = EH = \frac{1}{120\pi} \cdot E^2$$

$$\frac{1}{120\pi}E^2 = \frac{P}{S}\ \ E^2 = 120\pi \cdot \frac{P}{S}$$

$$E = \sqrt{120\pi \cdot \frac{100 \times 10^3}{4\pi \times 1000^2}} = \sqrt{3} = 1.73\ [\text{V/m}]$$

정답 ①

문제11. 전자석의 흡인력은 공극이 자속밀도를 B라 할 때 다음의 어느 것에 비례하는가?

① $B^{1.6}$ ② B^2 ③ B^3 ④ B

풀이

$$f = \frac{B^2}{2\mu_0}\ [\text{N/m}^2]$$

정답 ②

문제12. 표면전하밀도 $\rho_s > 0$ 인 도체 표면상의 한 점의 전속밀도가 $D = 4a_x - 5a_y + 2a_z$ [C/m²]일 때 ρ_s는 몇 [C/m²m²]인가?

① $2\sqrt{3}$ [C/m²] ② $2\sqrt{5}$ [C/m²] ③ $3\sqrt{3}$ [C/m²] ④ $3\sqrt{5}$ [C/m²]

풀이

전하밀도 $\rho_s = \dfrac{Q}{S}$ [C/m²m²]는 전속밀도 D[C/m²]과 같다.

$\therefore \ \rho_s = |D| = \sqrt{4^2+5^2+2^2} = 3\sqrt{5}$

〈계산의 결과가 $3\sqrt{5}$ 가 그대로 표현되는 계산기를 쓰자!!!〉

정답 ④

문제13. 그림과 같이 반지름 r[m]인 원의 임의의 2점 a, b(각 θ) 사이에 전류 I [A]가 흐른다. 원의 중심 O의 자계의 세기는 몇 [A/m]인가?

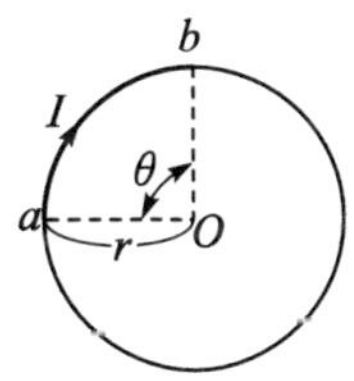

① $\dfrac{I\theta}{4\pi r^2}$ ② $\dfrac{I\theta}{4\pi r}$ ③ $\dfrac{I\theta}{2\pi r^2}$ ④ $\dfrac{I\theta}{2\pi r}$

풀이

완전원일 때 O의 자계의 세기 $H = \dfrac{I}{2r}$

부분원은 θ의 각도로 표현

완전원과 비교하면 $\dfrac{\theta}{2\pi}$ 만큼 호의 길이를 적용할 수 있다.

$\therefore \ H' = \dfrac{I}{2r} \times \dfrac{\theta}{2\pi} = \dfrac{I\theta}{4\pi r}$

정답 ②

문제14. 지름이 40 [mm]인 원형 종이관에 일정하게 2000회의 코일이 감겨 있는 솔레노이드의 인덕턴스는 몇 [mH]인가? (단, 솔레노이드의 길이는 50 [cm], 투자율은 μ_0라고 한다)

① 1.26 [mH] ② 12.6 [mH] ③ 126 [mH] ④ 1260 [mH]

풀이

유한장 솔레노이드가 있다고 가정

$$L = \frac{\mu_0 S N^2}{\ell} = \frac{4\pi \times 10^{-7} \times \pi \times 0.02^2 \times 2000^2}{0.5} = 0.0126\ [\text{H}] = 12.6\ [\text{mH}]$$

정답 ②

문제15. 1 [μF]의 콘덴서를 30 [kV]로 충전하여 200 [Ω]의 저항에 연결하면 저항에서 소모되는 에너지는 몇 [J]인가?

① 450[J] ② 900[J] ③ 1350[J] ④ 1800[J]

풀이

$\omega = \frac{1}{2}CV^2 = \frac{1}{2}\times 10^{-6}\times(30,000)^2$ [J]= 450 [J] (에너지는 불변)

정답 ①

문제16. 폐곡면을 통하여 나가는 전력선의 총수는 그 내부에 있는 점전하의 대수합의 몇 배와 같은가?

① $\frac{1}{\epsilon_0}$ ② $\frac{1}{\pi\epsilon_0}$ ③ $\frac{1}{2\pi\epsilon_0}$ ④ $\frac{1}{4\pi\epsilon_0}$

풀이

가우스의 법칙을 의미한다.

정답 ①

문제17. 전속밀도의 시간적 변화율을 무엇이라 하는가?

① 전계의 세기 ② 변위전류밀도 ③ 에너지밀도 ④ 유전율

풀이

$i = \frac{\partial D}{\partial t}$ [A/m^2]을 의미한다.

정답 ②

문제 18. 표피효과(Skin effect)에 관한 설명으로 옳지 않은 것은?

① 도체에 교류가 흐르면 전류밀도는 표면에 가까울수록 커진다.
② 고주파일수록 심하지 않아 실효저항이 감소한다.
③ 고주파일수록 현저하게 나타난다.
④ 내부 도체는 전도에 거의 관여하지 않으므로 외견상 단면적이 감소하여 저항이 커진 것 같은 현상이다.

풀이

고주파일수록 심하게 나타나 실효저항이 감소한다. **정답** ②

문제 19. 자속의 연속성을 나타내는 식은?

① $B = \mu H$ ② $\nabla \cdot B = 0$ ③ $\nabla \cdot B = \rho$ ④ $\nabla \cdot B = -\mu H$

풀이

연속성은 영속(永續)성으로 영(零)이 된다. **정답** ②

문제 20. 정전계 내에 도체가 존재하는 경우에 대한 설명으로 다음 중 옳지 않은 것은?

① 도체의 표면은 등전위면이다.
② 도체 내부에는 전계가 존재하지 않는다.
③ 도체 내부의 유도전계는 외부전계와 크기는 같다.
④ 도체에 전하를 대전시킬 수 없어 전하는 모두 도체 표면에만 존재한다.

풀이

도체에 전하를 대전시킬 수 있기 때문에 전하는 모두 도체 표면에만 존재한다. **정답** ④

실전 연습문제 24

문제1. 공기 중에서 무한 평면 도체 표면 아래의 1 [m] 떨어진 곳에 1 [C]의 점전하가 있다. 전하가 받는 힘의 크기는?

① 9×10^9 [N] ② $\frac{9}{2}\times10^9$ [N] ③ $\frac{9}{4}\times10^9$ [N] ④ $\frac{9}{16}\times10^9$ [N]

풀이

무한평면 도체와 점전하 : 전기영상법

$$|F| = \frac{Q^2}{16\pi\epsilon_0 r^2} = \frac{1}{4}\times\frac{Q^2}{4\pi\epsilon_0 r^2} = \frac{1}{4}\times9\times10^9\times\frac{1^2}{1^2} = \frac{9}{4}\times10^9\,[\text{N}]$$

정답 ③

문제2. 다음 중 전기력선의 일반적인 성질로 옳지 않은 것은?

① 전기력선은 부전하에서 시작하여 정전하에서 그친다.
② 전기력선은 그 자신만으로 폐곡선이 되는 일은 없다.
③ 전기력선은 전위가 높은 점에서 낮은 점으로 향한다.
④ 도체 내부에는 전기력선이 없다.

풀이

정발산! (+에서 시작 −에서 끝)

정답 ①

문제3. 내압과 용량이 각각 200 [V] 5 [μF], 300 [V] 4 [μF], 400 [V] 3 [μF], 500 [V] 3 [μF]인 4개의 콘덴서를 직렬연결하고 양단에 직류전압을 가하여 전압을 서서히 상승시키면 최초로 파괴되는 콘덴서는? (단, 콘덴서의 재질이나 형태는 동일하다)

① 200 [V], 5 [μF]　② 300 [V], 4 [μF]　③ 400 [V], 3 [μF]　④ 500 [V], 3 [μF]

풀이

최초로 파괴되는 콘덴서는 Q가 가장 작은 것

$Q = CV = VC$ [C]

$Q_1 = 200 \times 5$ [μF] $= 1000$[μC]

$Q_2 = 300 \times 4$ [μF] $= 1200$[μC]

$Q_3 = 400 \times 3$ [μF] $= 1200$[μC]

$Q_4 = 500 \times 3$ [μF] $= 1500$[μC]에서

즉, 200[V], 5[μF]이 최초로 파괴된다.

정답 ①

문제4. 서로 결합된 2개의 코일을 직렬로 연결하면 합성 자기 인덕턴스가 20 [mH]이고, 한쪽 코일의 연결을 반대로 하면 8 [mH]가 되었다. 두 코일의 상호인덕턴스는?

① 3 [mH]　② 6 [mH]　③ 14 [mH]　④ 28 [mH]

풀이

$L_1 + L_2 + 2M = 20$ [mH], $L_1 + L_2 - 2M = 8$ [mH]

두 식을 연립해서 빼면

$4M = 12$

$M = 3$ [mH]

정답 ①

문제5. 어떤 막대 철심이 있다. 단면적이 0.4 [m^2]이고, 길이가 0.8 [m], 비투자율이 20이다. 이 철심의 자기 저항은 약 몇 [AT/Wb]인가?

① 3.86×10^4[AT/Wb]　② 3.86×10^5[AT/Wb]

③ 7.96×10^4[AT/Wb]　④ 7.96×10^5[AT/Wb]

풀이

$$R_m = \frac{NI}{\phi} = \frac{\ell}{\mu S}$$

$$R_m = \frac{\ell}{\mu S} = \frac{\ell}{\mu_0 \mu_s S} = \frac{0.8}{4\pi \times 10^{-7} \times 20 \times 0.4} = 79577 \fallingdotseq 7.96 \times 10^4 \text{ [AT/Wb]}$$

정답 ③

문제6. 대전도체의 성질 중 옳지 않은 것은?

① 도체표면의 전하밀도를 σ[C/m^{2}m^2]이라 하면 표면상의 전계는 $E=\dfrac{\sigma}{\epsilon_0}$ [V/m]이다.

② 도체 표면상의 전계는 면에 대해서 수평이다.

③ 도체 내부의 전계는 0이다.

④ 도체는 등전위이고, 그의 표면은 등전위면이다.

풀이

도체 표면상의 전계는 면에 대해서 수직이다. **정답** ②

문제7. 25[℃]에서 저항이 10[Ω]인 코일이 있다. 70[℃]에서 코일의 저항 [Ω]은? (단, 25[℃]에서 코일의 저항온도 계수는 0.004이다)

① 10 [Ω]　　② 10.6 [Ω]　　③ 11.2 [Ω]　　④ 11.8 [Ω]

풀이

$R_e = R_1[1+\alpha_1(t_2-t_1)]$ 이고, 도체저항은 온도 증가시 증가한다.

$R_2 = 10\times[1+0.004\times(70-25)] = 11.8$ [Ω] **정답** ④

문제8. 같은 양, 같은 부호의 전하가 어느 거리만큼 떨어져 있을 때, 전하 사이의 중점에 있어서의 전계 [V/m]의 세기는?

① 0　　② ∞　　③ 9×10^9　　④ $\dfrac{1}{9\times10^9}$

풀이

중점의 전계의 세기는 合 벡터가 "0"이 된다. **정답** ①

문제9. 펠티에효과에 관한 공식 또는 설명으로 틀린 것은? (단, H는 열량, P는 펠티에 계수, I는 전류, t는 시간이다)

① $H = P\int_0^t I dt$ [cal]

② 펠티에효과는 지벡효과와 반대의 효과이다.

③ 반도체와 금속을 결합시켜 전자냉동 등에 응용된다.

④ 펠티에효과란 동일한 금속이라도 그 도체 중의 2점간에 온도차가 있으면 전류를 흘림으로써 열의 발생 또는 흡수가 생긴다는 것이다.

풀이

펠티에효과는 다른 두 금속에서 나타나는 효과로서 열전대 또는 열전쌍이다. **정답** ④

문제10. 송전선의 전류가 0.01초간에 10 [kA] 변화할 때 송전선과 평행한 통신선에 유도되는 전압은? (단, 송전선과 통신선간의 상호유도계수는 0.3 [mH]이다)

① 3 [V] ② 300 [V] ③ 3000 [V] ④ 300000 [V]

풀이

유도전압 = 유도기전력

$e = M \cdot \frac{di}{dt} = 0.3 \times 10^{-3} \times \frac{10 \times 10^3}{0.01} = 300$ [V] **정답** ②

문제11. 저항 24 [Ω]의 코일을 지나는 자속이 $0.3\cos 800t$[Wb]일 때 코일에 흐르는 전류의 최대값은?

① 10 [A] ② 20 [A] ③ 30 [A] ④ 40 [A]

풀이

$i_m = \frac{e_m}{R}$, $e = -\frac{d\phi}{dt} = -\frac{d}{dt} 0.3 \cdot \cos 800t = -0.3 \times 800 \times (-\sin 800t) = 240\sin 800t$

$\therefore i_m = \frac{240}{24} = 10$ [A] **정답** ①

문제12. 일반적으로 자구(magnetic domain)를 가지는 자성체는?

① 유전체　② 강자성체　③ 역자성체　④ 비자성체

풀이

정답 ②

문제13. 다음 중 벡터에 대한 계산식으로 틀린 것은?

① $i \cdot i = j \cdot j = k \cdot k = 0$
② $i \cdot j = j \cdot k = k \cdot i = 0$
③ $A \cdot B = AB\cos\theta$
④ $i \times i = j \times j = k \times k = 0$

풀이

$i \cdot i = j \cdot j = k \cdot k = 1$ 이다.

정답 ①

문제14. 고전압이 가해진 유전체 중에 공기의 기포가 있으면 유전체 중의 기포는 절연에 영향을 준다. 절연은 유전체의 유전율에 대하여 어떤한가?

① 유전율이 클수록 절연은 향상된다.
② 유전율이 작을수록 절연은 나빠진다.
③ 유전율에는 무관계하다.
④ 유전율이 클수록 절연은 나빠진다.

풀이

공기의 기포 내의 전계는 유전체 유전율이 클수록 크게 된다. 즉, 유전율이 클수록 기포 내에서 절연파괴가 더 심해진다.

정답 ④

문제 15. 전류의 세기가 I[A], 반지름 r[m]인 원형 선전류 중심에 m[Wb]인 가상 점자극을 둘 때 원형 선전류가 받는 힘은 몇 [N]인가?

① $\dfrac{mI}{2r}$[N] ② $\dfrac{mI}{2\pi r}$[N] ③ $\dfrac{mI^2}{2\pi r}$[N] ④ $\dfrac{mI}{2r^2}$[N]

풀이

$F = m \cdot H\,[\text{N}] = m \cdot \dfrac{I}{2r} = \dfrac{mI}{2r}\,[\text{N}]$

정답 ①

문제 16. 어떤 코일의 인덕턴스를 측정하였더니 4 [H]이고, 여기에 직류전류 I[A]를 흘려주니 이 코일에 축적된 에너지가 10 [J]이었다면 전류 I는?

① 0.5[A] ② $\sqrt{5}$[A] ③ 5[A] ④ 25[A]

풀이

축적된 에너지 $\omega = \dfrac{1}{2}LI^2$ [J]

$10 = \dfrac{1}{2} \times 4 \times I^2$

$I^2 = \dfrac{10}{2}$, $I^2 = 5$, $I = \sqrt{5}$

정답 ②

문제 17. 평행판 콘덴서의 면적이 S[m^2], 양단의 극판 간격이 d[m]일 때 비유전율 ϵ_s인 유전체를 채우면 정전용량 [F]은? (단, 진공 중의 유전율은 ϵ_0이다)

① $\dfrac{\epsilon_s S}{4\pi\epsilon_0 d}$ ② $\dfrac{4\pi\epsilon_0\epsilon_s}{Sd}$ ③ $\dfrac{\epsilon_0\epsilon_s S}{d}$ ④ $\dfrac{\epsilon_s S}{\epsilon_0 d}$

풀이

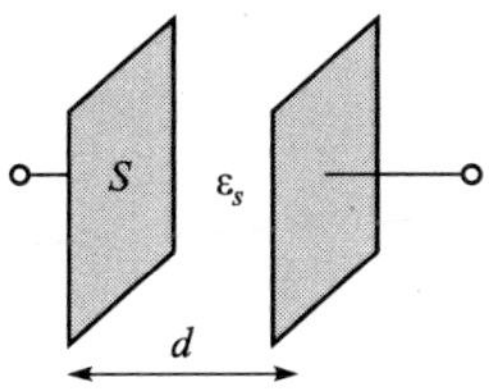

정답 ③

문제18. 100 [MHz]의 전자파의 파장은?

① 0.3 [m]　　② 0.6 [m]　　③ 3 [m]　　④ 6 [m]

풀이

$\lambda = \frac{C}{f} = \frac{3\times10^8}{100\times10^6} = 3\ [\text{m}]$

정답 ③

문제19. 다음 중 변위전류에 대한 설명으로 옳은 것은?

① 자석 내에 자장의 변화에 의해서 생긴 전류
② 도체 중에 전자의 이동에서 생긴 전류
③ 초전도체 중에 자장을 방해하는 전류
④ 유전체 중에 전속밀도의 시간적 변화에 의한 전류

풀이

$i = \frac{\partial D}{\partial t}$ 를 의미한다.

정답 ④

문제20. 평행판 콘덴서의 극간거리를 $\frac{1}{2}$로 줄이면 콘덴서 용량은 처음 값에 비해 어떻게 되는가?

① $\frac{1}{2}$이 된다.　　② $\frac{1}{4}$이 된다.　　③ 2배가 된다.　　④ 4배가 된다.

풀이

$C = \frac{\epsilon_0 \epsilon_s S}{d}$ 에서 $C \propto \frac{1}{d}$, 즉 극간거리에 반비례　　$\therefore\ C = \frac{1}{\frac{1}{2}} = 2$ [배]

정답 ③

참고문헌

1. *전기자기학*, 임헌찬, 동일출판사, 2019.8.
2. *전기자기학*, 오우진, 성안당, 2020.3.
3. *전기자기학*, 권기진, 기한재, 2020.3.
4. *전기자기학*, 김상훈, 사이버북스, 2019.6.
5. *이지 전기자기학*, 이동윤, 태영문화사, 2020.2.
6. *6060 알기쉬운 전기기능사*, 김수용 · 박두환, 미림원, 2017.3.
7. *알기쉬운 전력공학*, 김수용, 웅보출판사, 2017.9.
8. *알기쉬운 송배전공학*, 김수용, 웅보출판사, 2017.9.
9. *전기전자공학 개론*, 김수용, 웅보출판사, 2018.3.
10. *알기쉬운 전기설비*, 김수용, 화수목출판사, 2020.1.
11. *알기쉬운 전기기기*, 김수용 · 김근수, 화수목출판사, 2020.8.
12. *알기쉬운 전기회로*, 김수용 · 김근수, 화수목출판사, 2020.8.
13. *전기자기학*, 한국산업인력공단.

찾아보기

ㅎ

저자 소개

김수용

교육학 / 공학박사 / 기술자(특급)

알기 쉬운 전기자기학 정가 19,000원

저자 : 김수용

발행인 : 임정대
발행처 : 도서출판 화수목

인쇄 : 2020년 8월 10일
발행 : 2020년 8월 14일

등록 : 제2014-000166호

주소 : 서울시 마포구 신촌로 2길 5-15
전화 : 02-338-9119
팩스 : 02-335-2201

ISBN 979-11-89933-16-6 (93560)